本教材由国务院侨务办公室立项

资讯科技

ZIXUN KEJI

主编：杜宝荣

编委：胡 彦 林龙新 梁里宁
许迅文 罗三川

暨南大学出版社
JINAN UNIVERSITY PRESS

中国·广州

图书在版编目（CIP）数据

资讯科技/杜宝荣主编．—广州：暨南大学出版社，2011.8
ISBN 978－7－81135－915－2

Ⅰ.①资…　Ⅱ.①杜…　Ⅲ.①电子计算机—基本知识　Ⅳ.①TP3

中国版本图书馆 CIP 数据核字(2011)第 143738 号

出版发行：暨南大学出版社

地　址：中国广州暨南大学
电　话：总编室（8620）85221601
营销部（8620）85225284　85228291　85228292（邮购）
传　真：（8620）85221583（办公室）　85223774（营销部）
邮　编：510630
网　址：http：//www. jnupress. com　http：//press. jnu. edu. cn

排　版：广州市天河星辰文化发展部照排中心
印　刷：湛江日报社印刷厂

开　本：787mm×1092mm　1/16
印　张：16.5
字　数：388 千
版　次：2011 年 8 月第 1 版
印　次：2011 年 8 月第 1 次
印　数：1—3000 册

定　价：29.80 元

前　言

本书是根据全国高等院校非计算机专业计算机公共基础课的教学大纲要求，同时也参考了全国计算机等级考试一级考试大纲的要求，结合一线教师多年教学经验，以理论学习和实践操作相结合，从实际需要出发进行编写的，是一本实用性较强的计算机基础教材。本书以最新的 Windows 7 和 Office 2007 为平台讲授计算机的基础知识和使用方法。全书教学部分共分为六章，主要内容包括：微机系统及其设置与维护、文字处理软件应用进阶、电子表格程序、演示文稿软件应用进阶、计算机网络基础、Dreamweaver 8 网页设计，每章后面均设有思考与练习。实践部分共有八个上机实验，使学生通过强化训练能掌握计算机操作的技能，为学生进一步学习计算机知识打下坚实的基础。

本书具有内容丰富、层次清晰、图文并茂、易教易学的特点，知识讲解通过实例操作的形式来实现，并注重对学生实际动手能力的培养和训练，有较强的实用性和可操作性。本书适合作为高等院校非计算机专业计算机公共课程的教学用书，也可作为成人教育非计算机专业学生的教材或教学参考书，以及计算机爱好者入门的自学书籍。

本书配有电子教案、教学素材和上机实验素材，需要的读者可与作者联系，E-Mail：tdubr@ jnu. edu. cn，也可以访问出版社网站下载，网址为：http://www. jnupress. com。

编　者

2011 年 8 月

目　录

第一章　微机系统及其设置与维护

第一节　预备知识与计算机系统定义

在科幻大片《钢铁侠》中我们看到，小罗伯特·唐尼扮演的主角，在其实验室熟练地用手指将形体和图片凌空拖放操作，并指挥机器人制作神奇的钢铁战衣，让人对他的实验室羡慕不已。如果你听说过第六感科技，你会知道在未来几年的时间里，这样的场景可能将不再是科幻，而会成为现实。毫无疑问，我们正处于一个崭新的数字科技时代。

图 1－1　《钢铁侠》剧照

一、数字化与数字革命

什么是数字化？数字化是将文本、数字、声音、照片和视频等转化为数字设备可以处理的数据的过程。

古希腊哲学家毕达哥拉斯早在 2 500 多年前就说过：“一切都是数字。”25 个世纪后的今天，这句话得到了崭新的诠释。

数字图像改变了摄影行业，现在超过 80% 的相机是数字化的，相机胶卷的市场正在迅速减少，20 世纪 90 年代的快速相片冲洗店正在逐渐从街道中消失，取而代之的是数码打印店，即便是这种商店也即将淡出人们的视线，因为现在人们可以轻松地在家中打印照片。

数字视频对电影中的特效、三维动画的新潮流、编写视频以及对家庭视频充满兴趣的人都有很特殊的影响。电影工业已经变得越来越技术化，对图像和视频方面专家的需求也越来越强烈。

数字音乐改变了唱片业，在线的音乐商店改变了制作、销售、购买和播放音乐的一整套方式。

生活正悄然变化着，而这一切的变化都来源于数字，它正无声无息地走入我们生存的世界，并在许多人尚未察觉之前把握了现代社会的命脉。

什么是数字革命？数字革命是由数字技术（如计算机和因特网）所引发的社会、政治改变的发展过程。随着计算机和其他数字设备的流行以及因特网揭开全球化通信的序幕，数字革命从 20 世纪 80 年代开始成为社会的一个重要部分。

数字革命主要是从因特网对公众开放后开始具体化，其方式主要有：

（1）电子邮件服务。直到今天，这种电子通信方式还被广泛使用。

（2）电子公告栏。允许会员发表其他人能看到并进行回复的评论和问题，这是最早的在线社交场所之一。

（3）聊天组。人们能在聊天组中进行实时信息交流。

（4）博客（Blog）。这是网络日志（Web Logs）的缩写，是发表在网上供公众访问的个人日志。

（5）在线社交网络（如 Facebook 和 My Space）。以一个虚拟或者现实的身份融入一系列朋友中，然后选择与朋友或者朋友的朋友交流。

数字革命对社会的影响：

（1）数字革命影响全球经济。数字革命促使经济全球化，由于信息传递的快捷方便，全球范围内的跨国商业行为不断增加，跨国的雇佣成本更加低廉，而数字革命本身也产生了电子商务等新型经济产业。

（2）数字革命影响民主和自由。言论自由是民主的基础，但是言论自由并不是没有任何限制的自由，这些限制在不同的国家和社会是有所不同的，数字革命使人们很容易跨越文化和地理的限制，人们可以在个人网站、博客和众人合作完成的 Wiki 上发表自己的看法。尽管上级主管部门试图审查和过滤网上言论，但是数字革命显然史无前例地打开了言论自由之门，而社会也在努力控制自由和责任之间的平衡。

（3）数字革命改变人们的隐私状况。数字技术的使用让不经他人的了解和允许而搜集和散布个人数据的行为成为可能，这对所有人的隐私权带来了实际的压力，但多数公民还是希望他们的私人空间能够保持现状。而技术也许会帮助人们加强隐私，理解私人空间和公共空间的细微区别并加以区分。

（4）数字技术使得知识产权保护困难。数字技术使得复制原版变得简单，而且不会损伤质量，非法复制并传播受版权保护的材料的盗版行为是简单而廉价的，这让知识产权问题变得更加复杂和困难。

二、数字设备

不管读者有没有意识到，我们现在对推动数字革命的数字设备已经相当地了解了，而这其中最典型的数字设备就是计算机。本部分提供了数字设备的概述，以帮助读者了解相关知识。

什么是计算机?“计算机”这个词语在英语中的历史可以追溯到1646年，但是当时计算机的定义是“执行计算任务的人”。直到1946年，第一台电子计算设备问世时，人们才开始使用“计算机”这一术语并赋予它现代的定义。很多人的脑海里都有自己对计算机的构图，计算机使用如此广泛，并且各种计算机的外形和大小各不相同，以至于很难总结出计算机的普遍特点而给计算机下一个全面的定义。但最核心的是，计算机是在存储的指令集控制下，接受数据输入、处理数据、存储数据并产生输出的多用途设备。

（一）计算机的分类

1. 高性能计算机

高性能计算机在过去被称为巨型机或者大型机，是指目前速度最快、处理能力最强的计算机。根据2010年5月发布的全球超级计算机500强榜单，目前运算速度最高的是美国橡树岭国家实验室的“美洲虎”（Jaguar，如图1－2所示），它的实测速度可达到每秒钟1.76千万亿次浮点运算，理论峰值运算速度为每秒钟2.33千万亿次浮点运算。高性能计算机数量不多，却有着重要和特殊的用途。在军事上，可用于战略防御系统、大型预警系统和航天测控系统等。在民用方面，可用于大区域中长期天气预报、大面积物探信息处理系统以及大型科学计算和模拟系统等。

近年来，我国高性能计算机的研发也取得了很大的成就，推出了“曙光”、“深腾”等代表国内最高水平的高性能计算机，并在国民经济的关键领域取得了应用。

图1－2　高性能计算机“美洲虎”

目前，位于中国深圳国家超级计算机中心的“星云”排名世界第二，其实测速度为每秒钟1.27千万亿次浮点运算，理论峰值运算为每秒钟2.98千万亿次浮点运算，而近期的测试结果也显示，“星云”的实测速度也趋于该理论峰值运算速度。在新一期全球超级计算机500强排名中，“星云”很可能问鼎冠军宝座。

2. 微型计算机（个人计算机）

微型计算机又称个人计算机（Personal Computer，PC），1971年Intel公司工程师马西

图 1-3 笔记本电脑

安·霍夫（M. Hoff）成功地在一个芯片上实现了中央处理器（Central Processing Unit，CPU）的功能，制成了世界上第一台 4 位微型计算机——MCS-4，从此拉开了世界微型计算机发展的序幕。随后，许多公司也争相研究微处理器，推出了 8 位、16 位、32 位和 64 位的微处理器。目前在市场上流行的 CPU 主要有：Intel 公司的酷睿系列、奔腾系列、赛扬系列和 AMD 的羿龙、速龙、闪龙系列。

微型计算机种类很多，主要分成四类：桌面式计算机（Desktop Computer）、笔记本计算机（Notebook Computer）、平板计算机（Tablet PC）以及超便携个人计算机（Ultra Mobile PC）。

3. 工作站

图 1-4 工作站

工作站是一种介于微型和小型之间的高档计算机系统。自 1980 年美国 Appolo 公司推出了世界上第一个工作站 DN-100 以来，工作站迅速发展，成为专门处理某类特殊事务的一种独特的计算机类型。

工作站通常配有高分辨率的大屏幕显示器和大容量的内存与外存储器，具有较强的数据处理能力和高性能图形功能。

早期的工作站多数采用 Motorola 公司的 680X0 芯片，配置 Unix 操作系统。现在的工作站多数采用双核或者四核 CPU，配置 Windows 7或者 Linux 操作系统。和传统的工作站相比，Windows 工作站价格便宜，有些人将这类工作站称为“个人工作站”，而将传统的具有高图像性能的工作站称为“技术工作站”。

4. 服务器

图 1-5 大型服务器

服务器是一种在网络环境中对外提供服务的计算机系统。从广义上讲，一台微型计算机也可以充当服务器，关键是它要安装网络操作系统、网络协议和各种服务软件；从狭义上讲，服务器是专指通过网络对外提供服务的高性能计算机。与微型计算机相比，服务器在稳定性、安全性、性能等方面的要求更高，因此硬件系统的要求也更高。

根据提供的服务，服务器可以分为 Web 服务器、FTP 服务器、文件服务器、数据库服务器等。

（二）其他数字设备

1. 视频游戏控制台（Wii、PlayStation、Xbox 等）

现在的视频游戏控制台包含可以与任何高速度个人计算机相媲美的微处理器，并能够产生与高端的工作站同样高质量的图像，再加上一些附件（键盘、DVD 播放器和因特网连接装置），功能大大增强，但它们仍然只适用于特定的小环境，并不能作为个人计算机的替代品，通常不被视为个人计算机。

2. 手持设备

手持设备包括 PDA、掌上计算机、智能电话、便携式媒体播放器（iPod 等）。这些设备含有许多计算机的特征，它们可以接受输入、产生输出、处理数据，并且具有一定的存储能力。从技术角度来讲，这些设备可以归为计算机类，但通常只有部分被认为是计算机。

图 1－6　视频游戏控制台

不管是掌上计算机、智能电话还是便携式媒体播放器，现在的手持式数字设备都具有很多的共性，区分这些设备的界线很模糊。因为市场正在一体化的进程中，随着无线网络的延伸，这些设备和个人计算机的区分将会越来越小，一体化程度会越来越高。目前，体积和电池容量似乎是阻碍其发展的瓶颈，但在不远的将来，这些问题都将得到解决。

图 1－7　掌上计算机

3. 微控制器

微控制器是指内置在其所要控制的机器中的专用微处理器，有时微控制器又叫单片机或者嵌入式计算机。以冰箱中的微控制器为例，它能够接收使用者输入的所需要的冷藏室和冷冻室的温度，可以将这些需求温度值存储在存储器中，另外传感器也会将真实的温度输入，微控制器通过比较真实温度和需求温度对输入数据进行处理，还可以发出输出信号来启动或关闭制冷器，同时还会生成冷冻室和冷藏室的温度读数。从这一过程我们可以看出微控制器完全符合计算机的定义，可以归为计算机类。但通常将微控制器定义为处理器，而不是计算机，因为实际上它们是专用的，而不是多用途的设备。

三、计算机系统

一个完整的计算机系统由硬件系统和软件系统两部分组成，如图 1－8 所示。

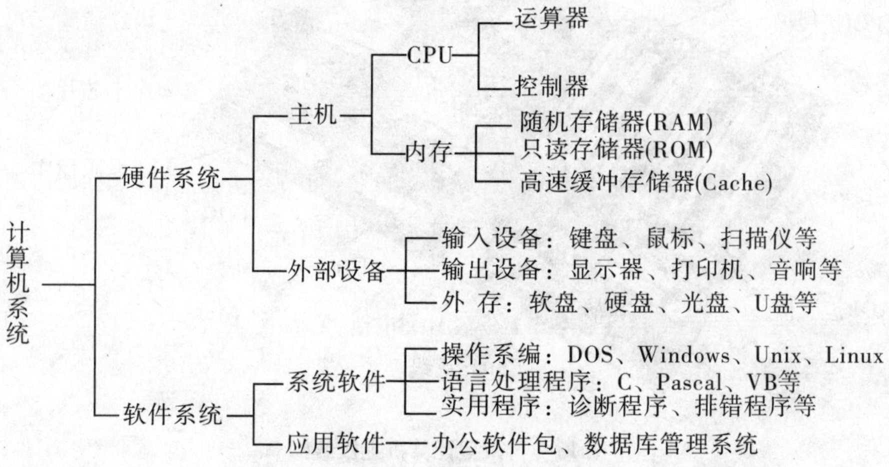

图 1－8　计算机系统组成

硬件是指计算机装置，即物理设备。硬件系统是组成计算机系统的各种物理设备的总称，是计算机完成各项工作的物质基础。

软件是指一系列按照特定顺序组织的指令、数据和相关文档的集合。在计算机上运行的所有软件统称为软件系统。一般来说，软件分为系统软件和应用软件两类，系统软件是用来处理以计算机为中心的任务的，而应用软件是用来帮助用户完成实际任务的。

硬件是软件建立和依托的基础，软件指示计算机完成特定的工作任务，是计算机的灵魂。仅有硬件组成，没有软件的计算机称为裸机，裸机仅能够识别由0和1组成的机器代码，没有软件系统的计算机几乎是起不了作用的。实际上，用户所面对的是经过若干层软件包装的计算机，计算机的功能不仅仅取决于硬件系统，它更大程度上是由所安装的软件系统决定的。

第二节　微机硬件系统

一、主板

主板也叫母板，是微型计算机中最大的一块集成电路板，也是其他部件和各种外部设备的连接载体。如图1－9所示，CPU、内存、显卡等部件通过插槽安装在主板上，硬盘、光驱等外部设备在主板上也有各自的接口，有些主板还集成了声卡、显卡、网卡等部件，以降低整机成本。在微型计算机中所有的部件和各种外部设备通过主板有机地结合在一起，组成一套完整的系统。

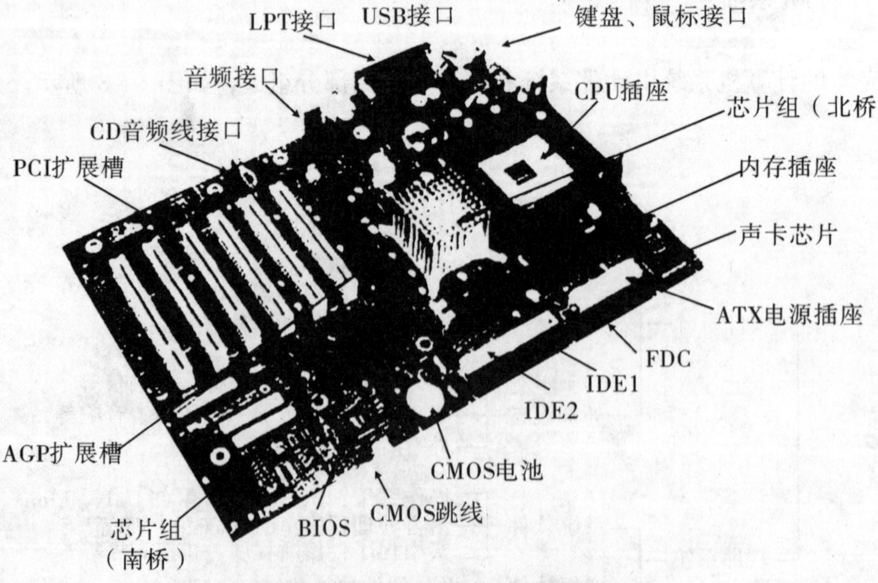

图1－9　微型计算机主板结构

主板主要由两大部分组成：

（一）芯片

主要包括芯片组（南桥芯片和北桥芯片）、BIOS 芯片、若干集成芯片（如声卡、显卡、网卡等）。

芯片组（Chipset）是构成主板电路的核心。从某种意义上讲，它决定了主板的级别和档次。它是“南桥”和“北桥”的统称，就是把以前复杂的电路和元件最大限度地集成在几颗芯片内的芯片组。其中北桥芯片是主板上离 CPU 最近的一块芯片，负责与 CPU 的联系并控制内存、AGP、PCI 数据在北桥内部传输。一般来说，芯片组的名称就是以北桥芯片来命名的，而南桥芯片则是主要负责 I/O 接口以及 IDE 设备的控制等，距离 CPU 较远而方便布线。最为常见的芯片生产厂家有 Intel、VIA 等。

BIOS（Basic Input Output System，基本输入/输出系统）是一组固化在主板 ROM 芯片上的程序，它保存着计算机最重要的基本输入/输出程序、系统设置信息、开机加电自检程序和系统启动自举程序。

（二）插槽/接口

这部分又叫插拔部分，也就是说，这部分的配件可以用“插”来安装，用“拔”来卸载。

插拔部分一般包含 CPU 插座、内存插槽、PCI、AGP、PCI－E 等插槽，IDE、SATA、USB、PS/2、并行和串行等接口。

目前的主板生产厂商都在中国台湾，主要品牌有华硕、技嘉、微星等。

二、CPU

CPU 即中央处理器，是英文 Central Processing Unit 的缩写，是整个系统的核心，也是整个系统的最高执行单位。它负责整个系统指令的执行、数学与逻辑的运算、数据的存储与传送以及对输入与输出的控制。

图 1－10　CPU

工作原理：CPU 的内部结构可以分为控制单元、逻辑运算单元和存储单元（包括内部总线及缓冲器）三大部分。CPU 的工作原理就像一个工厂对产品的加工过程，进入工厂的原料（程序指令）经过物资分配部门（控制单元）的调度分配，被送往生产线（逻辑运算单元），生产出成品（处理后的数据）后，再存储在仓库（存储单元）中，最后等着拿到市场上去卖（交由应用程序使用）。在这个过程中，我们注意到从控制单元开始，CPU 就开始了正式的工作，中间的过程是通过逻辑运算单元来进行运算处理，运算结果传输至存储单元代表工作结束。

常见的影响 CPU 性能的参数：

（一）主频

主频，也就是 CPU 的时钟频率，简单地说就是 CPU 的工作频率。例如，我们常说 P4（奔四）1.8 GHz，这个 1.8 GHz（1 800 MHz）就是 CPU 的主频。一般来说，一个时钟周期完成的指令数是固定的，所以主频越高，CPU 的速度也就越快。主频的计算公式为：主

频 = 外频 × 倍频。

（二）外频

外频即 CPU 的外部时钟频率。主板及 CPU 标准外频主要有 66 MHz、100 MHz、133 MHz三种。此外，主板可调的外频越多、越高越好，特别是对于超频者比较有用。

（三）倍频

倍频则是指 CPU 外频与主频相差的倍数。例如，Athlon XP2000 + 的 CPU，其外频为 133 MHz，所以其倍频为 12.5。

（四）前端总线（FSB）

前端总线是用来与微处理器交换数据的电路。快速的前端总线能快速传输数据而且允许处理器全力工作。前端总线速度是以 MHz 来度量的（200 ~ 1 250 MHz）。

（五）缓存大小

缓存大小也是 CPU 的重要指标之一，而且缓存的结构和大小对 CPU 速度的影响非常大，CPU 内缓存的运行频率极高，一般是和处理器同频运作，工作效率远远大于系统内存和硬盘。实际工作时，CPU 往往需要重复读取同样的数据块，而缓存容量的增大，可以大幅度提升 CPU 内部读取数据的命中率，而不用再到内存或者硬盘上寻找，以此提高系统性能。但是从 CPU 芯片面积和成本的因素上考虑，缓存都很小。L1 Cache（一级缓存）是 CPU 第一层高速缓存，分为数据缓存和指令缓存。内置的 L1 高速缓存的容量和结构对 CPU 的性能影响较大，不过高速缓冲存储器均由静态 RAM 组成，结构较复杂，在 CPU 管芯面积不能太大的情况下，L1 级高速缓存的容量不可能做得太大。一般服务器 CPU 的 L1 缓存的容量通常为 32 ~ 256 KB。L2 Cache（二级缓存）是 CPU 的第二层高速缓存，分内部和外部两种芯片。内部的芯片二级缓存运行速度与主频相同，而外部的二级缓存运行速度只有主频的一半。L2 高速缓存容量也会影响 CPU 的性能，原则是越大越好，以前家庭用 CPU 的最大容量是 512 KB，现在笔记本电脑中也可以达到 2 MB，而服务器和工作站上用 CPU 的 L2 高速缓存容量更高，可以达到 8 MB 以上。L3 Cache（三级缓存）分为两种：早期的是外置，现在的都是内置。而它的实际作用在于，L3 缓存的应用可以进一步降低内存延迟，同时提升大数据量计算时处理器的性能。

（六）核心数量

早期的 CPU 一直是通过不断提高主频这一途径来提高性能的。然而，随着主频的不断提升，所需要的电能和发热越来越多，产生了各种问题，为此技术人员开发了多核芯片，即在单一芯片上集成多个功能相同的处理器核心，从而提高性能。如 Core 2 Duo 是双核 CPU，Core 2 Quad 是四核 CPU。

（七）字长

电脑技术中对 CPU 在单位时间内（同一时间）能一次处理的二进制数的位数叫字长。所以能处理字长为 8 位数据的 CPU 通常就叫 8 位的 CPU。同理，64 位的 CPU 就能在单位时间内处理字长为 64 位的二进制数据。

（八）指令集

指令集就是 CPU 中用来计算和控制计算机系统的一套指令的集合，而每一种新型的 CPU 在设计时就规定了一系列与其他硬件电路相配合的指令系统。为了提高计算机在多媒体、3D 图形方面的应用能力，许多处理器指令集应运而生，其中最著名的三种便是 Intel 的 MMX、SSE/SSE2 和 AMD 的 3D NOW 指令集。理论上，这些指令对目前流行的图像处理、浮点运算、3D 运算、视频处理、音频处理等多媒体应用起到全面强化的作用。

（九）制造工艺

早期的处理器都是使用0.5μm 工艺制造出来的，随着 CPU 频率的增加，原有的工艺已无法满足产品的要求，这样便出现了 0.35μm 和 0.25μm 工艺。制作工艺越精细，意味着单位体积内集成的电子元件越多，而现在，采用 45nm 和 32nm 制造的处理器产品是市场上的主流。

另外，封装技术、多线程、并行技术等都会影响 CPU 的速度。

如何在考虑各种诸多因素的基础上比较各种微处理器的性能？各个实验室都在进行一系列的技术测试，以测定微处理器的总速度，这些测试结果称为基准。它可以同其他微处理器测试的结果进行比较。基准测试结果通常在 Web 上可以看到，并且一些与计算机相关的杂志也会发布。

现阶段主要的微处理器生产厂家是 Intel 和 AMD 公司。

三、内存

图 1-11 内存

内存又称主存，是 CPU 能直接寻址的存储空间，用于存放正在运行的程序和数据，由半导体器件制成。内存的特点是存取速度快。内存是电脑中的主要部件，它是相对于外存而言的。我们平常使用的程序，如Windows 操作系统、打字软件、游戏软件等，一般都是安装在硬盘等外存上的，但仅此是不能使用其功能的，必须把它们调入内存中运行，才能真正使用其功能，我们平时输入一段文字或玩一个游戏，其实都是在内存中进行的。就好比在一个书房里，存放书籍的书架和书柜相当于电脑的外存，而我们工作的办公桌就是内存。通常我们把要永久保存的、大量的数据存储在外存上，而把一些临时的或少量的数据和程序放在内存上，当然内存的好坏会直接影响电脑的运行速度。

内存储器可以分为三类：随机存取存储器（RAM）、只读存储器（ROM）和高速缓冲存储器（Cache）。人们一般所说的内存指的是 RAM。

内存的常见参数和种类如下：

（一）容量

存储器容量是指存储器中最多可存放二进制数据的总和，其基本单位都是字节（Byte，通常用 B 表示）。内存容量是指 RAM 的总字节数。为方便描述，存储器容量常用以下单位表示：KB、MB、GB、TB、PB、EB、ZB，它们之间的关系如下：

1 KB = 1 024 B = 1 024 字节 = 2^{10}字节；

1 024 KB = 1 MB = 1 048 576 字节 = 2^{20}字节；

1 024 MB = 1 GB = 1 073 741 824 字节 = 2^{30}字节；

1 024 GB = 1 TB = 1 099 511 627 776 字节 = 2^{40}字节；

1 024 TB = 1 PB = 1 125 899 906 842 624 字节 = 2^{50}字节；

1 024 PB = 1 EB = 1 152 921 504 606 846 976 字节 = 2^{60}字节；

1 024 EB = 1 ZB = 1 180 591 620 717 411 303 424 字节 = 2^{70}字节；

1 024 ZB = 1 YB = 1 208 925 819 614 629 174 706 176 字节 = 2^{80}字节。

（二）频率

内存主频和 CPU 主频一样，习惯上被用来表示内存的速度，它代表着该内存所能达到的最高工作频率。内存主频是以 MHz（兆赫）为单位来计量的。内存主频越高，在一定程度上代表着内存所能达到的速度越快。内存主频决定着该内存最高能以什么样的频率正常工作。目前较为主流的内存频率是 800 MHz 的 DDR2 内存以及一些内存频率更高的 DDR3 内存。

当然，内存本身并不具备晶体振荡器，因此内存工作时的时钟信号是由主板芯片组的北桥芯片或直接由主板的时钟发生器提供的，也就是说内存无法决定自身的工作频率，其实际工作频率是由主板来决定的。

DDR 系列内存的频率可以用工作频率和等效频率两种方式表示。工作频率是内存实际的工作频率，但是由于 DDR 内存可以在时钟信号的上升沿和下降沿都传输数据，因此传输数据的等效频率是工作频率的两倍；而 DDR2 内存每个时钟能够以四倍于工作频率的速度读/写数据，因此传输数据的等效频率是工作频率的四倍。同理，DDR3 则可以达到工作频率的八倍。

目前主要的内存厂商有金士顿、现代、金邦、威刚、胜创等。

四、外部存储器

外部存储器是 CPU 不能直接访问的存储器，它需要经过内存与 CPU 及 I/O 设备交换信息，用于长久地存放大量暂不使用的程序和数据。外存储器有磁带、磁盘和光盘等，以下介绍四种常见形式的外部存储器。

（一）磁盘

磁盘又分为软磁盘和硬磁盘，由于软磁盘容量较小，已被淘汰，这里主要介绍硬磁盘即硬盘。

硬盘（Hard Disc Drive，简称 HDD，全名温彻斯特式硬盘）是电脑主要的存储媒介之一，由一个或多个铝制或玻璃制的碟片组成。这些碟片外覆盖有铁磁性材料。绝大多数硬盘都是固定硬盘，被密封固定在硬盘驱动器中。

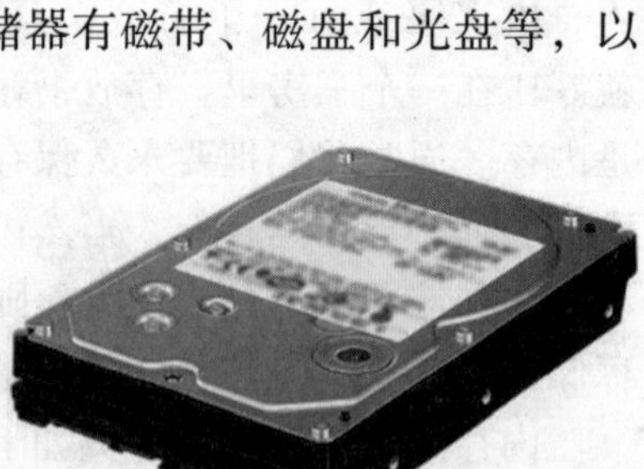

图 1－12　硬盘

硬盘的基本参数：

1. 容量

硬盘的容量以字节为基本单位，和内存一样通常采用 MB、GB、TB 为单位。但硬盘厂商在标称硬盘容量时通常取 1 000 进制，即 1 TB = 1 000 GB，1 GB = 1 000 MB，因此我们在BIOS中或在格式化硬盘时看到的容量会比厂家的标称值要小。

2. 转速

转速（Rotationl Speed 或 Spindle Speed）是硬盘内电机主轴的旋转速度，也就是硬盘盘片在 1 分钟内所能完成的最大转数。转速的快慢是标示硬盘档次的重要参数之一，它是决定硬盘内部传输率的关键因素之一，在很大程度上直接影响到硬盘的速度。硬盘的转速越快，硬盘寻找文件的速度也就越快，相应地，硬盘的传输速度也就得到了提高。硬盘转速以每分钟多少转来表示，单位表示为 RPM，RPM 是 Revolutions Per Minute 的缩写，是转/每分钟。RPM 值越大，内部传输率就越快，访问时间就越短，硬盘的整体性能也就越好。

3. 平均访问时间

平均访问时间（Average Access Time）是指磁头从起始位置到达目标磁道位置，并且从目标磁道上找到要读写的数据扇区所需的时间。平均访问时间体现了硬盘的读写速度，它包括了硬盘的寻道时间和等待时间，即平均访问时间 = 平均寻道时间 + 平均等待时间。

4. 缓存

缓存（Cache Memory）是硬盘控制器上的一块内存芯片，具有极快的存取速度，它是硬盘内部存储和外界接口之间的缓冲器。由于硬盘的内部数据传输速度和外界介面传输速度不同，缓存在其中起到一个缓冲的作用。缓存的大小与速度是直接关系到硬盘的传输速度的重要因素，能够大幅度地提高硬盘的整体性能。当硬盘存取零碎数据时需要不断地在硬盘与内存之间交换数据，如有大缓存，则可以将那些零碎数据暂存在缓存中，减少外系统的负荷，也提高了数据的传输速度。

5. 接口类型

ATA：全称 Advanced Technology Attachment，是用传统的 40-pin 并口数据线连接主板与硬盘的，外部接口速度最大为 133 MB/s，因为并口线的抗干扰性太差且排线占空间，不利于计算机散热，将逐渐被 SATA（Serial ATA）所取代。

IDE：全称为 Integrated Drive Electronics，即电子集成驱动器，俗称 PATA 并口。

SATA：使用 SATA 口的硬盘又叫串口硬盘，是未来 PC 机硬盘的趋势。2001 年，由 Intel、APT、DELL、希捷、迈拓这几大厂商组成的 Serial ATA 委员会正式确立了 Serial ATA 1.0 规范。2002 年，虽然串行 ATA 的相关设备还未正式上市，但 Serial ATA 委员会已抢先确立了 Serial ATA 2.0 规范。Serial ATA 采用串行连接方式，串行 ATA 总线使用嵌入式时钟信号，具备了更强的纠错能力，与以往相比其最大的特点在于能对传输指令（不仅仅是数据）进行检查，如果发现错误会自动矫正，这在很大程度上提高了数据传输的可靠性。串行接口还具有结构简单、支持热插拔的优点。

SATA2：希捷在 SATA 的基础上加入 NCQ 本地命令阵列技术，并提高了磁盘速率。

SCSI：全称为 Small Computer System Interface（小型机系统接口），历经多代的发展，从早期的 SCSI－II，到目前的 Ultra320 SCSI 以及 Fiber－Channel（光纤通道），接口类型也有多种。SCSI 硬盘广为工作站级计算机以及服务器所使用，因为它的转速快，可达 15 000 rpm，且数据传输时占用 CPU 运算资源较低，不过它的单价也比同样容量的 ATA 及 SATA 硬盘昂贵。SAS（Serial Attached SCSI）是新一代的 SCSI 技术，和 SATA 硬盘相同，都是采取序列式技术以获得更高的传输速度，可达到 3 Gb/s。此外也透过缩小连接线改善系统内部空间等。由于SAS硬盘可以与SATA硬盘共享同样的背板，在同一个SAS存储系统中，可以用SATA硬盘来取代部分昂贵的SCSI硬盘，节省整体的存储成本。

常见的硬盘厂商有希捷、西部数据、日立等。

（二）磁带机

磁带机（Tape Drive）一般指单驱动器产品，通常由磁带驱动器和磁带构成，是一种经济、可靠、容量大、速度快的备份设备。这种产品采用高纠错能力编码技术和写后即读通道技术，可以大大提高数据备份的可靠性。根据装带方式的不同，磁带机一般分为手动装带磁带机和自动装带磁带机，即自动加载磁带机。

自动加载磁带机实际上是将磁带和磁带机有机结合组成的。自动加载磁带机是一个位于单机中的磁带驱动器和自动磁带更换装置，它可以从装有多盘磁带的磁带匣中拾取磁带并放入驱动器中或执行相反的过程。它可以备份100~200 GB或者更多的数据。自动加载磁带机能够支持例行备份过程，自动为每日的备份工作装载新的磁带。一个拥有工作组服务器的小公司可以使用自动加载磁带机来自动完成备份工作。

提供磁带机的厂商很多，IT厂商中HP（惠普）、IBM、Exabyte（安百特）等均有磁带机产品，另外，专业的存储厂商如StorageTek、ADIC、Spectra Logic等公司均以磁带机、磁带库等为主推产品。

（三）光盘及光驱

1. 光盘

光盘即高密度光盘（Compact Disc），是近代发展起来的不同于磁性载体的光学存储介质，用聚焦的氢离子激光束处理记录介质的方法存储和再生信息，又称激光光盘。

图1-13　光盘及光驱

光盘的分类：

（1）按容量分：CD光盘的最大容量大约是700 MB；DVD盘片单面的最大容量为4.7 GB，最多能刻录约4.59 GB的数据（双面的最大容量为8.5 GB，最多能刻录约8.3 GB的数据）。蓝光（BD）的则比较大，其中HD DVD单面单层为15 GB，双层为30 GB；BD单面单层为25 GB，双面为50 GB。

（2）按是否可擦写分为两类：一类是只读型光盘，其中包括CD-Audio、CD-Video、CD-ROM、DVD-Audio、DVD-Video、DVD-ROM等；另一类是可记录型光盘，包括CD-R、CD-RW、DVD-R、DVD+R、DVD+RW、DVD-RAM、Double layer DVD+R等各种类型。

2. 光驱

与光盘分类相对应，光驱也分为：

（1）CD-ROM光驱：又称为致密盘只读存储器，是一种只读的光存储介质，它是利用原本用于音频CD的CD-DA（Digital Audio）格式发展起来的。

（2）DVD光驱：是一种可以读取DVD碟片的光驱，除了兼容DVD-ROM、DVD-VIDEO、DVD-R、CD-ROM等常见的格式外，对于CD-R/RW、CD-I、Video-CD、CD-G等都能很好地支持。

（3）COMBO 光驱："康宝"光驱是人们对 COMBO 光驱的俗称。而 COMBO 光驱是一种集合了 CD 刻录、CD－ROM 和 DVD－ROM 为一体的多功能光存储产品。

（4）刻录光驱：包括了 CD－R、CD－RW 和 DVD 刻录机等，其中 DVD 刻录机又分为 DVD＋R、DVD－R、DVD＋RW、DVD－RW（W 代表可反复擦写）和 DVD－RAM。

（5）光驱速度是用 X"倍速"来表示的，倍速传输速度 CD 为 150 kb/s，DVD 为 1 350 kb/s。读者应注意此处单位是 kb/s（千位每秒钟），而不是 kB/s（千字节每秒钟）。比如说 40X 光驱，那么它的速度近似于 6 000 kb/s。目前一般光驱最高为 CD 64 倍速，DVD 20 倍速。

（四）固态存储器

固态存储器（有时也叫闪存）是能将数据存储到可擦写的电路上的技术。其广泛应用于数码相机、MP3 音乐播放器、笔记本电脑、PDA、移动电话等消费型便携式设备中。

固态存储器能很快地存取数据，因为它不包含移动部件。固态存储器非常持久耐用，它不会受到震动、磁场和强烈温度波动的影响，一旦数据被存储，不需要外部电源芯片也能保留数据，这使得它成为一种貌似完美的存储器，遗憾的是它每 1 MB 的存储容量价格大约是 3 美分，远远高于磁存储器和光存储器。

目前固态存储器的使用形式多样，包含 SmartMedia（SM 卡）、Compact Flash（CF 卡）、MultiMedia Card（MMC 卡）、Secure Digital（SD 卡）、Memory Stick（记忆棒）、XD－Picture Card（XD 卡）和微硬盘（MicroDrive），这些闪存卡虽然外观、规格不同，但是技术原理都是相同的。

没有一种存储技术是完美的。硬盘快速而廉价，但是却不持久且抗震能力较差；DVD 和 CD 虽然更持久，但是速度却很慢；固态存储器相对来说价格显得昂贵，所以需要用户根据不同的需求选择存储方式。

五、显卡

图 1－14 显卡

显卡全称显示接口卡（Video Card，Graphics Card），又称为显示适配器（Video Adapter），是个人电脑最基本的组成部分之一。显卡的用途是将计算机系统所需要的显示信息进行转换驱动，并向显示器提供行扫描信号，控制显示器的正确显示，是连接显示器和个人电脑主板的重要元件，是"人机对话"的重要设备之一。显卡作为电脑主机里的一个重要组成部分，承担输出显示图形的任务，对于从事专业图形设计的人来说显卡非常重要。

常见参数有：

（一）显示芯片

显示芯片（GPU）全称是 Graphic Processing Unit，中文翻译为"图形处理器"，是 NVIDIA 公司在发布 GeForce 256 图形处理芯片时首先提出的概念。GPU 使显卡减少了对 CPU 的依赖，并进行部分原本由 CPU 完成的工作，尤其是在进行 3D 图形处理时。显示芯片在显卡中的地位，就相当于电脑中 CPU 的地位，是整个显卡的核心。因为显示芯片的复杂性，目前设计、制造显示芯片的厂家只有 NVIDIA、ATI、SIS、3DLabs 等公司。家用娱乐性显卡都采用单芯片设计的显示芯片，而在部分专业的工作站显卡上有采用多个显示芯片组合的方式。

（二）显存

显存是显示内存的简称。顾名思义，其主要功能就是暂时储存显示芯片要处理的数据和处理完毕的数据。图形核心的性能越强，需要的显存也就越多。以前的显存主要是 DDR 的，容量也不大。而现在市面上基本采用的都是 DDR2 规格的，在某些高端卡上更是采用了性能更为出色的 DDR3 内存。

（三）显存频率

显存频率是指在默认情况下，该显存在显卡上工作时的频率，以 MHz 为单位。显存频率一定程度上反映着该显存的速度。显存频率随着显存的类型、性能的不同而不同，主要有 400 MHz、500 MHz、600 MHz、650 MHz 等，高端产品中还有 800 MHz、1 200 MHz、1 600 MHz，甚至更高。

显存位宽是显存在一个时钟周期内所能传送数据的位数，位数越大则瞬间所能传输的数据量越大，这是显存的重要参数之一。目前市场上的显存位宽有 64 位、128 位和 256 位三种，人们习惯上叫的 64 位显卡、128 位显卡和 256 位显卡就是指其相应的显存位宽。

六、输入/输出设备

（一）常见的输入设备

1. 键盘

键盘是微型计算机基本的输入设备，通常连接在 PS/2 口（紫色接口）或者 USB 接口上，近年来使用蓝牙无线技术连接的键盘也越来越多。键盘目前基本是 101 键的塑料薄膜式键盘，以前的老式键盘有 83 键键盘、机械式键盘等。

2. 鼠标

鼠标的全称是显示系统纵横位置指示器，因形似老鼠而得名“鼠标”。通常也是接在 PS/2 口（绿色接口）或者 USB 口，和无线键盘一样，无线鼠标也越来越多。

在笔记本计算机中，一般还配备了轨迹球和触摸板，它们都是用来控制鼠标的。

3. 触摸屏

触摸屏作为一种最新的电脑输入设备，是目前最简单、方便、自然的一种人机交互方式。它赋予了多媒体以崭新的面貌，是极富吸引力的全新多媒体交互设备。主要用于平板电脑、超便携个人计算机和公共查询系统，按照触摸原理的不同可以分为五个基本种类：矢量压力传感技术触摸屏、电阻技术触摸屏、电容技术触摸屏、红外线技术触摸屏和表面声波技术触摸屏。

（二）常见的输出设备

1. 显示器

显示器是最常见的输出设备，大部分的结果都输出显示在显示器上。常见的显示器有三种：CRT 显示器、液晶（LCD）显示器和等离子显示器。

图 1-15 CRT 显示器

图 1-16 LCD 显示器

图 1-17 等离子显示器

常见技术指标：

(1) 点距。

点距（或条纹间距）是显示器的一个非常重要的硬件指标。所谓点距，是指一种给定颜色的一个发光点与离它最近的相邻同色发光点之间的距离，这种距离不能用软件来更改，这一点与分辨率是不同的。在任何相同分辨率下，点距越小，图像就越清晰。

(2) 分辨率。

分辨率指显示器所能显示的像素的多少。分辨率通常是以像素数来计量的，如 640×480，其像素数为 307 200（640 为水平像素数，480 为垂直像素数）。常见 LCD 显示器的最佳分辨率：

15″普屏液晶（1 024×768） 17″普屏液晶（1 280×1 024）

19″普屏液晶（1 280×1 024） 19″宽屏液晶（1 440×900）

20″普屏液晶（1 600×1 200） 20″宽屏液晶（1 680×1 050）

21″普屏液晶（1 600×1 200） 22″宽屏液晶（1 680×1 050）

23″普屏液晶（1 600×1 200） 23″宽屏液晶（1 920×1 200）

24″宽屏液晶（1 920×1 200）

(3) 刷新速度。

显示器的刷新率指每秒钟出现新图像的数量，单位为 Hz。刷新率越高，图像的质量就越好，闪烁越不明显，人的感觉就越舒适。一般认为，70～72 Hz 的刷新率即可保证图像的稳定。

2. 打印机

打印机（Printer）是计算机的输出设备之一，用于将计算机处理结果打印在相关介质上。常见的有针式打印机、喷墨式打印机和激光打印机三种。

图 1-18 针式打印机

针式打印机（简称针打）：针式打印机是利用机械和电路驱动原理，使打印针撞击色带和打印介质，进而打印出点阵，再由点阵组成字符或图形来完成打印任务的。这种打印机具有价格便宜、能进行多层打印等优点，但也有打印速度慢、噪音大、打印质量不高的缺点，被广泛用于银行、超市等。

喷墨打印机：喷墨打印机（Inkjet Printer）使用大量的喷嘴，将墨点喷射到纸张上。由于喷嘴的数量较多且墨点细小，能够打印出比针式打印机更细致、混合更多种色彩的效果。喷墨打印机的价格居中，打印品质也较好，所以被广大用户所接受。

图 1-19　喷墨打印机

激光打印机：激光打印机（Laser Printer）是利用碳粉附着在纸上而成像的一种打印机，其工作原理主要是利用激光打印机内的一个控制激光束的磁鼓，借着控制激光束的开启和关闭，当纸张在磁鼓间卷动时，上下起伏的激光束会在磁鼓产生带电荷的图像区，此时打印机内部的碳粉会受到电荷的吸引而附着在纸上，形成文字或图形。由于碳粉属于固体，而激光束有不受环境影响的特性，所以激光打印机可以长年保持印刷效果清晰细致，打印在任何纸张上都可得到好的效果。激光打印机一直以黑色打印为主，但是价位以及打印成本较高。

图 1-20　激光打印机

激光打印机的性能参数为：① 打印速度。每分钟可以打印的页数，单位是 ppm。②打印机分辨率。打印机分辨率又称为输出分辨率，是指在打印输出时横向和纵向两个方向上每英寸最多能够打印的点数，通常以“点/英寸”即 dpi（dot per inch）表示。平时所说的打印机分辨率一般指打印机的最大分辨率。

七、日常维护和故障排查

（一）日常维护

一台电脑如果维护得好，就会一直处于良好的工作状态，可以尽量地发挥它的作用；相反，一台维护得不好的机器，则可能会处于不稳定的工作状态，也许会三天两头地出错，预定的工作无法完成，更为严重的是可能导致数据丢失，造成无法挽回的损失。因此，做好计算机的日常维护是十分必要的。

1. 环境

环境对电脑寿命的影响是不可忽视的。电脑理想的工作温度应为 10℃ ~35℃，太高或太低都会影响配件的寿命。条件允许的话，尽量要安装空调，相对湿度应为 30% ~80%，太高会影响配件的性能发挥，甚至引起一些配件的短路。例如，天气较为潮湿时，最好每天都使用电脑或使电脑通电一段时间。有人认为使用电脑的次数少或使用的时间短，就能延长电脑寿命，这是片面的观点。相反，电脑长时间不用，由于潮湿或灰尘的原因，会引起配件的损坏。当然，如果天气潮湿到了极点，比如显示器或机箱表面有水汽，这时是绝对不能给机器通电的。湿度太低易产生静电，同样对配件的使用不利。另外，空气中的灰尘含量对电脑影响也较大。灰尘大，天长日久就会腐蚀各配件的电路板，所以要经常对电脑进行除尘。

电脑对电源也有要求。交流电正常的范围应在220 V ±10%，频率范围是50 Hz ±5%，并且具有良好的接地系统。有可能的话，应使用UPS来保护电脑，使得电脑在市电中断时仍能继续运行一段时间。

2. 使用习惯

个人使用习惯对电脑的影响也很大，首先是要正常开关机。开机的顺序是：先打开外设（如打印机、扫描仪等）的电源，显示器电源不与主机电源相连的，还要先打开显示器电源，然后再开主机电源。关机顺序相反，先关闭主机电源，再关闭外设电源。其道理是：尽量地减少对主机的损害，因为在主机通电的情况下，关闭外设的瞬间，对主机产生的冲击较大。关机后一段时间内，不能频繁地做开机、关机的动作，因为这样对各配件的冲击很大，尤其是对硬盘的损伤更为严重。一般关机后距离下一次开机的时间至少应有10秒钟。特别要注意当电脑工作时，应避免进行关机操作。如机器正在读写数据时突然关机，很可能会损坏驱动器（硬盘、软驱等）；更不能在机器工作时搬动机器。当然，即使机器未工作时，也应尽量避免搬动机器，因为过大的振动会对硬盘一类的配件造成损坏。

（二）常见的硬件故障（见附录）

第三节　微机软件系统

由第二节我们知道软件系统分为系统软件和应用软件两大类，本节我们将重点讨论系统软件中的操作系统和微机中的常见应用软件。

一、操作系统

操作系统是控制和管理计算机软、硬件资源，以尽量合理、有效的方法组织多个用户共享多种资源的程序集合，是最基本的系统软件。

操作系统是计算机系统的资源管理者，它负责管理并调度对系统各类资源的使用，具体地说，具有以下五大管理功能：

（一）作业管理

用户为完成一个任务要求计算机所做的全部工作称为一个作业。作业管理包括作业的调度、控制、处理和报告。

（二）CPU管理

假若有这样的需要：一个用户在录入编辑文字的同时，不仅需要同时打印，还希望计算机奏出优美的音乐。怎样让它能同时完成多个任务呢？其实，这正是操作系统中CPU管理功能的一个具体事例。通常情况下，每台计算机只有一个CPU，同一时刻它只能对一个作业的程序进行处理。当进入内存等待处理的作业有多个时，就需要合理地安排每个进程占用CPU的时间，以保证多个作业的完成和CPU效率的提高，使用户等待的时间最少，这便是CPU管理的目的。

（三）存储管理

合理分配内存，使各个作业占有的内存区不发生冲突、不互相干扰，并且可对内存进行扩充。

（四）文件管理

负责文件的存取和对文件进行管理。包括管理文件的目录，为文件分配存储空间，执行用户提出的给文件命名、更名、存取、修改、删除等使用文件的各种命令。

（五）设备管理

当用户程序要使用外部设备时，由它控制（或调用）驱动程序使外部设备工作，并随时对该设备进行监控、处理外部设备的中断请求等。

二、操作系统的分类

经过多年的发展，操作系统的种类繁多，功能也越来越强，但它们之间的差异也很大，基本上都能够适应各种应用和硬件配置的要求。由于操作系统根据不同的分类标准可以有不同的结果，在此，我们仅简单介绍四种常见的操作系统。

（一）单用户操作系统

它处理的是一次只能有一个用户控制的输入设备。掌上电脑和许多个人计算机的操作系统可以归为单用户操作系统。例如，DOS 就是单用户操作系统。

（二）多用户操作系统

允许一台计算机（通常是大型计算机）处理来自多个用户的同时输入、输出和处理请求。多用户操作系统最艰巨的任务之一就是将中心计算机必须完成的处理请求进行排定。IBM 公司的 OS/390 就是最常见的大型机多用户操作系统之一。

（三）网络操作系统

提供了允许计算机之间共享数据、程序和外围设备的通信和路由服务。例如 Novell Netware 操作系统。网络服务和多用户服务之间的区别不是很明确，例如 Unix、Linux 和 Solaris 等操作系统都能提供这两种服务。然而最主要的区别是多用户操作系统将中心计算机要处理的请求进行排定，而网络操作系统则仅仅通过路由器将数据和程序发送给每个用户的本地计算机，实际的处理发生在本地计算机上。

（四）桌面操作系统

这是一种为桌面计算机、笔记本计算机和平板计算机等微机所设计的操作系统。通常这些操作系统都被设计成单一用户，不过它们也可以提供网络功能。比如 Microsoft Windows 和 Mac OS。一些操作系统生产商将他们的产品定义为家庭版或者专业版，与专业版相比，家庭版操作系统的网络管理工具通常会少一些。

三、用户与操作系统的交互

尽管操作系统的主要目的是在幕后控制计算机系统的运作，但是许多操作系统仍然提供了很多工具，用来帮助用户控制和指定计算机设备和工作环境。以 Windows 为例，它为用户提供了以下行为的控制：

（一）启动程序

在启动计算机后，Windows 会显示图形对象（如图表、“开始”菜单、“程序”菜单等），用户可以使用这些图形对象来启动程序。

（二）管理文件

一个有用的实用程序（Windows 资源管理器）允许用户查看文件列表，将文件移动到不同的存储设备上以及复制、重命名和删除文件。

（三）获得帮助

Windows 提供了帮助系统，用户可以用它来了解各种命令是如何执行的。

（四）定制用户界面

Windows“控制面板”（可以从“开始”菜单中访问）提供了帮助用户指定屏幕显示和工作环境的实用程序。

（五）配置设备

“控制面板”还提供了实用程序的范文，用来帮助用户安装和配置计算机的硬件及外围设备。

四、常见的微机操作系统

（一）Microsoft Windows

全世界 80% 以上的个人计算机安装的都是 Windows 操作系统。Windows 操作系统的名称来源于出现在电脑桌面上的那些矩形工作区。每个工作区窗口都能显示不同的文档或程序，为操作系统的多任务处理提供了可视化模型。表 1－1 是 Windows 的发展版本历史和特色。

图 1－21 Windows 操作系统

表 1－1 Windows 的发展历史

版本	时间	特点
Windows 1.0	1985－11－20	将屏幕分割为众多矩形窗口，可同时运行多个程序
Windows 2.0	1987－11－1	采用重叠式窗口，扩展内存访问
Windows 3.0	1990－5－22	采用图形控件
Windows 3.1	1992－3－18	采用了程序图标和文件夹
Windows NT	1995－11－20	提供网络服务器和 NTFS 文件系统管理工具和安全工具
Windows 95	1995－8－24	支持 32 位处理器，TCP/IP 协议
Windows NT 4.0	1996－7－29	支持 32 位处理器的网络服务器
Windows 98	1998－6－25	增强稳定性，包含 IE 浏览器
Windows 2000	2000－2－17	适用于各种形式的商用网络操作系统，强化 Web
服务 Windows ME	2000－9－14	最后一款能访问 DOS 的 Windows 内核版本操作系统

（续上表）

版本	时间	特点
Windows XP	2001－10－25	使用Windows2000的32位内核，支持FAT32和NTFS文件系统
Windows Server 2003	2003－4－24	面向企业提供的高可靠性、高性能商业平台
Windows Vista	2007－1－30	支持64位微处理器，强化安全性，美化界面
Windows Server 2008	2008－2－27	强化Web，增强安全性，提供虚拟化技术
Windows 7	2009－10－22	采用虚拟化技术，加入库，简化开机，降低能耗

1．Windows 的优势

（1）运行的软硬件平台多样化。Windows 上运行的程序的数量和品种是其他任何操作系统都无法匹敌的，对于硬件和外设，Windows 也提供了良好的支持。

（2）用户数量庞大，资源丰富。Windows 庞大的用户数量使用户的适应性很好，并且数量巨大的文档和资料也使得用户使用起来极为方便。

2．Windows 的劣势

（1）可靠性。操作系统的可靠性通常是用无故障正常运行的时间来度量的。但遗憾的是，Windows 出现不稳定情况的频率往往要比其他操作系统高，给使用过程增加了不必要的麻烦。

（2）安全性。在众多的桌面操作系统中，Windows 是公认的最容易受到病毒、蠕虫和其他攻击侵扰的系统。

（二）Mac OS

Mac OS 是一套运行于苹果 Macintosh 系列电脑上的操作系统。它是基于 Unix 内核的图形化操作系统，一般情况下，在普通个人电脑上无法安装该操作系统。

图 1－22　Mac OS

苹果机现在的操作系统已经到了 OS 10，代号为 MAC OSX（X 为 10 的罗马数字写法），这是 MAC 电脑诞生 15 年来最大的变化。新系统非常可靠，它的许多特点和服务都体现了苹果公司的理念。

1．Mac OS 的优势

（1）可靠性和安全性。Mac OS 是基于 Unix 内核的操作系统，使得它的系统错误或者冲突的几率很低，并且从 Unix 上继承了很好的安全基础，加之 Mac 用户较少，使用 Mac OS 相当安全。

（2）界面友好。提供强大的向后兼容和虚拟机平台。

2．Mac OS 的劣势

（1）有限的软件选择。用户会发现很多常用的软件并不能在 Mac OS 上使用。

（2）对资源的部分使用。Mac OS 中文件分为数据和资源两部分（即配置文件），这使得人们将它转移到别的平台时会发生困难。

（三）Linux

Linux 最早开始于一位名叫 Linus Torvalds 的计算机业余爱好者，当时他是芬兰赫尔辛基大学的学生。他的目的是设计一个代替 Minix（由一位名叫 Andrew Tannebaum 的计算机教授编写的操作系统示教程序）的操作系统，这个操作系统可用于386、486 或奔腾处理器的个人计算机上，并且具有 Unix 操作系统的全部功能，因而开始了 Linux 雏形的设计。Linux 是一套免费使用和自由传播的类 Unix 操作系统，这个系统是由世界各地成千上万的程序员设计和实现的。其目的是建立不受任何商品化软件的版权制约的、全世界都能自由使用的 Unix 兼容产品。

图 1－23　Red Hat Linux

1. Linux 的优势

（1）源代码开放。这种免费的使用政策鼓励了技术人员继续开发实用程序、软件和改进版本。

（2）保留了很多 Unix 操作系统的特点，使得安全性和网络功能都较为强大和稳定。

2. Linux 的劣势

（1）Linux 下能够运行的程序相对有限。

（2）使用起来较为复杂。

（四）手持设备操作系统

目前在 PDA 和智能电话领域，操作系统也较为丰富，常见的有 Symbian、Windows Mobile、Android 和 Palm 等。

Symbian 是一种多任务、多线程的操作系统，它常在索尼爱立信和诺基亚的智能手机上使用。Symbian 可以使用 C ++、VB 和 Java 语言来编程，所以有很多有趣的第三方软件和共享软件。

Windows Mobile 是基于 Windows CE 技术开发的一款操作系统，作为 Windows XP 的掌上电脑简化版，Windows Mobile 的界面表现出许多与 Windows 桌面相似的特点。

Android 是 Google 于 2007 年宣布的基于 Linux 平台的开源手机操作系统，该平台由操作系统、中间件、用户界面和应用软件组成，号称是首个为移动终端打造的真正开放和完整的移动软件，拥有极其强大的网络功能和发展潜力。

五、应用软件

应用软件是为了某种特定的用途而开发的软件。它可以是一个特定的程序，比如一个图像浏览器；可以是一组功能联系紧密、能够互相协作的程序的集合，比如微软的 Office 软件；也可以是一个由众多独立程序组成的庞大的软件系统，比如数据库管理系统。

应用软件一般可以分为以下类型：

（1）文字处理软件：Microsoft Office、WPS Office、OpenOffice. org 等。

（2）数据库管理软件：Microsoft Access、DB2 等。

（3）辅助设计软件：AutoCAD 等。

（4）实时控制软件：人造卫星轨道修复软件等。

（5）教育与娱乐软件：考试宝典等。

（6）图形图像软件：Adobe Photoshop、CorelDRAW、Painter 等。

（7）后期合成软件：After Effect、Combustion、Shake 等。

（8）网页浏览软件：IE、FireFox、Opera 等。

（9）影音播放软件：realPlayer、Winamp、暴风影音、酷狗音乐等。

（10）下载管理软件：Orbit、FlashGet、迅雷等。

（11）电子邮件客户端：Windows Mail、Outlook Express、FoxMail 等。

（12）杀毒软件：Avira Antivir、卡巴斯基、诺顿防毒等。

（13）通讯软件：MSN、QQ、Skype、ICQ 等。

（14）虚拟机软件：汉邦极通 EWEBS、VMware 等。

（15）系统工具类：Windows 优化大师、WinRAR 等。

（16）编程/开发类工具：Java、Visual ASM 等。

其中，文字处理软件 Microsoft Office、网络通信方面的软件将在后面的章节中重点介绍，而编程、辅助设计等方面的软件，由于专业性要求较高，这里就不作介绍了。下面就以上分类介绍几种常见的软件。

（一）杀毒软件

杀毒软件是一种可以对病毒、木马等一切已知的对计算机有危害的程序代码进行清除的程序工具。

根据《中华人民共和国计算机信息系统安全保护条例》中的定义，计算机病毒是指编制或者在计算机程序中插入的破坏计算机功能或者数据，影响计算机使用并且能够自我复制的一组计算机指令或者程序代码。常见的病毒有系统病毒、蠕虫病毒、木马病毒等，通常以占据硬件资源、破坏文件、窃取用户信息等为目的。计算机病毒不但会造成资源和财富的巨大浪费，而且有可能造成社会性的灾难。随着社会的信息化发展，计算机病毒的威胁日益严重，反病毒的任务也更加艰巨了。

杀毒软件防止病毒的手段通常是实时监控和扫描磁盘，部分反病毒软件通过在系统添加驱动程序的方式进驻系统，并且随操作系统启动。大部分的杀毒软件还具有防火墙功能。

常见的杀毒软件：

1. 卡巴斯基

卡巴斯基的总部设在俄罗斯首都莫斯科，Kaspersky Labs 是国际著名的信息安全领导厂商。公司为个人用户、企业网络提供反病毒、防黑客和反垃圾邮件产品。经过十几年与计算机病毒的战斗，被众多计算机专业媒体及反病毒专业评测机构誉为病毒防护的最佳产品。

图 1－24　卡巴斯基

2. Avira AntiVir

Avira AntiVir（小红伞）是一套由德国 Avira 公司所开发的杀毒软件。Avira 除了商业版本外，还有免费的个人版本。它的界面并不华丽，也没有耍噱头而无用的多余项目，是一款最知名的免费杀毒软件。它的用户超过七千万，改变了许多人“免费杀毒软件就一定比较差”的观念，在系统扫描、即时防护、自动更新等方面的表现都不输给知名的付费杀

图 1－25　Avira AntiVir

毒软件，甚至比部分商业杀毒软件还要好，因此成为许多用户首选的杀毒软件。

（二）系统优化软件

系统优化是指尽可能减少计算机执行的进程，更改工作模式，删除不必要的中断，让机器运行更有效，优化文件位置使数据读写更快，空出更多的系统资源供用户支配以及减少不必要的系统加载项及自启动项。现在的系统优化软件都还带有修正被恶意程序篡改过的设置等功能。

常见的系统优化软件如下：

1. Windows 优化大师

Windows 优化大师是一款功能强大的系统辅助软件，它提供了全面有效且简便安全的系统检测、系统优化、系统清理、系统维护四大功能模块及数个附加的工具软件。使用 Windows 优化大师，能够有效地帮助用户了解自己的计算机软硬件信息，简化操作系统设置步骤，提升计算机运行效率，清理系统运行时产生的垃圾，修复系统故障及安全漏洞，维护系统的正常运转。

图 1－26　Windows 优化大师

2. 超级兔子

超级兔子是一个完整的系统维护工具，能清理大多数的文件、注册表里面的垃圾，同时还有强力的软件卸载功能，专业的卸载可以清理一个软件在电脑内的所有记录。共有九大组件，可以优化、设置系统大多数的选项，打造一个属于自己的 Windows。超级兔子上网精灵具有 IE 修复、IE 保护、恶意程序检测及清除功能，还能防止其他人浏览网站，阻挡色情网站以及端口的过滤。

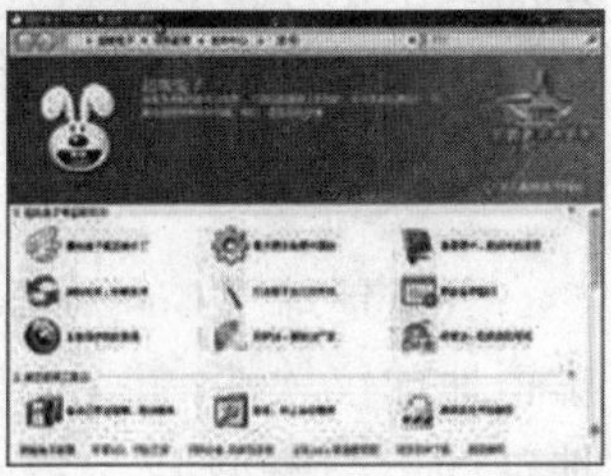

图 1－27　超级兔子

（三）影音播放软件

播放软件也叫播放器，是指能播放以数字信号形式存储的视频或音频文件的软件。除了少数波形文件外，大多数播放器携带解码器可以还原经过压缩的媒体文件，播放器还内置一整套转换频率以及缓冲的算法。

常见的播放软件：

1. RealPlayer

RealPlayer 是网上收听、收看实时音频、视频和 Flash 的最佳工具，让你享受更丰富的多媒体体验，即使你的带宽很窄。RealPlayer 是一个在 Internet 上通过流技术实现音频和视频实时传输的在线收听工具软件，使用它不必下载音频、视频内容，只要线路允许，就能完全实现网络在线播放，极为方便地在网上查找和收听、收看自己感兴趣的广播、电视节目。

图 1－28　RealPlayer

2. 暴风影音

暴风影音是暴风网际公司推出的一款视频音频播放器，该播放器兼容大多数的视频和音频格式。连续获得《电脑报》、《电脑迷》、《电脑爱好者》等权威 IT 专业媒体评选的消费者最喜爱的互联网软件荣誉以及编辑推荐的优秀互联网软件荣誉。

图 1－29　暴风影音

（四）其他常见软件介绍

1. WinRAR

WinRAR 是一款功能强大的压缩包管理器，它是档案工具 RAR 在 Windows 环境下的图形界面。该软件可用于备份数据，缩减电子邮件附件的大小，解压从 Internet 上下载的 RAR、ZIP 2.0 及其他文件，并且可以新建 RAR 及 ZIP 格式的文件。

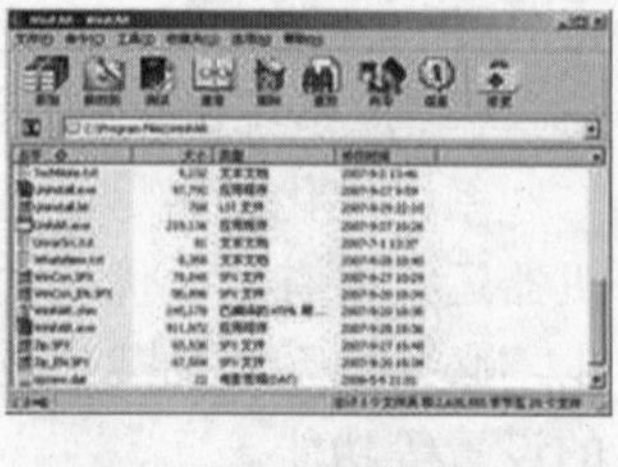

图 1－30　WinRAR

2. Adobe Reader

Adobe Reader（也被称为 Acrobat Reader）是美国 Adobe 公司开发的一款优秀的 PDF 文件阅读软件。文档的撰写者可以向任何人分发自己制作（通过 Adobe Acrobat 制作）的 PDF 文档而不用担心被恶意篡改。

PDF（Portable Document Format）文件格式是 Adobe 公司开发的电子文件格式。这种文件格式与操作系统平台无关，也就是说，PDF 文件不管是在 Windows、Unix 还是在苹果公司的 Mac OS 操作系统中都是通用的。

图 1－31　Adobe Reader

3. 谷歌地球

谷歌地球（Google Earth，GE）是一款 Google 公司开发的虚拟地球仪软件，它把卫星照片、航空照相和 GIS 布置在一个地球的三维模型上。Google Earth 于 2005 年向全球推出，用户可以通过一个下载到自己电脑上的客户端软件，免费浏览全球各地的高清晰度卫星图片。

图 1－32　Google Earth

第四节　Windows 7 操作基础

一、桌面及其设置

Windows 7 启动后，呈现在用户面前的是桌面。所谓“桌面”就是指 Windows 7 所占的屏幕空间，亦即整个屏幕背景。桌面的底部是一个任务栏，其最左端是“开始”菜单，其最右端是任务栏通知区域。初始时桌面上只有一个“回收站”图标，用户可以根据自己的需要设置桌面，把经常使用的程序、文档或文件夹放在桌面上或者在桌面上建立它们的快捷方式。

（一）桌面的组成

（1）“开始”菜单：“开始”是运行 Windows 7 应用程序的入口，是执行程序最常用的方式，如图 1－33 所示。

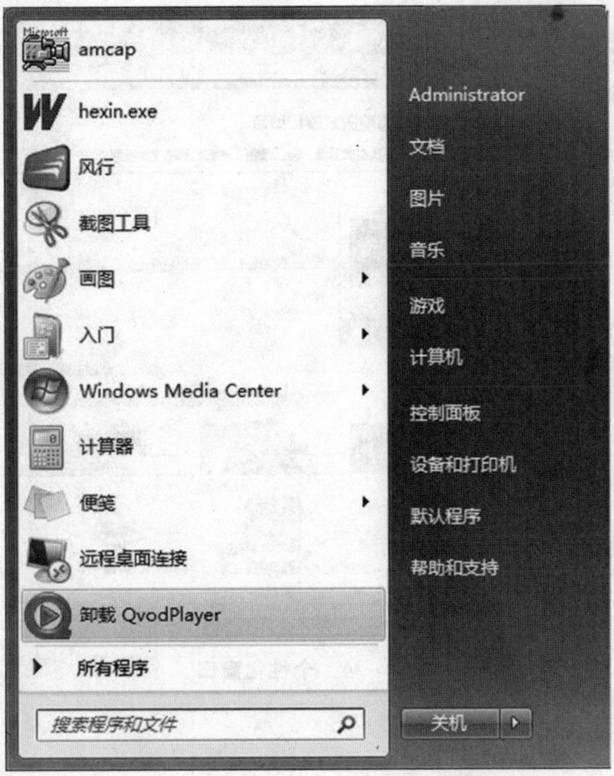

图1－33 Windows 7“开始”菜单

（2）任务栏：当用户执行应用程序、打开文档或窗口后，在“任务栏”上就会出现一个相应的按钮。如果要切换至某一个程序，只需单击代表该程序的按钮。当关闭一个程序之后，其相应的按钮也将从“任务栏”上消失。

（3）回收站：“回收站”是一个文件夹，用来存放被删除的文件、文件夹，直到被用户清空为止。当然，用户也可以把“回收站”中的文件、文件夹还原到它们在系统中原来的位置。

（二）桌面的设置

右键单击桌面，从快捷菜单中选择“个性化”，系统将弹出“个性化”窗口，如图1－34所示，用户可以对桌面的有关内容如桌面背景、窗口颜色、显示方式、声音、账户图片、屏幕保护程序等进行设置。

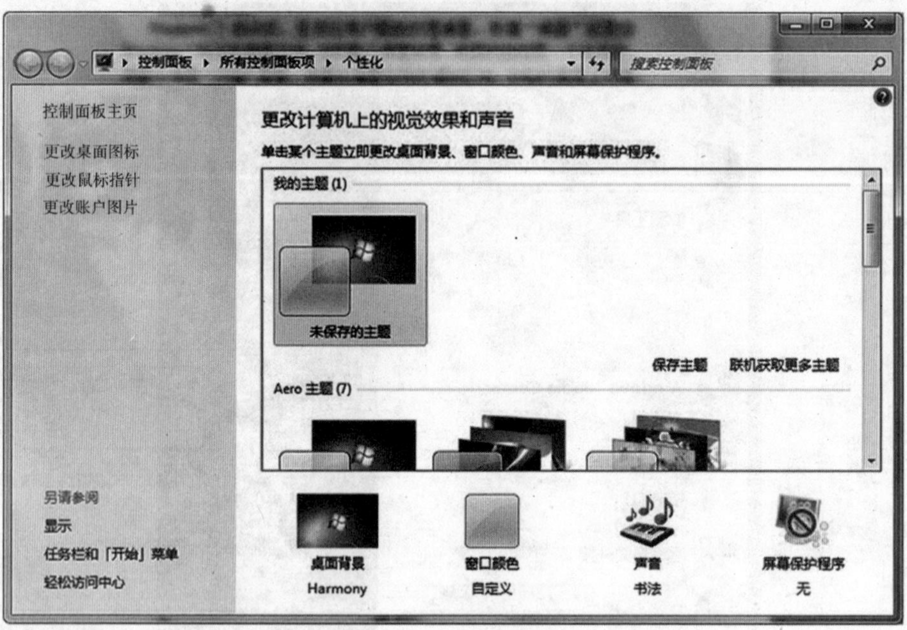

图 1－34　个性化窗口

（三）用户管理

Windows 7 是一个多任务、多用户的操作系统，它允许多个用户共同使用同一台计算机。这就需要进行用户管理，包括创建新用户以及为用户分配权限等。在 Windows 7 中，每一个用户都有自己的工作环境，如桌面、计算机等。Windows 7 中的用户有两种类型：计算机管理员（Administrator）和受限用户（User），它们的权限如表 1－2 所示。

表 1－2　计算机管理员与受限用户权限

任务	计算机管理员	受限用户
安装程序和软件	√	
进行系统范围的更改	√	
访问和读取所有非私人的文件	√	
创建与删除用户账户	√	
更改其他人的用户账户信息	√	
更改自己的账户信息	√	√

在安装 Windows 7 时，系统会自动创建一个账户名为 Administrator 的计算机管理员用户，在没有创建其他账户之前，只能用该账户登录。一旦创建了其他账户，Administrator 账户将不再出现在欢迎界面上，但是仍然存在。创建账户的方法：选择“开始/控制面板/用户账户”，打开如图 1－35 所示的窗口，在这里可以创建、删除、更改账户，以及更改

用户登录或注销方式等。

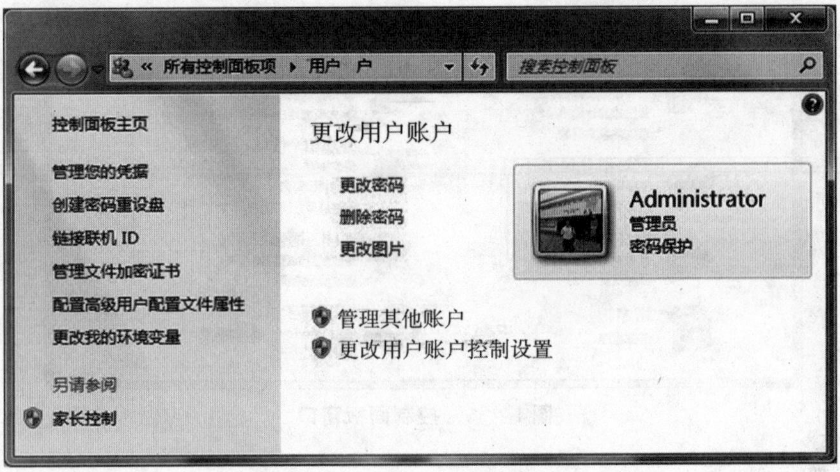

图 1－35　用户账户窗口

（四）剪贴板

在 Windows 中，剪贴板是程序和文件之间用于传递信息的临时存储区。它不但可以存储正文，还可以存储图像、声音等其他信息。通过它可以把各文件的正文、图像、声音粘贴在一起形成一个文档。剪贴板的使用方法是先将信息复制或剪切到剪贴板，然后在目标应用程序中将插入点定位到需要放置信息的位置，再使用“粘贴”命令将剪贴板中的信息传送到目标应用程序中。

将信息粘贴到目标程序后，剪贴板中的内容依旧保持不变，因此可以进行多次粘贴。既可以在同一文件中多次粘贴，也可以在不同文件中多次粘贴，所以剪贴板提供了在不同应用程序间传递信息的一种常用方法。

“复制”、“剪切”和“粘贴”命令对应的快捷键分别是 Ctrl + C、Ctrl + X 和 Ctrl + V。

（五）控制面板

控制面板是用来进行系统设置和设备管理的一个工具箱。在控制面板中，用户可以根据自己的爱好对诸如鼠标、键盘、声音、网络等进行设置和管理，还可以进行添加或删除（卸载）程序等操作。

启动“控制面板”可以选择“开始/控制面板”命令。启动后，出现如图 1－36 所示的窗口。

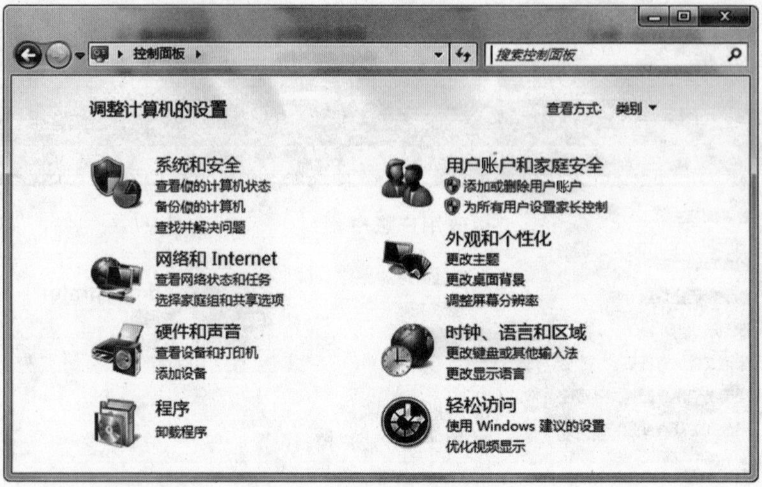

图 1－36　控制面板窗口

二、文件及文件夹管理

（一）文件

文件，通常是指位于存储介质上的被命名的信息集合。文件可以是正文文本、文档、照片和音乐等数据或者计算机程序。

1. 文件名

计算机中的文件是按名存取的，因此任何文件都必须有自己的名称以便相互区分，才能实现按名存取。文件名包括主文件名和扩展名两个部分，其中主文件名是必不可少的，而扩展名则可以省略（但不提倡省略）。在保存文件时，需提供符合特定规则的有效文件名，这些特定的规则称为文件命名规范。Windows 7 操作系统文件（夹）的命名规则如表 1－3 所示。

表 1－3　Windows 7 操作系统文件（夹）的命名规则

<table>
<tr><td>区分大小写</td><td>否</td></tr>
<tr><td>文件名最大长度</td><td>文件名和扩展名不能超过 255 个字符</td></tr>
<tr><td>允许空格、数字</td><td>是</td></tr>
<tr><td>不允许出现的字符</td><td>?、/、\ \、<、>、*、|、:</td></tr>
<tr><td>不允许使用的文件名</td><td>CON、AUX、COM1、COM2、COM3、COM4、LPT1、LPT2、LPT3、PRN、NUL</td></tr>
</table>

2. 文件类型

在绝大多数操作系统中，文件扩展名表示文件的类型。主文件名和扩展名间用圆点（“.”）分隔。Windows 使用文件关联列表把文件扩展名和相应的应用程序连接起来。这种便利的特性使得用户在打开数据文件时不必先行打开应用程序，而只需从桌面上双击该文件即可。常见的文件类型如表 1－4 所示。

表 1-4 常见文件类型

文件类型	扩展名	说 明
可执行程序	exe、com	可执行程序文件
源程序文件	c、cpp、bas、asm	程序设计语言的源程序文件
目标文件	obj	程序文件编译后的目标文件
文档文件	pdf、docx、txt	各类文档文件
图像文件	bmp、jpg、gif	不同格式的图像文件
压缩文件	zip、rar	压缩文件
流媒体文件	rm、avi、qt	不同格式的流媒体文件
音频文件	wav、mp3、mif	不同格式的音频文件
网页文件	html、asp、jsp	网页文件

3. 文件属性

除了文件名和文件类型外，文件还有大小、所有者、创建时间等属性，图 31-7 所示是 Windows 7 文件属性窗口，其中只读属性起保护文件的作用，被设置了只读属性的文件只能读取，不能被修改或删除。而具有隐藏属性的文件在一般情况下是不显示的。

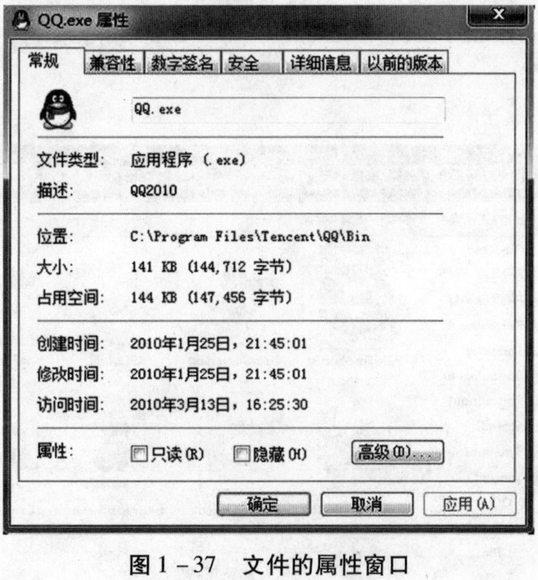

图 1-37 文件的属性窗口

（二）文件夹

在使用图形化的文件管理器时，子目录被描述为文件夹，因为它们类似文件柜中存放有某种相关文件的文件夹。

为了有效地管理和使用文件，用户通常在磁盘上创建文件夹，在文件夹下再创建文件夹，也就是将磁盘上所有的文件组织成树状结构，然后将文件分门别类地存放在不同的文件夹中。这种结构像一棵倒置的树，树根为根文件夹（根目录），树中每一个分支为文件夹（子目录），树叶为文件，如图 1－38 所示。

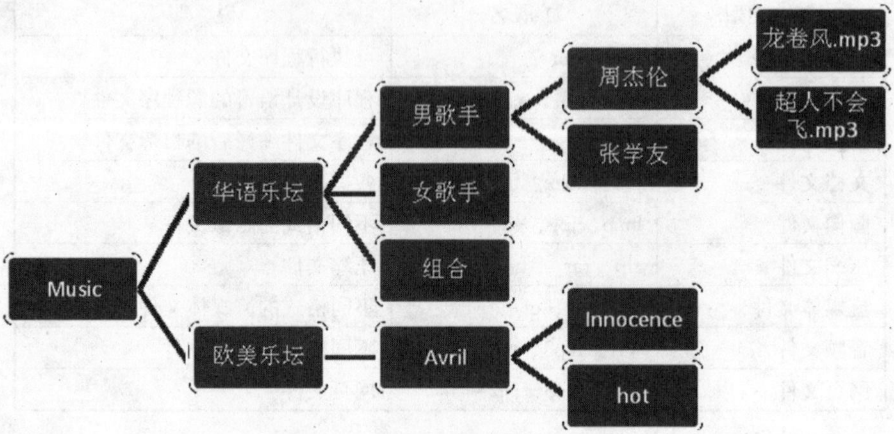

图 1－38　文件（夹）的树状结构

文件路径，当一个文件被放入文件夹后，如何访问这些文件呢？文件路径就是这些文件的“联系地址”。文件路径分为两种：

（1）绝对路径：从根目录开始，依序到该文件之前的目录名称。如图 1－39 所示，用绝对路径来表示 QQ. exe 文件的结果为“C:\Program Files\Tencent\QQ\Bin\QQ. exe”，其中 C:\ 是驱动器名，Program Files、Tencent、QQ、Bin 为目录名，它们之间用“\”分隔，“QQ. exe”是文件名。

图 1－39　文件路径窗口

（2）相对路径：从当前目录开始到某个文件之前的目录名称。如果当前目录是C:\Program Files\Tencent，则 QQ. exe 文件的相对路径为 Bin\QQ. exe。

（三）管理文件和文件夹

管理文件和文件夹是 Windows 的主要功能。由于采用树状结构组织计算机中的本地资源和网络资源，因此操作起来非常方便。

Windows 操作系统的一个重要特点是：先选定操作对象，再选择操作命令。所以，用户在使用 Windows 时一定要遵守这个原则。

通常对文件和文件夹的操作有复制、剪切、删除、新建、粘贴、重命名等，可以通过鼠标、菜单命令或键盘等来实现。

（四）文件和文件夹管理技巧

虽然 Windows 提供了强大的文件管理功能，但是只有在组织文件时有一个逻辑的计划并遵照基本的文件管理方针，才能良好地管理文件。

常见的技巧：

（1）使用描述性的文件名称。对文件和文件夹命名时使用描述性名称，避免使用隐晦的缩写。

（2）保留文件扩展名。在重命名文件时，保留原有文件的扩展名，这样会使用正确的软件打开文件。

（3）将类似的文件编组。根据主题将文件分装在文件夹内。

（4）从上往下组织文件夹。设计文件夹层次时，考虑如何访问和备份文件，尽量逻辑上安排合理。

（5）不要把数据文件和程序文件混杂在一起。不要把数据文件存放在程序文件夹里，以便于管理和备份。

（6）不要在根目录下保存文件。尽管在根目录下创建文件是允许的，但是这并不是一个良好的做法。

（7）从硬盘访问文件。为了达到最好的性能和方便备份，请将 U 盘或光盘上的文件先复制到硬盘，然后再进行访问。

（8）删除或归档不需要的文件。及时进行文件整理，可以将文件大小和条理控制在一个良好的状态。

（9）定期备份重要文件。备份的原则是异地或者网络备份最佳，相近计算机上备份其次，同一计算机不同磁盘分区再次，不同文件夹最次。根据重要性不同而选择不同的备份数量，在可以接受的范围内越多越好。

三、程序管理

所谓程序，是指计算机为完成某一个任务所必须执行的一系列指令的集合。操作系统主要的功能就是管理程序的启动、运行和退出。

（一）程序文件

程序通常是以文件的形式存储在外存上。在 Windows 7 中，大多数程序文件的扩展名为.exe，少部分具有命令行提示符界面的程序文件的扩展名为.com，表1－5列出了Windows 7提供的常用程序文件名。这些程序文件都存放在Windows文件夹中，而代表这些程序文件的图标和名称都被放在“开始”菜单中。

表1－5　常用程序文件

常用应用程序	文件名
Windows 资源管理器	Explorer. exe
记事本	Notepad. exe
写字板	Wordpad. exe
画图	Mspaint. exe
命令提示符	Cmd. exe
Windows Media Player	Wmplayer. exe
Internet Explorer	Iexplore. exe
Outlook Express	Msimn. exe

1. 程序的启动与退出

程序的启动与退出方法有很多种，如表1－6所示。

表1－6　程序的启动与退出

	启动/退出应用程序的方法	说　明
启　动	“开始”菜单	这是最常见的方法
	双击桌面上的应用程序图标	在桌面上创建常用的应用程序的快捷方式
	Windows 资源管理器	准确知道应用程序文件名
	“开始/搜索程序和文件”	大概知道应用程序文件名（系统将根据用户的字符自动搜索，并显示相应的结果）
	打开文档文件	文档是指已经与某个应用程序建立了关联的文件
退　出	“文件/关闭”	选择“文件”菜单中的关闭命令
	单击窗口右上角的“关闭”按钮	绝大多数的应用程序窗口都有“关闭”按钮
	Windows 任务管理器	强行关闭应用程序
	按下 Alt +［F4］快捷键	该应用程序窗口为当前窗口

2. 应用程序快捷方式

（1）什么是快捷方式。

在桌面上，图标的左下角有一个弧形箭头的图标被称为快捷方式，如图1－40所示。通常，为了快速地启动某个应用程序，用户可以在桌面或“开始”菜单等地方创建该应用程序的快捷方式，以便今后可以用鼠标左键双击这个图标，启动相应的应用程序。

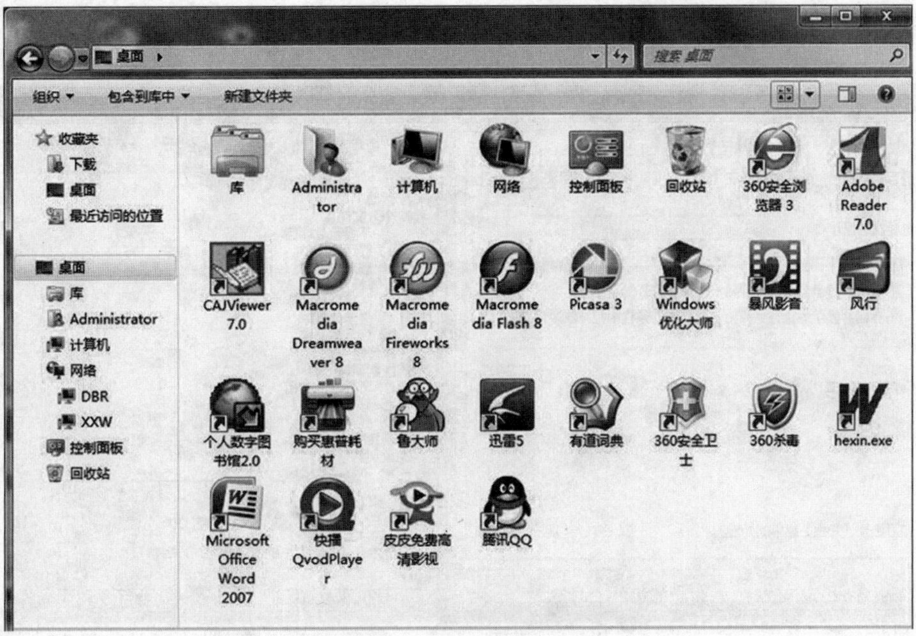

图 1－40　桌面上的快捷方式

要说明的是，快捷方式只是一个连接对象的图标，不是这个对象本身，是指向这个对象的指针而已，其文件的扩展名为“. lnk”；快捷方式可以放置在 Windows 中的任意位置，即可以在“桌面”、文件夹或“开始”菜单等地方创建快捷方式。

不仅可以为应用程序创建快捷方式，还可以为 Windows 中的任何一个对象创建快捷方式，如文档、文件夹、“个性化”、“控制面板”、磁盘或打印机等。对于一些经常使用的应用程序、文档、文件夹，就应该为它们在桌面上创建快捷方式。

（2）创建快捷方式。

由于创建快捷方式的方法较多，这里只是列出其中的三个。

使用快捷菜单方式：用鼠标右键点击需要创建快捷方式的对象，从提示的快捷菜单中选择“创建快捷方式”，系统将在当前位置创建快捷方式。如果要在桌面上创建快捷方式，则从快捷菜单中选择“发送到/桌面快捷方式”。

鼠标方式：按住 Ctrl ＋Shift 键，然后将文件拖曳到需要创建快捷方式的地方即可。

使用创建快捷方式向导：鼠标右键点击桌面或需要存放创建快捷方式的窗口空地方，从快捷菜单中选择“新建/快捷方式”打开“创建快捷方式”向导窗口，按照提示输入相应内容即可。

（3）“开始”菜单。

“开始”菜单中的菜单项实际上都是快捷方式，同样可以对它进行添加或删除等操作。设置“开始”菜单的方法有很多，可以用鼠标右键单击“开始”菜单，从快捷菜单中选择“属性”，打开“任务栏和［开始］菜单属性”对话框，选择“自定义”命令按钮打开“自定义［开始］菜单”对话框，就可以自定义“开始”菜单上的链接、图标以及菜单的外观和行为，如图 1－41 所示；或者打开“个性化”窗口，在窗口左边的列表中选择

“任务栏和［开始］菜单”，对“开始”菜单进行设置。

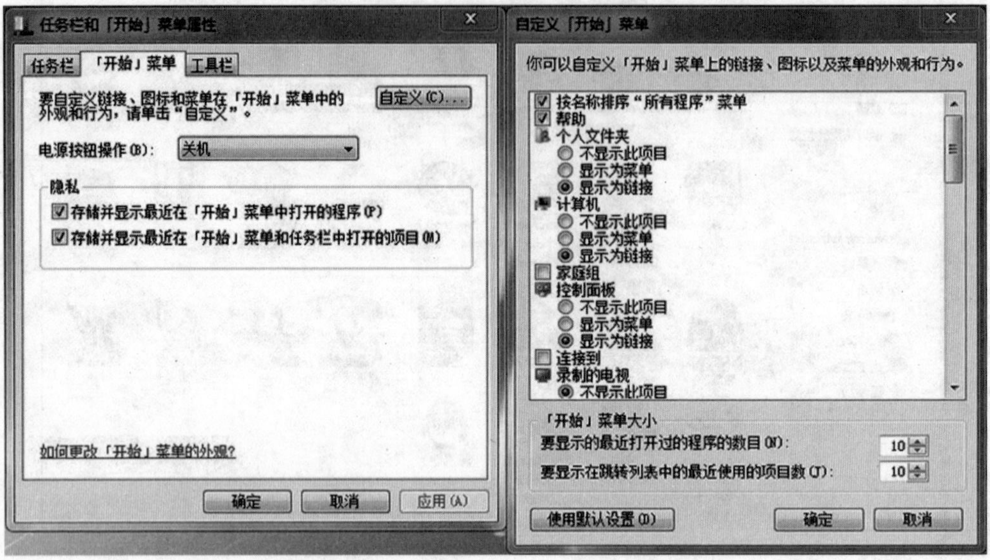

图 1－41　任务栏和［开始］菜单窗口

（二）任务管理器

Windows 是一个多任务的操作系统，可同时运行若干个应用程序。而用户则可以利用“Windows 任务管理器”来管理当前正在运行的应用程序，并查看当前计算机系统的有关信息。当系统出现“死机”症状时，往往是因为存在未响应的应用程序，此时可以通过任务管理器终止这些未响应的应用程序，系统就可以恢复正常了。当然也可以通过“Windows任务管理器”使计算机关机或重新启动等。

打开“Windows 任务管理器”的方法：同时按下 Ctrl + Alt + Del 键，从显示的列表中选择“启动任务管理器”或者用鼠标右击“任务栏”的空白处，从快捷菜单中选择“启动任务管理器”即可，如图 1－42 所示。

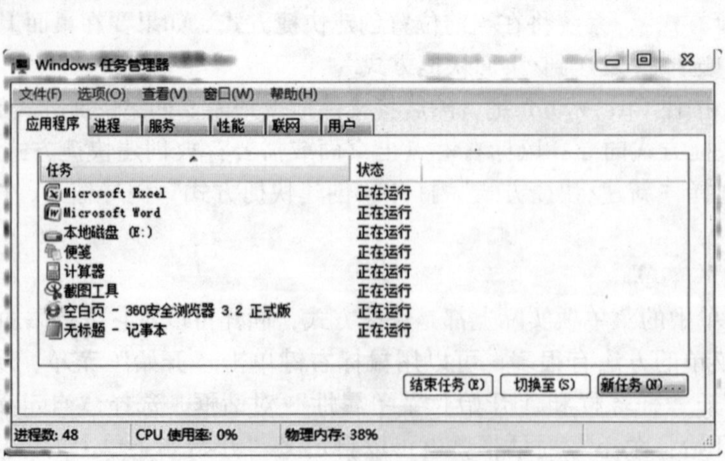

图 1－42　任务管理器窗口

（三）安装或卸载应用程序

在“控制面板”中双击“程序和功能”图标，打开如图 1－43 所示的窗口，就可以更改或删除应用程序，添加或删除 Windows 组件。

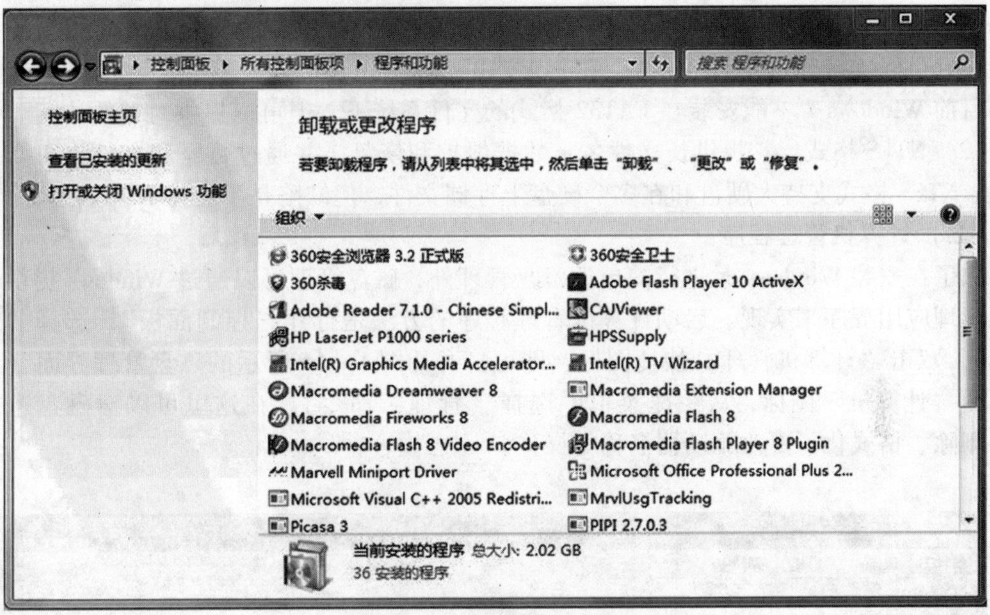

图 1－43 程序和功能窗口

用户在添加/删除应用程序时应注意以下问题：

（1）删除应用程序时，最好不要采用直接将应用程序从文件夹中删除的方法，因为一方面不可能删除干净，有些 DLL 文件安装在 Windows 目录中；另一方面很可能会删除其他程序也需要的 DLL 文件，可能会导致其他依赖这些 DLL 文件的程序无法正常运行。如果应用程序本身提供了“卸载”功能的话，也可以使用该功能将应用程序从系统中删除。

（2）安装应用程序的方法：

① 如果应用程序是以光盘形式提供的且光盘上有“Autorun. inf”文件，则光盘插入光驱后会自动运行安装程序。

② 直接运行安装盘中的安装程序“Setup. exe”或“Install. exe”文件。

③ 如果应用程序是从 Internet 上下载的，通常整套软件被捆绑成一个 . exe 文件，那么用户直接运行该文件就可以安装应用程序了。

四、磁盘管理

（一）盘分区

目前，一个硬盘的容量往往比较大，主流硬盘已经达到 1 TB，人们往往把硬盘划分成几个分区，主要是为了方便管理和安装不同的操作系统。

在 Windows 中，一个磁盘可以分为磁盘主分区和磁盘扩展分区，主分区不可再分，扩展分区可以再分为若干个逻辑分区。每个主分区或者逻辑分区就是一个卷，成为逻辑驱动器，都有盘符，“C:”为默认的主分区盘符。

（二）文件系统

进行磁盘分区时，需要确定文件系统。目前，Windows 7 支持两种文件系统：

（1）FAT32 格式。这是一种传统的 Windows 文件系统格式，20 世纪 90 年代末被广泛应用，它可以支持容量 2 TB 的卷，单个文件可以支持 4 GB 以下的大小，但已逐渐被淘汰。目前 Windows 7 不能安装在 FAT32 格式的文件系统下，但可以提供对它的访问。

（2）NTFS 格式。它提供长文件名、数据保护和恢复，并通过目录和文件许可实现安全性。NTFS 格式支持大硬盘和在多个硬盘上存储文件，但缺陷是不支持 DOS 操作系统。

（三）计算机管理程序

除了在安装 Windows 时进行简单的磁盘管理外，磁盘管理可以通过 Windows 提供的计算机管理应用程序来实现。启动计算机管理程序的方法是打开“控制面板”，选择“管理工具”，双击“计算机管理”快捷图标，即可打开如图 1－44 所示的磁盘管理界面（或右击桌面“计算机”图标，从快捷菜单中选择“管理”命令），在这里可以对磁盘进行新建、删除、格式化、更改驱动器名称等操作。

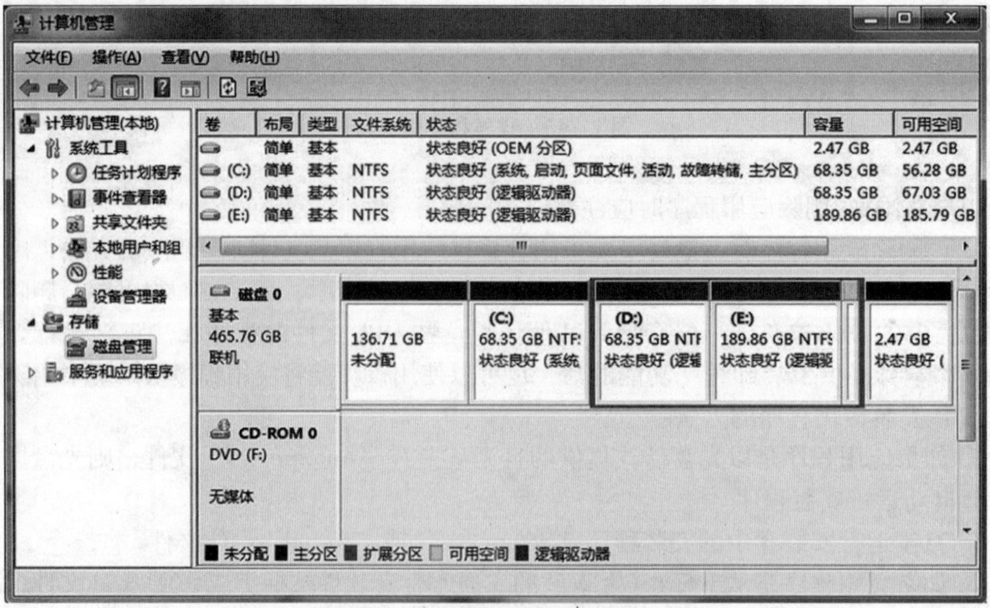

图 1－44　计算机管理窗口

（四）磁盘的格式化

新的磁盘分区建立后还不能使用，还需要进行格式化。磁盘格式化的目的：

（1）把磁盘按磁道划分扇区，每个扇区占 512 B。

（2）安装文件系统，建立根目录和文件分配表。

旧磁盘也可以进行格式化。但是如果对旧磁盘进行格式化的话，将会删除磁盘上原有的信息，因此在进行格式化时要特别慎重，以免造成损失。图 1－45 所示为磁盘格式化的对话框。

如果选择快速格式化，则仅仅是删除磁盘上的文件和文件夹，并不检查磁盘的损坏情况。快速格式化仅适用于已格式化过且磁盘没有损坏的情况。

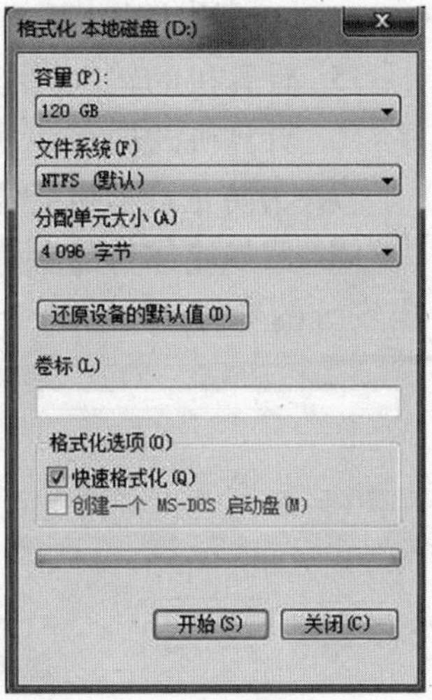

图 1－45　格式化对话框

（五）磁盘碎片整理

磁盘碎片又称文件碎片，是指一个文件没有保存在一个连续的磁盘空间上，而是被分散在许多地方，计算机工作一段时间后，就会产生磁盘碎片。如果能定期地对磁盘进行碎片整理，消除磁盘碎片，将有利于提高计算机系统的性能。

磁盘碎片整理程序的启动方法：选择“开始/所有程序/附件/系统工具”中的“磁盘碎片整理程序”，打开“计算机”窗口，右击需要进行碎片整理的磁盘，从快捷菜单中选择“属性/工具”。

（六）磁盘清理

计算机工作一段时间后，会产生许多垃圾文件，如已下载的程序、临时文件等。利用磁盘清理工具，可以实现磁盘清理，删除无用的文件，释放硬盘空间。

磁盘清理程序的启动方法是选择“开始/所有程序/附件/系统工具”中的“磁盘清理命令”，打开“计算机”窗口，右击需要进行碎片整理的磁盘，从快捷菜单中选择“属性”。

思考与练习

一、填空题

1. 计算机系统是由__________和__________组成。
2. 微机的主机是由__________和__________组成。
3. 计算机的存储器分为__________和__________。
4. CPU 的中文翻译是__________，是由__________和__________组成。
5. CACHE 的中文翻译是__________。
6. 磁盘在使用之前，都必须进行__________。
7. 文件名一般由__________和__________组成，其中，__________是必选部分。
8. 在 Windows 中，用户新建的文档系统默认的属性是__________。
9. 单击对话框中的“确定”按钮，与按__________键的作用是一样的。
10. 在 Windows 中，当用鼠标左键在不同驱动器之间拖动对象时，系统默认的操作是__________。

二、简答题

1. 简述计算机系统的组成。
2. 系统软件和应用软件的区别是什么？
3. 简述操作系统的作用。

4. CPU 的性能指标有哪些？

5. 计算机的输入设备、输出设备有哪些？

6. 计算机的内存和外存各有什么特点？

7. 为防止计算机病毒的入侵和传播，应注意哪些事项？

8. 假如让你自己组装一台计算机的话，请列出要购买的配件及其型号、价格，并写出安装的步骤。

第二章　文字处理软件应用进阶

Word 是 Office 2007 办公软件中的文字处理软件，也是目前应用最为广泛的办公软件之一。它继承了 Windows 友好的图形界面，用户可以运用 Word 提供的整套工具方便地对纯文本、图表文本、表格文本等进行编辑、排版和打印，从而制作出具有专业水准的文档。

第一节　Word 操作基础

在深入学习使用 Word 之前，让我们先回顾一下它的工作界面、视图方式以及创建文档的方法。

一、Word 的工作界面

Word，采用了一种全新的操作界面（微软称之为 Fluent/Ribbon），其最大特征是用功能选项卡、功能区替代了传统的菜单栏、工具栏。启动 Word 后，就进入 Word 的工作界面。工作界面主要包括 Office 按钮、快速访问工具栏、标题栏、功能选项卡、功能区、文档编辑区及状态栏等部分，如图 2－1 所示。

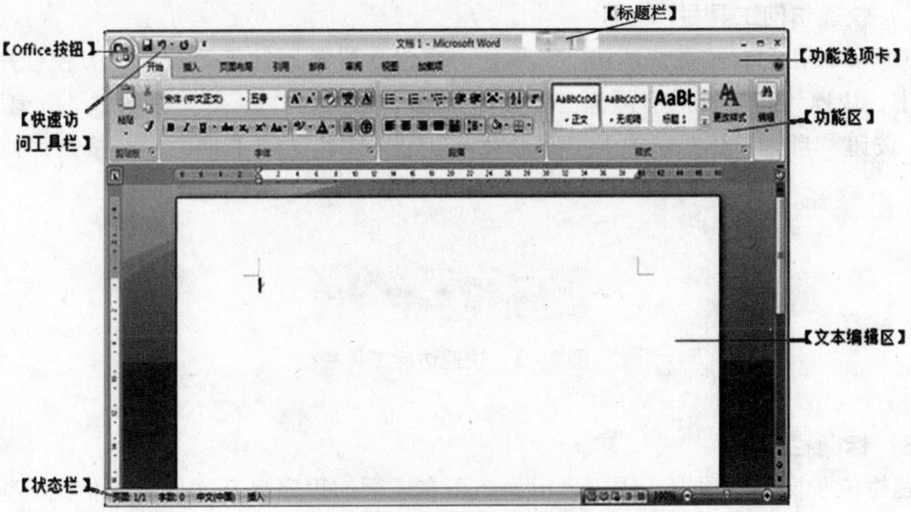

图 2－1　Word 的工作界面

（一）Office 按钮

Office 按钮是 Word 新增的功能按钮，位于界面左上角，有点类似于 Windows 系统的“开始”按钮。单击 Office 按钮，将弹出 Office 菜单，如图 2－2 所示。其中包含了一些常见的命令，如“新建”、“打开”、“保存”和“发布”等。

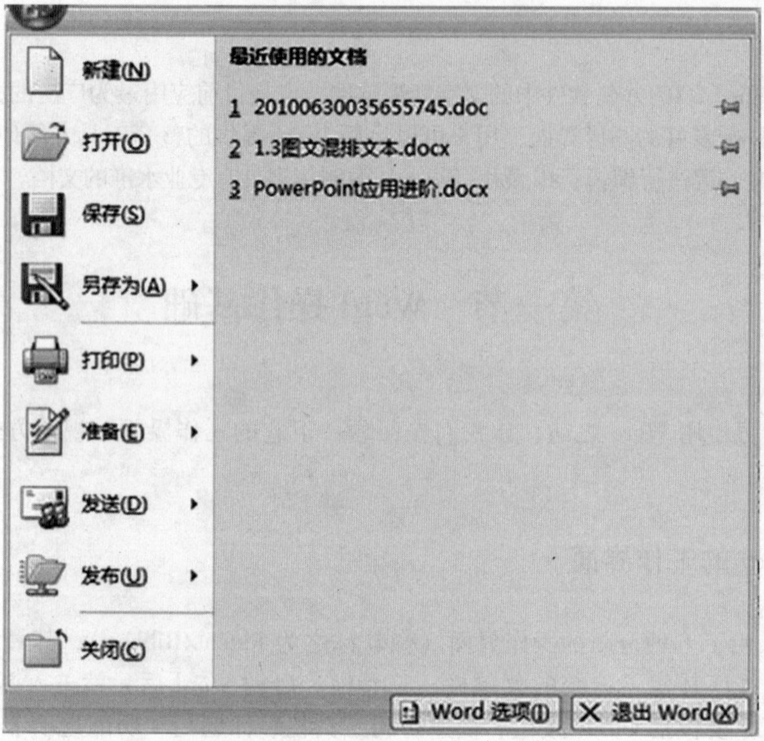

图 2－2　Office 菜单

（二）快速访问工具栏

在 Office 按钮的右侧是快速访问工具栏，它包含最常用的工具按钮，方便使用。在默认状态中，快速访问工具栏中包含三个快捷按钮，分别为“保存”按钮、“撤销”按钮、“恢复”按钮。当然，其右端的下拉项也可以自定义快速访问工具栏中的按钮，如图 2－3 所示。

图 2－3　快速访问工具栏

（三）标题栏

标题栏位于窗口的顶端，用于显示当前正在运行的程序名及文件名等信息。标题栏最右端有分别用来控制窗口的最小化、最大化和关闭应用程序的三个按钮。

（四）功能选项卡和功能区

功能选项卡和功能区是早期版本中菜单和工具栏的主要替代控件。功能选项卡包括“开始”、“插入”、“页面布局”、“引用”、“邮件”、“审阅”和“视图”六个基本选项。单击某个选项即可打开相应的功能区。在功能区中有许多自适应窗口大小的组，在组中为用户提供了常用的命令按钮和功能扩展按钮，如图 2－4 所示。

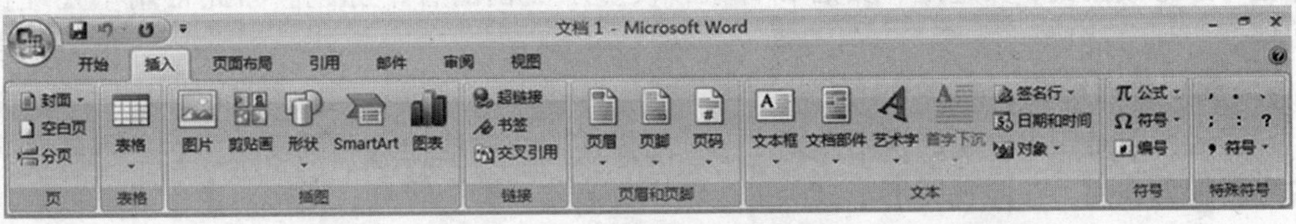

图 2－4 功能选项卡和功能区

如果希望不显示功能区，可以将其最小化。方法：在功能区右侧空白处鼠标右击，在快捷菜单上选择“功能区最小化”；也可以在任一选项卡（如“开始”）上双击鼠标。再次双击恢复原来显示。

另外，如果希望出现传统的各项操作的快捷键，随时按下 Alt 键，即可显示出来。

（五）文本编辑区

文本编辑区是工作窗口中的最大区域，它是输入文本、插入表格及图片、编辑文档的区域，用户对文档进行的各种操作结果都显示在该区域内。

（六）状态栏

状态栏位于窗口的底部，显示当前的文档信息，如当前显示的是文档第几页、第几节和当前文档的字数等。在状态栏中还可以显示一些特定命令的工作状态，如录制宏、当前使用的语言、视图方式及显示比例，如图 2－5 所示。

图 2－5 状态栏

二、Word 的视图方式

Word 中有五种不同的文档视图方式，即页面视图、阅读版式视图、Web 版式视图、大纲视图和普通视图。各种视图方式应用于不同的场合，一般使用页面视图。

（一）页面视图

页面视图是 Word 默认的视图方式，它像一张白纸平铺在背景中，显示每一页的布局，每一页上显示的文档效果与打印出来的文档效果一致。在页面视图中可以进行 Word 的所有操作。

（二）阅读版式视图

阅读版式视图是指将文档内容以书本的形式全屏显示在用户的电脑屏幕上。

（三）Web 版式视图

Web 版式视图是指在 Web 浏览器中显示文档，Web 版式是最佳的联机阅读模式，使用户能快速、清晰地浏览文档。

（四）大纲视图

大纲视图是以项目符号为段落起始标记的文档显示模式。在此可以检查文档的结构，并且可以隐藏正文、页边距、页眉和背景，仅显示文档的各个标题。因此常用于处理长文档。

（五）普通视图

普通视图是较为常用的视图方式之一。可以在此快速地输入和编辑文字，在编辑跨页内容时较为方便。在此视图下不显示页边距、页眉与页脚、背景、图形对象以及非嵌入版式的对象。

三、创建文档的方式

启动 Word，单击 Office 按钮中的“新建”命令，在新建文档对话框中可以选择新建空白文档，也可以选择新建基于模板的文档。Word 提供了许多已安装的或在线可下载的模板供用户使用，如信封、简历和报告等，利用它们可以快速新建具有样式和内容的文档，为排版文档节省时间。

第二节　制作图文混排文稿

一篇文档如果全都是文字，没有任何修饰性的内容，不仅对读者缺乏吸引力，而且会使读者阅读起来疲惫不堪。在文稿中适当地插入一些图形和图片，不仅会使文章显得生动有趣，还能帮助读者更快地理解文稿内容。Word 具有强大的绘图和图形处理功能。

一、任务要求

制作一个版面的绿色环保宣传单张，如图 2－6 所示。

图 2－6　绿色环保宣传单张

二、相关知识和实现方法

（一）文本查找和替换

把从网络上收集的相关资料复制到 Word 文档中，文本内容往往含有不需要的空格或者其他的字符以及文本格式，要想一次性删除或者修改，可以使用高效率的查找和替换命令，尤其是对较长的文本。

对于本任务，操作如下：

（1）删除原文所有空格。单击“开始”选项卡中“编辑”选项组中的“替换”命令（为方便叙述，以上操作在后面简写为：单击【开始】|【编辑】|【替换】命令），打开“查找和替换”对话框，在“查找内容”文本框中输入一个空格，单击“更多”按钮，取消勾选“区分全/半角”，“搜索”范围选择“全部”，再直接单击“全部替换”按钮即可。

（2）将手动换行符替换为段落标记。若原文中有很多手动换行符“↓”，需要替换为段落标记“↵”，同样使用替换命令。在“查找和替换”对话框中，光标定位在“查找内容”文本框中，单击“更多”按钮，在打开的“特殊格式”符号列表中选择“手动换行符”，“替换为”文本框中从“特殊格式”符号列表中选择“段落标记”，如图2-7所示。再直接单击“全部替换”按钮。

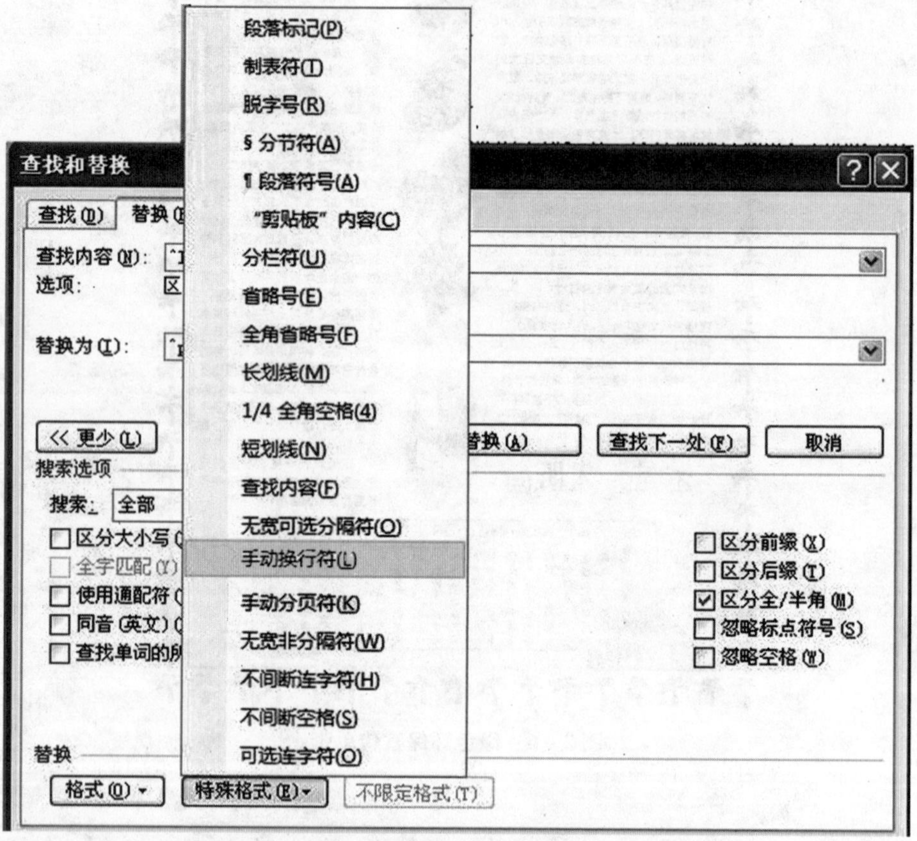

图2-7　“查找和替换”对话框中“特殊格式”符号

（二）文字的编排

在文档中，文字是组成段落的最基本内容，任何一个文档都是从段落文本开始进行编辑的。当用户输入完所需的文本内容后就可以对相应的文本及构成的段落进行格式化操作，使文档更具美观性与整齐性。

1. 设置文本格式

Word文档默认输入的文字为宋体、五号、黑色字。为了使文档层次分明、主题突出，通常需要设置文本的字体格式。用户可以通过“开始”选项卡“字体”选项组中的按钮进行所需设置，如图2-8所示。也可以通过“字体”对话框进行设置，当然，快捷菜单也是不错的操作方式。设置文本的字体、字号和颜色是文本格式化的最基本操作，其他还包括字形、字符间距、上下标、大小写等文本修饰。

图 2－8 “字体”选项组

对于字号，Word 主要包括“号”与“磅”两种度量单位，其中“号”的单位数值越小，“磅”的单位数值就越大。它们之间关系如表 2－1 所示。

表 2－1 字号、磅两种度量单位之间的关系

字号	磅	字号	磅	字号	磅	字号	磅
初号	42	二号	22	四号	14	六号	7.5
小初号	36	小二号	18	小四号	12	小六号	6.5
一号	26	三号	16	五号	10.5	七号	5.5
小一号	24	小三号	15	小五号	9	八号	5

2. 设置段落格式

段落是构成整个文档的骨架，它是由正文、图表和图形等加上一个段落标记构成的，同“字体”组一样，“段落”组也位于“开始”选项卡中，其中集成了许多用于设置段落格式的按钮，如图 2－9 所示。段落格式以段落为单位，包括段落的对齐方式、段落缩进、段间距、行间距、项目符号和编号等。

图 2－9 “段落”选项组

在“段落”组中，还包括边框和底纹的设置，用于强调或美化文档内容。边框和底纹既可以应用于选定的文字，也可以应用于所在段落。另外还含有中文版式，可以设置文字的纵横混排、双行合一等格式。

对于本任务，文本、段落格式设置操作如下：

（1）选中文稿第一自然段段首“绿色和平”四个字，用【开始】|【字体】组以及【段落】组中相关命令设置楷体；小 3 号，文字颜色为绿色；以鲜绿色突出显示文字，字

符间距设置字符缩放 150%。

(2) 第二、三自然段段首前四个字“气候变化”、“健康隐患”分别设置宋体；小四号；加粗，加着重号，灰色 15% 底纹，字符缩放 150%。

(3) 第四自然段“保护人类的地球”七个字设置宋体；小四号，以黄色突出显示且分别加菱形圈强调。第五、六自然段首行缩进 2 个字符。

(4) 第七自然段“绿色与我同行”六个字，设置字体为华文彩云；小四号字；文字颜色为绿色；居中对齐。剩下的段落文字设置字体为方正舒体，并按样图加上项目符号。

(三) 页面布局的设置

对于不同性质和用途的文档，可以设置不一样的页面。

1. 页面设置

通过【页面布局】|【页面设置】组中相应按钮可以进行纸张大小、页边距、纵横向、文字方向、分栏等设置，如图 2-10 所示。

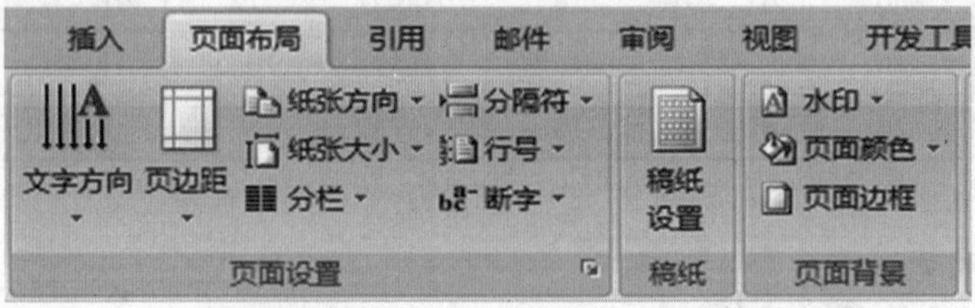

图 2-10 “页面布局”选项卡

2. 页面背景设置

Word 默认的页面背景是白色，通过【页面布局】|【页面背景】组中相应按钮可以改变页面背景色、背景效果、背景加上水印、添加页面边框。

对于本任务，页面布局操作如下：

(1) 单击【页面布局】|【页面设置】组中选择相应命令，设置 A4 纸，纵向，页左右边距分别为 2.8 厘米。

(2) 单击【页面布局】|【页面背景】|【页面颜色】命令，选择颜色为“橄榄色，淡色 40%”，在“页面边框”中选择所需的艺术型线框，再点击“选项”按钮，在边框和底纹选项对话框中选择测量基准为“文字”，边距上下左右均为 8 磅，如图 2-11 所示。

(3) 单击【水印】|【自定义水印】命令，在水印对话框中勾选“文字水印”，文字输入“绿色和平”，字体“华文行楷”，颜色“橄榄色，强调文字颜色 3，淡色 40%”，如图 2-12 所示。

(4) 选中第二至第六自然段，单击【页面布局】|【页面设置】|【分栏】|【更多分栏】命令，在分栏对话框中设置分两栏，取消勾选栏宽相等；第一栏宽大致 15 字符；间距 8 字符。

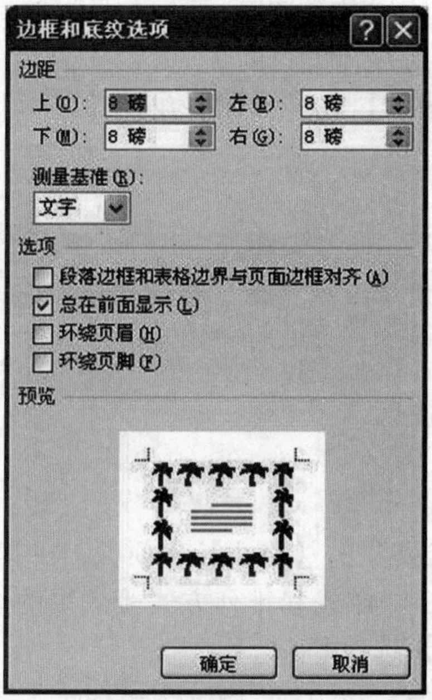

图 2－11　“边框和底纹选项”对话框

图 2－12　“水印”对话框

(四) 各种图形对象的编排

Word 不但能处理文字，而且还能够在文档中插入各种图形。借助于图文混排，可以使文档中的文字和图片巧妙地融合，从而使版面更加生动，达到图文并茂的效果。

1. 插入图形

Word 中使用的图形一般有剪贴画、图形文件、各种形状、SmartArt 图形、屏幕截图、艺术字、文本框、数学公式等。

(1) 剪贴画。Word 在 Office 系统以及网络上提供的剪辑画库内容非常丰富，设计精美、构思巧妙，能够表达不同的主题。

(2) 图形文件。包括 BMP 位图、JPEG 格式的图片、CDR 格式矢量图片、TIFF 格式的图片等。

(3) 各种形状。包括线条、基本形状、箭头、流程图、星与旗帜、标注等，可以绘制各种形状插入到文档中，并对其填充、设置轮廓、添加文字等。

(4) SmartArt 图形。包括列表、流程、循环、层次结构、关系、矩阵和棱锥图等，用于说明各种概念性的内容。

(5) 屏幕截图。包括截取的屏幕图像、各种程序的窗体图和界面图标。如按键盘上 PrtSc 键复制整个屏幕信息，按 Alt + PrtSc 键复制当前窗体。

(6) 艺术字。Word 可以创建出各种效果的艺术字，甚至可以把文本扭曲成各种各样的形状，设置为具有三维轮廓的视觉效果。

(7) 文本框。文本框是一个能够容纳正文或图形等内容的图像对象，可以根据需要对其进行大小、位置、线条、颜色、填充色和版式等设置，并且可以置于页面中的任何位置。

(8) 数学公式。数学公式是科技人员、教师制作论文或教学时必不可少的工具。Word 提供了二次公式、二项式定理、勾股定理等九类内置公式供用户直接调用。在“符号”组中还提供了大量的数学符号以及“结构”组中各类公式结构供用户创建自己的新公式。

以上操作均可事先光标定位好插入点，通过【插入】|【插图】组、【文本】组、【符号】组实现插入上述各类图形，如图 2－13 所示。

图 2－13 “插入”选项卡

2. 编辑图形

选中要编辑的图形，就会出现各类相应“图片工具”的【格式】选项卡，在其中可以对图片进行各种编辑，包括图片的重新着色、大小、样式和排列方式等效果的设置。SmartArt 图形除【格式】选项卡，还多了一个【设计】选项卡。

对于本任务，各种图形对象的编排操作如下：

（1）插入文本框。按照例图，先选中第一个自然段的文本，单击【插入】|【文本】|【文本框】|【绘制文本框】命令，即将选中文本呈现在文本框内，选中文本框，适当调整文本框的大小。一旦选中要编辑的文本框，即出现“文本框工具”，单击【格式】选项卡，如图 2－14 所示。设置文本框样式为“线性向上渐变，强调文字颜色 6”，形状轮廓为“无轮廓”。

图 2－14 “文本框工具”的“格式”选项卡

再选中“绿色与我同行”开始直到结尾部分的文本，单击【插入】|【文本】|【文本框】|【绘制竖排文本框】命令，插入了一个竖排的文本框。选中文本框，在文本框工具下的【格式】选项卡中，单击【文本框样式】|【更改形状】，选择【星与旗帜】中【上凸带形】的自选图形。并且设置文本框样式为“对角渐变，强调文字颜色 3”，适当调整自选图形的大小和位置。

（2）插入艺术字。光标定位在适当位置，单击【插入】|【文本】|【艺术字】命令，选择艺术字样式 26，输入文本为“绿色和平”，字体为华文行楷，字号为 80，点击“确定”按钮。选中艺术字，出现艺术字工具，单击“格式”选项卡，如图 2－15 所示，可以对艺术字进行所需设置。【格式】|【排列】|【文字环绕】选择“四周型环绕”；【格式】|【文字】选择“艺术字竖排文字”；【格式】|【艺术字样式】|【更改形状】选择“纯文本”；“形状填充”选择“渐变（角部辐射）”；“三维效果”选择“三维样

式2”；移至两栏文字中间。

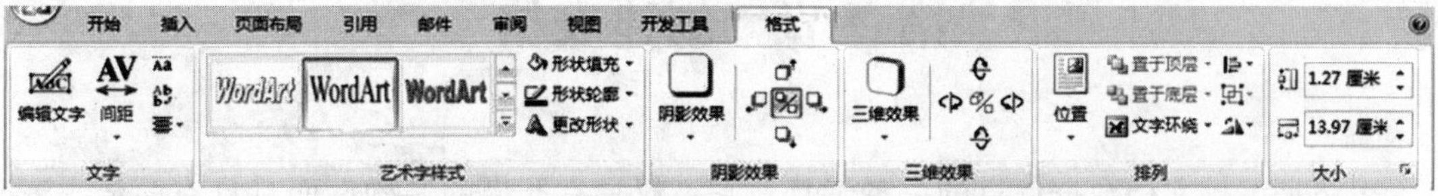

图2－15 “艺术字工具”的“格式”选项卡

再将另一个艺术字“不是耸人听闻”插入左边栏文本的下端，选择艺术字样式16；字体为黑体；字号36磅；加粗；点击“确定”按钮。单击【格式】｜【艺术字样式】｜【更改形状】，选择“正三角”形状。

(3) 插入剪贴画。单击【插入】｜【插图】｜【剪贴画】命令，在剪贴画对话框的“搜索文字”文本框中输入“地球 微笑 环境”，单击“搜索”按钮，即可查找计算机与网络上的剪贴画文件，将搜索到的相关主题的剪贴画复制并粘贴到文档左上角。然后选中该剪贴画，单击图片工具下的【格式】选项卡，如图2－16所示，在其中可以对图片进行各种编辑，包括图片效果、大小、样式和排列方式等的设置。将图片“文字环绕”选择“四周型环绕”；“图片效果”选择【发光】｜【强调文字颜色6，18 pt发光】；再将图片移至文稿左上角并适当调整其大小。

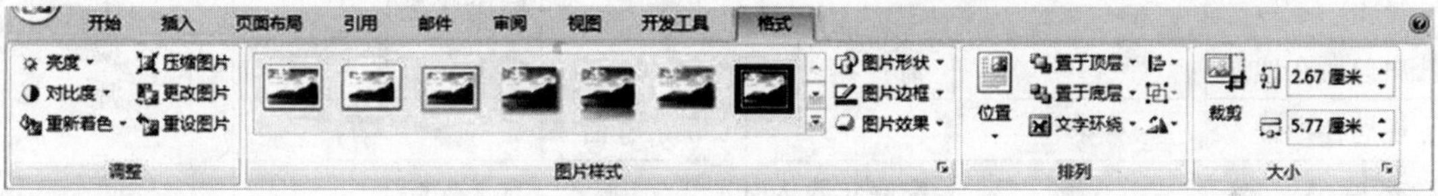

图2－16“图片工具”的“格式”选项卡

(4) 插入图形文件。单击【插入】｜【插图】｜【图片】命令，选择准备好的图形文件“on-off. jpg”插入，选中要编辑的图片，单击图片工具下的【格式】选项卡，将图片【文字环绕】选择“四周型环绕”；再将图片移至文稿两栏中间艺术字的下方，并适当调整其大小。

三、本节小结

本节通过绿色环保宣传单的图文混排文稿的具体制作，重点介绍了Word的基本操作功能，包括查找和替换操作，文本格式的设置、段落格式的设置、页面布局的设置以及各种图形对象（剪贴画、图片文件、艺术字、文本框等）的编排，从中了解Word工作界面和操作环境，熟悉Word功能选项卡下各功能组命令，以便实现图片与文字在文档中的完美结合。

第三节 创建表格

表格是编排文档数据信息的一种工具，它不仅具有严谨的结构，而且具有简洁、清晰的逻辑效果，因此表格在文档处理中占据重要的地位。

一、任务要求

制作一张创建窗体和设置窗体保护的“个人消费贷款申请表”表格，如表 2－2 所示。该任务包括三部分：

（1）编制如表 2－2 所示的表格。

（2）利用 Word 的“控件”功能，为用户填写的表格创建窗体。

（3）为创建了窗体的表格设置强制保护。

表 2－2 个人消费贷款申请表

<table>
<tr><td>姓 名</td><td colspan="2"></td><td>性 别</td><td></td><td>年 龄</td><td></td><td rowspan="5">照片</td></tr>
<tr><td>身份证号</td><td colspan="4"></td><td>健康状况</td><td></td></tr>
<tr><td>户口所在地</td><td></td><td>邮 编</td><td colspan="2"></td><td>学 历</td><td></td></tr>
<tr><td>现居住地址</td><td colspan="3"></td><td>联系电话</td><td colspan="2"></td></tr>
<tr><td>家庭人口</td><td></td><td>家庭年收入</td><td colspan="2"></td><td>有无保险</td><td></td></tr>
<tr><td>工作单位</td><td colspan="3"></td><td>职 务</td><td></td><td>单位电话</td><td></td></tr>
<tr><td colspan="8">拟 购 商 品 情 况</td></tr>
<tr><td>出售单位名称</td><td colspan="7"></td></tr>
<tr><td>出售单位地址</td><td colspan="7"></td></tr>
<tr><td>商品名称</td><td colspan="3"></td><td>数 量</td><td></td><td>价 格</td><td></td></tr>
<tr><td>货款担保形式</td><td colspan="2">信房抵押□</td><td colspan="3">质押□</td><td colspan="2">保证□</td></tr>
<tr><td rowspan="4">近三年工作简历</td><td colspan="2">单 位</td><td>工作时间</td><td colspan="2">职 务</td><td>备 注</td><td></td></tr>
<tr><td colspan="2"></td><td></td><td colspan="2"></td><td></td><td></td></tr>
<tr><td colspan="2"></td><td></td><td colspan="2"></td><td></td><td></td></tr>
<tr><td colspan="2"></td><td></td><td colspan="2"></td><td></td><td></td></tr>
<tr><td>审批意见</td><td colspan="7">主管人：
年 月 日</td></tr>
</table>

二、相关知识和实现方法

（一）生成表格

选择【插入】|【表格】功能区，在表格下拉菜单可以使用多种方法来插入表格。如按照指定的行、列插入表格，绘制不规则表格和插入 Excel 电子表格等。

对于本任务，操作如下：

先在文档中输入表格标题“个人消费贷款申请表”，设置标题格式：宋体、小二号、加粗，水平居中，段前0.5行、段后1行，设置双下划线，再在文档的第二行插入一个23行7列的表格，如图2－17所示。

（二）编辑表格

1. 选定表格

对表格进行编辑之前，首先需要选定表格中的编辑对象，选择的方法主要有：

（1）菜单操作。

把光标插入点置于表格中，单击【表格工具】|【布局】|【表】|【选择】按钮，在打开的选择菜单中可以选择单元格，选择行或列、选择表格命令，如图2－18所示。

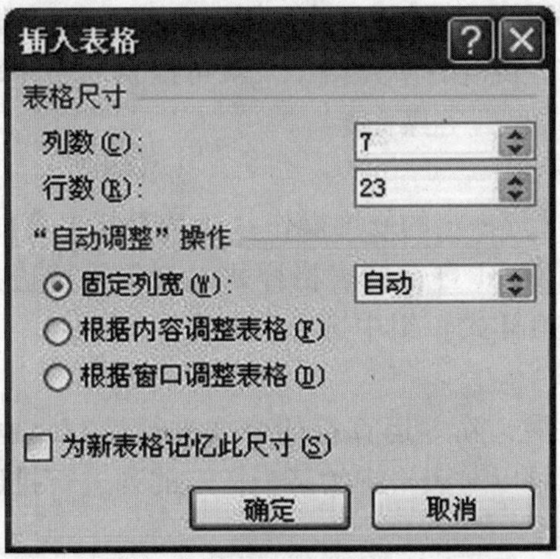

图2－17 “插入表格”对话框

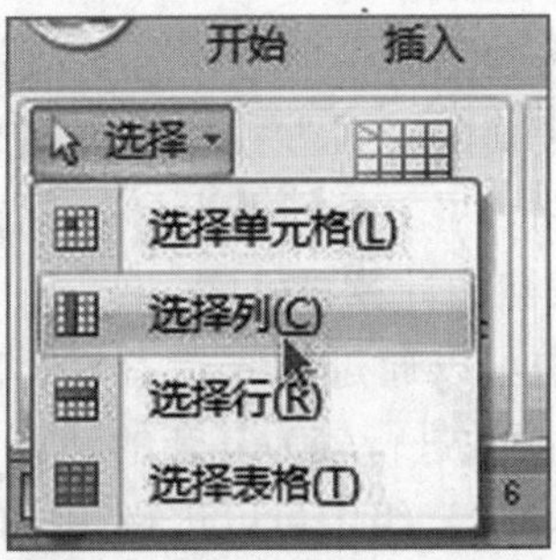

图2－18 “选择”菜单

（2）鼠标操作。

选定单元格：将鼠标移动到该单元格左侧，当鼠标呈右上箭头形状时，单击即可选定此单元格，此时拖动鼠标即可选定更多单元格。

选定表格：把鼠标移动到表格的左上方，鼠标呈现出十字形形状时，单击即可选定表格。

2. 编辑表格

完成上述步骤后，就可以对表格进行编辑修改操作，以满足各种不同表格或不规则表格的需要。主要编辑操作有：

（1）合并和拆分单元格。

Word 允许将相邻的多个单元格合并成一个单元格，也可以把一个单元格拆分为多个单元格，实现不规则表格局部增加行数和列数的目的。

（2）插入和删除单元格、插入和删除行与列。

表格创建后，经常会遇到表格的行数和列数不够用或多余的情况。在 Word 中可以很方便地完成单元格、行、列的添加或删除操作，以使文档更加紧凑美观。

（3）调整行高和列宽。

一般情况下，表格的行高和列宽采用的都是默认值，而很多时候在各单元格输入的内容长短不相等，因此常常需要随时调整表格的行高和列宽。

（4）拆分表格。

将一个表格拆分为两个独立的子表格。

（5）绘制斜线表头。

在实际使用中，有时需要使用带有斜线表头的表格。表头总是位于所选表格的第 1 行第 1 列的单元格中，斜线表头是指在表格的第 1 个单元格中以斜线划分多个项目标题，分别对应表格的行和列。

上述编辑操作均可先选定好表格中的操作对象，然后在【表格工具】|【设计】选项卡的各个组中找到相应操作按钮或命令，也可以通过鼠标右击，在快捷菜单中进行相应操作。

（三）输入及编辑表格文本

表格编辑完成后，在表格的各个单元格中可以输入文字、插入图形。这和在正文文本中进行的操作基本相同，只需将插入点置于表格的单元格中，就可以在表格中输入文本。还可以在其中进行字体格式化以及对齐方式设置等操作。

（四）美化表格

完成输入数据后，通常还需要对表格进行一定的修饰操作，使其看起来更加美观、突出。如设置表格的对齐方式、为表格套用 Word 自带的表格样式、自行设置边框和底纹。后两项可以在表格工具的【设计】|【表格样式】组中选择相应的操作。

（五）表格的计算与排序

在表格中可以通过输入带有加、减、乘、除等运算符的公式进行计算，也可以使用 Word 附带的函数进行较为复杂的计算，还可以对表格中的某个指定的列进行排序。【表格工具】|【设计】组中可以进行相应的操作。

（六）表格与文本的转换

Word 可以将文本转换为表格，也可以将表格转换为文本。

1. 文本转换为表格

要把文本转换为表格，应首先将需要进行转换的文本格式化，即把文本中的每一行用段落标记隔开，每一列用分隔符（如逗号、空格、制表符等）分开，否则系统将不能正确识别表格的行列分隔，从而导致不能正确转换。

单击【插入】|【表格】|【表格】按钮，在弹出的菜单中选择【文本转换成表格】命令，将打开“将文字转换成表格”对话框。

2. 表格转换为文本

将表格转换为文本，可以去除表格线，仅将表格中的文本内容按原来的顺序提取出来，但会丢失一些特殊的格式。

选取表格，选择表格工具的【布局】|【数据】|【转换为文本】按钮，在打开的“表格转换成文本”对话框中选择将原表格中的单元格文本转换成文字后的分隔符的选项，然后单击“确定”按钮即可。

对于本任务，要生成一个不规则的表格，主要操作如下：

(1) 合并及拆分单元格。例如，选中表格前五行的最后一列，可以直接在快捷菜单中选择“合并单元格”命令，使得该单元格作为单独的照片单元格。还有第二行的第二、三、四列单元格也要合并成一个单元格，其他可以参照类似方法处理。

(2) 调整列宽。考虑各个单元格可能填写的字符数不同，大部分单元格不是等宽的，因此要选中各个单元格或区域，鼠标分别在其右边线上左右拖动调整列宽。

(3) 表格整体设置。整个表格要求居中，行高为 0.8 厘米，设置单元格选项，单元格边距上下左右均为 0 厘米。表格的外边框线 1.5 磅，双分隔线 0.75 磅。

(4) 表格中文字设置。表格文字的字号为宋体、小五号，大部分是水平、垂直方向均居中对齐，一部分是分散对齐，有些单元格文字要求竖排对齐。

(七) 创建表格窗体

表格完成后，为了规范地填写各类表格，提高填表效率，可以利用 Word 的“内容控件”功能，为表格创建窗体。

1. 设置显示“开发工具”选项卡

单击【Office 按钮】，再单击【Word 选项】按钮，打开的“Word 选项”对话框，如图 2－19 所示。单击“常用”选项，勾选“在功能区显示‘开发工具’选项卡”，单击“确定”按钮即可出现“开发工具”选项卡。

图 2－19 “Word 选项”对话框

2. 插入控件

“开发工具”选项卡中共有七种类型的内容控件，分别为“格式文本”控件、“纯文本”控件“图片内容”控件、“组合框”控件、“下拉列表”控件、“日期”控件和“旧时工具”控件。

对于本任务的表格，单元格内容控件的插入操作举例如下：

（1）姓名填写的单元格使用“格式文本”控件。光标定位该单元格，再选择【开发工具】|【格式文本】即可插入控件。以后填写带有“单击输入”字样的项目时，只需单击控件就可以输入文字了，字体、字号自动与当前段落保持一致。

（2）性别填写的单元格可以使用“下拉列表”控件。这样可以选择而不需要输入，会让填表更为便捷。

（3）工作时间的填写单元格使用“日期”控件。只需要把【开发工具】|【日期选取器】插入该单元格，以后填写有关日期数据就只需单击下拉按钮，便可以打开图2－20所示的日历选择器进行选择了。

图2－20　日历选择器

（4）照片单元格使用“图片内容”控件。以后只要鼠标指向控件图标，就会看到“单击此处插入图片”的提示，单击图标就会打开“插入图片”对话框，选取照片文件插入其中即可。

3. 设置控件属性

在单元格中插入控件只是完成了创建窗体的第一步，有些控件还不能使用，比如下拉列表控件还没有设置列表项，因此还需要设置控件的属性。

设置控件属性操作如下：

（1）“格式文本”控件的属性设置。选中控件，在【开发工具】|【属性】按钮中打开“内容控件属性”对话框。先勾选“使用样式设置内容的格式”，打开“样式”下拉列表；选择“默认段落字体”；再勾选“无法删除内容控件”复选框，如图2－21所示。建议所有控件都设置此项，以保证在填写窗体内容时保持原格式且不会误删内容控件。

（2）“下拉列表”控件的属性设置。选中控件，同样打开“内容控件属性”对话框，单击“添加”按钮，打开“添加选项”对话框，在“显示名称”中输入“男”后，单击“确定”按钮。相同方法重复添加输入“女”，如图2－22所示。以后填写带有“单击输入”字样的“性别”等项目时，只要单击单元格中的下拉按钮，打开下拉列表选择就可以了。

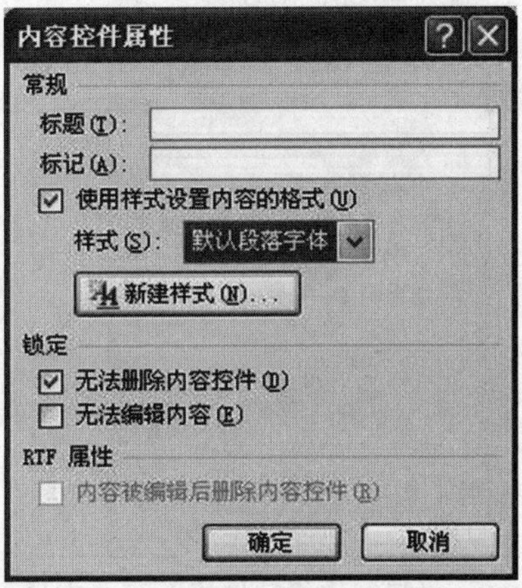

图2－21　“格式文本”控件属性设置

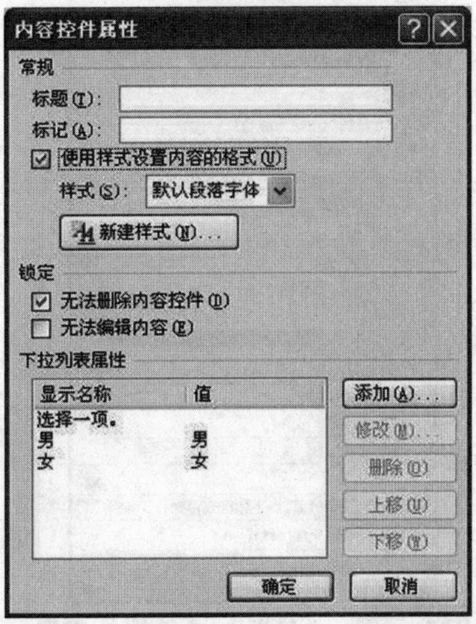

图2－22　“下拉列表”控件属性设置

（3）“日期”控件的属性设置。选中控件，同样打开“内容控件属性”对话框，在“日期显示方式”下选择合适的日期格式单击“确定”按钮即可，如图2－23所示。以后填写日期类数据便按照这种日期格式了。

（八）设置表格保护

1. 打开“限制格式和编辑”任务窗格

打开要保护的窗体文档，在【开发工具】｜【保护】｜【保护文档】｜【限制格式和编辑】命令中打开“限制格式和编辑”任务窗格，如图2－24所示。

2. 设置编辑限制

在“限制格式和编辑”任务窗格2中，勾选“仅允许在文档中进行此类编辑”复选框，在其下的下拉列表框中选择“填写窗体”。最后在任务窗格3中单击“是，启动强制保护”按钮，设置好保护密码，单击“确定”按钮。

3. 取消保护

如果要对被保护的文档进行修改或审阅，必须先取消保护。方法是重新打开“限制格式和编辑”任务窗格，单击下方的“停止保护”按钮，输入原来设置的保护密码，单击“确定”按钮。

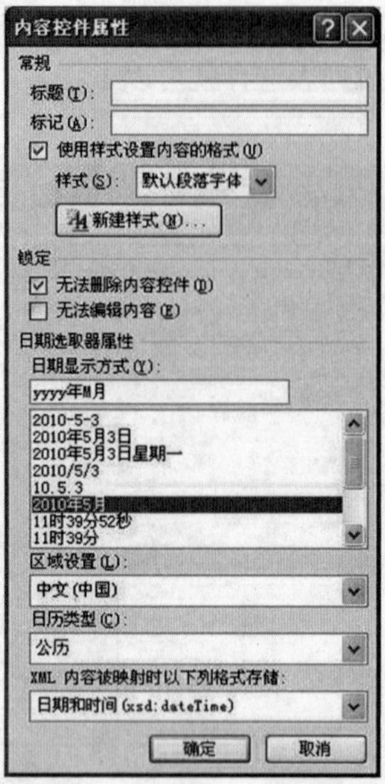

图 2－23　“日期”控件属性设置

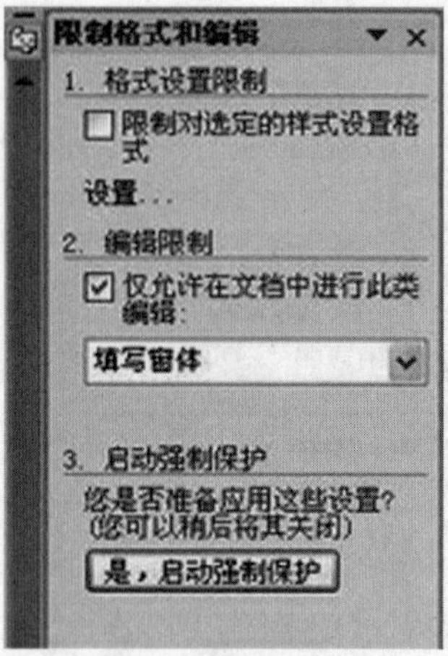

图 2－24　“限制格式和编辑”任务窗格

三、本节小结

本节通过一个具体表格的生成，重点介绍了表格的创建以及编辑方法和技巧，并且介绍了如何使用控件为表格创建窗体和设置窗体保护，以便提高填写表格的准确率和效率。

第四节　编排长文档

长文档的编排在实际使用中经常遇到，如论文、报告、教材、宣传手册、策划方案等。好的长文档应该格式统一、条理清晰、易于阅读，最能体现专业水准。Word 提供了一些管理长文档功能和特性的编辑工具，主要涉及样式、纲目、引用、分页分节、页眉和页脚等相关操作，因此要求编排者具有综合的编排知识和技能。

一、任务要求

以国家标准《国家行政机关公文格式》为例，编排如图 2－25 所示的参考样文，包括封面、前言、生成的目录及正文效果。

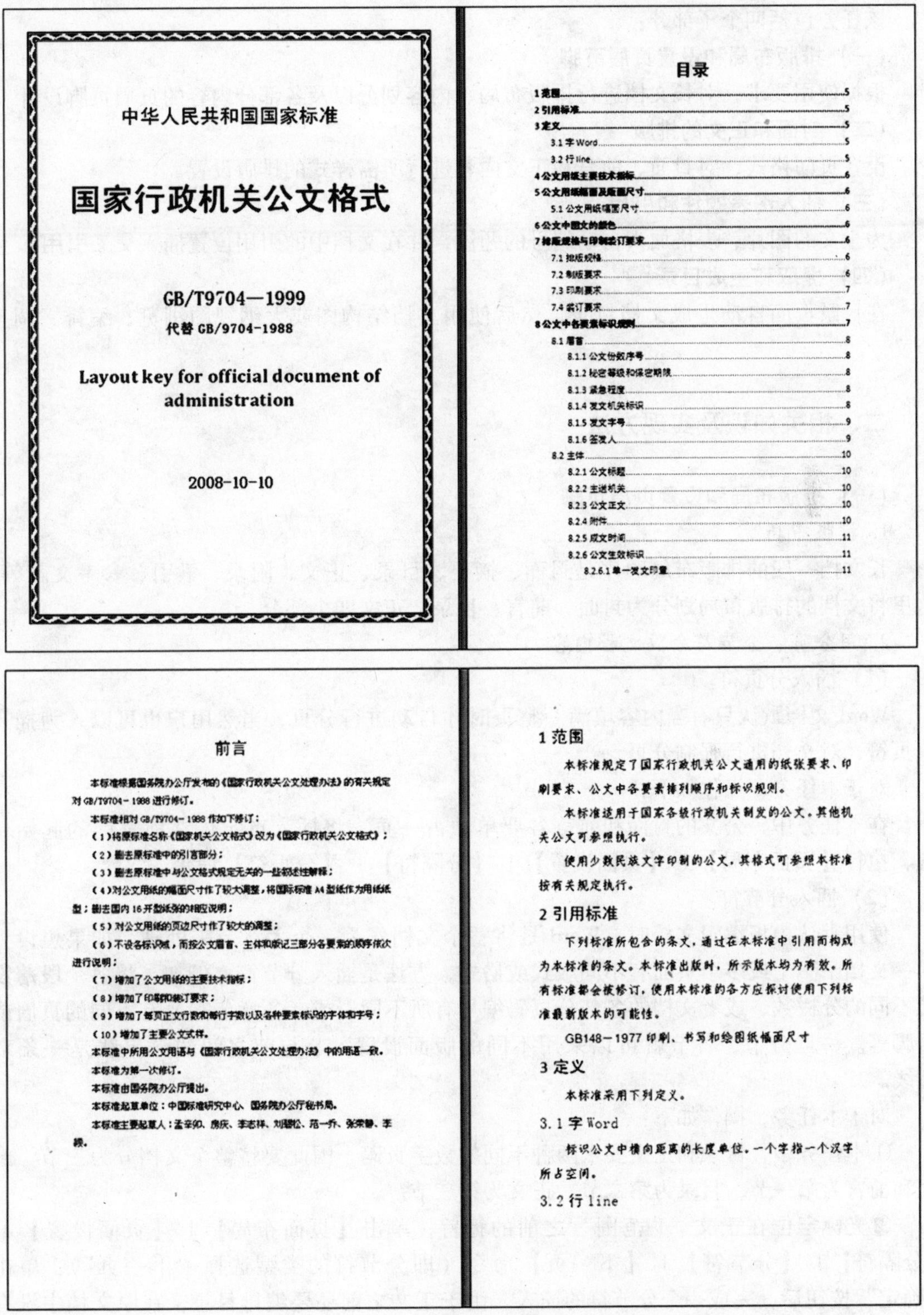

图 2－25　封面、生成的目录及正文效果

该任务包括四个子部分：

（一）排版布局和设置页眉页脚

根据使用要求，对长文档进行排版布局、内容划分以及各部分内容的页眉页脚设计。

（二）封面和正文的排版

设置页面格式，对封面、前言和正文内容进行所需样式的排版设置。

（三）插入图表题注和引用

为全文的图片、表格加入自动编号的题注，并在文档中的引用位置插入交叉引用。

（四）提取和生成目录

在目录页面自动生成文档目录，然后使用文档结构图或大纲视图浏览、编排、调整全文。

二、相关知识及实现方法

（一）排版布局和设置页眉页脚

1. 排版布局

长文档一般的排版布局顺序是封面、摘要、目录、正文、附录、索引、参考文献等。这里将文档的排版布局划分为封面、前言、目录、正文四个部分。

2. 用分页、分节符分隔文档内容

（1）插入分页符。

Word 文档默认只有当内容填满一整页时才自动进行分页，当然用户也可以人为插入分页符，对文档进行强制分页。

对于本任务，操作如下：

在本任务中，公文的封面和前言各要单独占一页。将插入点定位在前言前的起始位置，执行【页面布局】|【页面设置】|【分隔符】|【分页符】命令。

（2）插入分节符。

使用默认模板编辑文档时，Word 是将整个文档作为一个大章节来处理。如果想设置同一文档中一个或多个页面有不同版式或格式，方法是插入分节符。例如，将各个段落设置不同的分栏数，或者文档的各部分页码编号有所不同，或者各章节需要有不同的页眉或页脚等。一旦分节，各节就可以采用不同的版面设置，节与节之间的分界线是一条双虚线。

对于本任务，操作如下：

①本任务中，目录和正文要求两种不同的数字页码，因此要将整个文档分为三节，封面和前言为第一节，目录为第二节，正文为第三节。

②光标定位在正文“1 范围”之前的行首，单击【页面布局】|【页面设置】|【分隔符】|【分节符】|【下一页】命令（即分节符的类型选择“下一页”），单击“确定”按钮后，完成一个分节符的插入。由于正文之前还要编排目录，在原文档中没有目录内容，因此要在此再插入一个分节符，以便在第一个分节符和第二个分节符之间编排目录内容，这样才能将整个文档分为三节。

注：单击【Office】|【Word 选项】按钮，在打开的对话框中从“显示”选项下勾选“显示所有格式标记”复选框，就可以看到插入的分节符状态。

如果要删除分页、分节符，将光标定位在分页、分节符前，按 Delete 键删除即可。

3. 页面设置

通常撰写规范文稿都会规定页边距、装订线、纸张大小、纸型、页眉和页脚距边界距离以及文章的行间距等，这些都可以在“页面设置”中进行设置。

对于本任务，操作如下：

单击【页面布局】|【页面设置】，纸张大小：A4 纸，设置左、右页边距各为 3 厘米。

4. 页眉和页脚设置

页眉和页脚通常用于显示文档的附加信息，如页码、日期、作者名称、单位名称、徽标或章节名称等。其中，页眉位于页面顶部，而页脚位于页面底部。Word 可以给文档的每一页建立相同的页眉和页脚，也可以在奇数页和偶数页上建立不同的页眉和页脚。而页码就是给文档每页所编的序号，页码一般添加在页眉或页脚上。

在【插入】|【页眉和页脚】组中分别包含“页眉”、“页脚”和“页码”的操作命令。

（1）设置目录和正文所在节页码。

对于封面，不必设置页眉和页脚，而目录和正文要求单独设置页码格式和编号。

对于本任务，操作如下：

① 光标定位在第二节内，在首行中间输入“目录”两字，单击【插入】|【页眉和页脚】|【页码】|【设置页码格式】命令，打开“页码格式”对话框，如图 2－26 所示。选择页码格式为罗马数字“Ⅰ，Ⅱ，Ⅲ，…”，从Ⅰ开始编号。

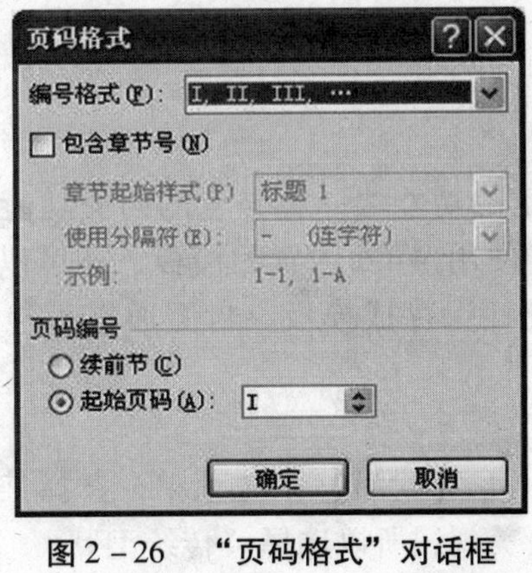

图 2－26 “页码格式”对话框

② 单击【插入】|【页眉和页脚】|【页码】|【页面底端】|【普通数字】命令，设四号字，页码居中对齐。

③ 正文部分的页码与目录所在节页码设置方法一样，但页码格式统一用阿拉伯数字“1，2，3，…”，从 1 开始连续编号，五号字；奇数页码右对齐且右缩进 1 个字符，偶数页码左对齐且左缩进 1 个字符。

（2）设置正文的页眉和页脚。

对于正文，经常见到奇偶页的页眉页脚是不同的。在 Word 上用户可以很方便地为奇偶页创建不同的页眉和页脚。另外，页眉页脚内容除了上述手工输入外，也可以采用自动引入的方法。

对于本任务，操作如下：

① 单击【Office 按钮】|【准备】|【属性】，打开文档信息（属性）面板，如图 2-27 所示。在标题栏中输入“国家行政机关公文格式”；在关键词栏中输入“GB/T 9704-1988”，然后关闭该面板。

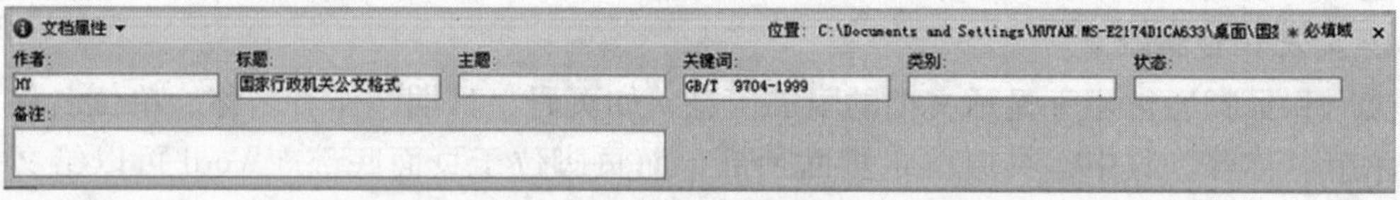

图 2-27　文档属性面板

② 光标定位在正文所在节的奇数页眉上，勾选“页眉和页脚工具”设计“选项”中的“奇偶页不同”复选框。再单击“页眉和页脚工具”设计“导航”中的“链接到前一条页眉”，这时页眉右侧原来显示的“与上一节相同”消失。

注：长文档分节后，系统默认将后一节的页眉和页脚链接到前一节，即“与上一节相同”。如果该节点的页眉和页脚与上一节不同，就必须先取消链接，再重新设置。

③ 单击“页眉和页脚工具”设计下【插入】|【文档部件】|【文档属性】|【标题】命令，即在奇数页眉中显示“国家行政机关公文格式”。再单击“导航”中的“下一节”，光标定位在偶数页眉上，同样，单击【文档部件】|【文档属性】|【关键词】命令，即在偶数页眉中显示“GB/T 9704-1988”。

（二）封面和正文的排版

1. 文档封面编排

Word 中最能让人一见钟情的功能之一就是它的封面功能。它包含了许多预先定制的封面，当然，用户并不只限于使用 Word 内置的模板，还可以对预置的设计进行各种个性化的改造，也可以把自己的设计保存成模板。封面通常可包括文档标题、作者、创作时间、图片装饰等组成部分。

对于本任务，操作如下：

①单击【插入】|【页】|【封面】下拉菜单，选择某个合适的封面。因为公文的封面要求庄严、大方，而不失美观，所以选择“传统型”。

②在插入的预置封面中可以将文档标题、副标题、创作时间等加入其中，作一些适当的格式设置。

③封面还可以设置页面边框，选择图 2-28 所示的艺术型框线，选择“应用于本节——仅首页”。

④如果想选择另一个封面或者决定不使用封面，可以把封面从文档中删除。在“封面”下拉菜单中单击“删除当前封面”即可。

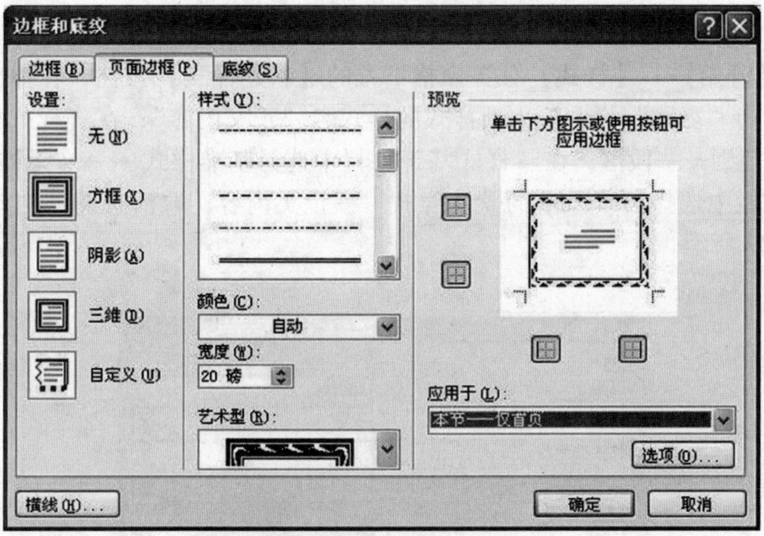

图2-28 页面边框设置

2. 使用样式快速编排正文格式

长文档段落多、标题多，各级标题要求设置不同的格式，表格和图形也较多，同样要求统一的标注格式。整个文档存在大量烦琐和重复的操作，如果按短文档排版方法逐段去设置或用“格式刷”复制，不但费时，而且效率不高，Word 提供的样式就是解决这类问题、提高排版效率的利器。

所谓样式是一组已命名的字符和段落格式的组合。样式分为内置样式和自定义样式。内置样式是 Word 自带的通用样式，自定义样式则是用户自己定义的所需样式。使用样式有两方面的好处：一是如果文档中有多个段落使用了某个样式，当修改该样式后，即可改变文档中带有此样式的文本格式；二是对于长文档，构造大纲和目录离不开样式的应用。

本例的文档有四级标题，根据正文格式的要求和生成目录的需要，设计各类样式如表 2-3 所示。

表2-3 本例中使用的样式表

样式名	格 式	多级编号样式	备 注
正文内容	仿宋；三号；首行缩进 2 字符；单倍行距	无	自定义
标题 1	黑体；22 磅；单倍行距，段前段后间距各 6 磅	1	内 置
标题 2	黑体；20 磅；单倍行距，段前段后间距各 4 磅	1.1	内 置
标题 3	黑体；18 磅；单倍行距，段前段后间距各 2 磅	1.1.1	内 置
标题 4	黑体；16 磅；单倍行距，段前段后间距各 0 磅	1.1.1.1	内 置

(1) 创建“正文内容”新样式。

本任务的正文按照 GB 的格式要求设置，因此不使用内置样式，而自定义名为“正文内容”的样式。

对于本任务，操作如下：

① 单击【开始】|【样式】任务窗格下方的【新建样式】按钮，在弹出的“新建样式”对话框中的“名称”栏中输入新样式的样式名“正文内容”；在“样式类型”栏中选择样式的适用范围——段落；在“样式基于”栏中选择基准样式——（无样式）；在“后续段落样式”栏中选择后续段落的默认样式——正文内容；取消选择“自动更新”复选框，如图2－29所示。

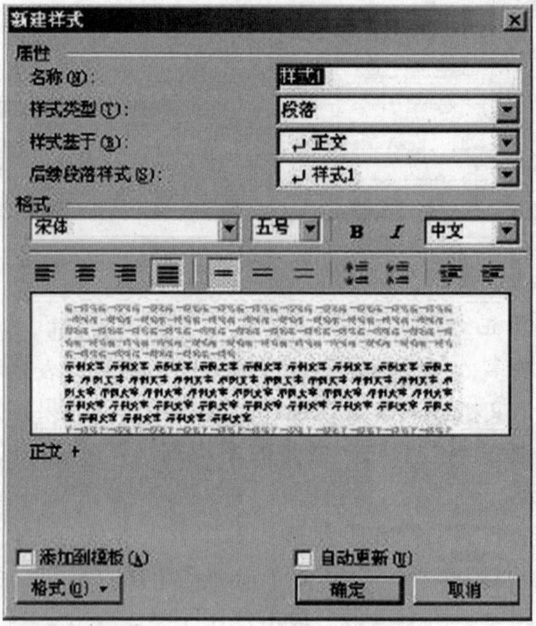

图2－29 “新建样式”对话框

② 单击“格式”按钮，选择“字体”格式，设置样式的字体格式为：仿宋、三号；再单击“格式”按钮，选择段落，设置样式的段落格式为：首行缩进2字符，单倍行距。

（2）应用样式。

对长文档应用样式进行格式化，应该按照先整体后局部、从上到下的顺序进行。在本任务中，应该先对正文内容进行格式化，再对正文内的四级标题进行格式化，最后再对前言等局部内容进行格式化。

对于本任务，操作如下：

① 在文档中选择前言后的全部正文内容，在打开的“样式”窗格，单击选择“正文内容”。则所有正文内容都应用了“正文内容”样式。

② 分别将文档的各级标题，应用系统内置的“标题1”、“标题2”、“标题3”和“标题4”样式进行格式化（提示：如果“标题4”样式在有效样式列表中找不到，可切换到“所有样式”列表中查找）。

③ 对前言进行格式设置：“前言”二字设置黑体，二号字，段前、段后各18磅，居

中；前言内容文本设置宋体，小四号字，1.5 倍行距。

（3）修改样式。

如果 Word 内置样式无法完全满足格式设置的要求，可以在内置样式的基础上进行修改。比如本例中需要对系统内置的“标题 1”、“标题 2”、“标题 3”和“标题 4”样式进行修改。

对于本任务，操作如下：

在【开始】|【样式】列表中右击“标题 1”样式，在弹出的快捷菜单中选择【修改】命令，如图 2－30 所示。在打开的“修改样式”对话框（如图 2－31 所示）中，参照表2－3“本例中使用的样式表”要求修改相应的格式。同样方法继续修改“标题 2”、“标题 3”和“标题 4”样式……

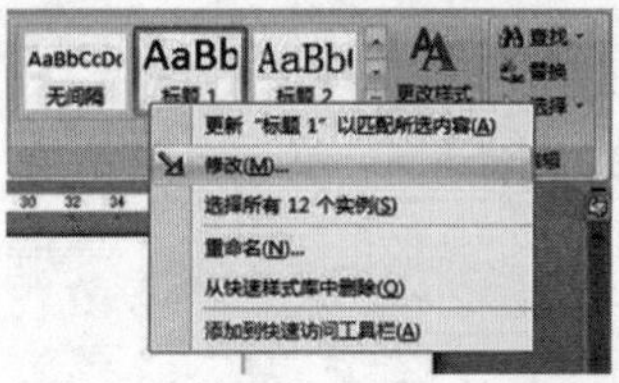

图 2－30 “标题 1”样式的快捷菜单

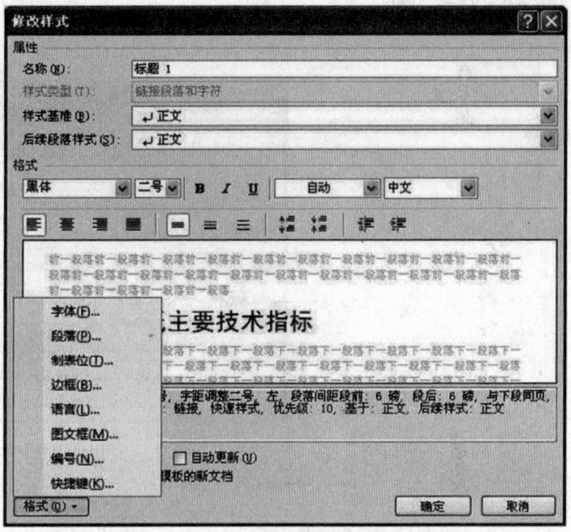

图 2－31 “修改样式”对话框

（4）给标题样式添加多级编号。

长文档中各级标题的编号应该是自动编排并自动更新，不要使用手工编制，否则在修改文档纲目结构后容易带来弊端。单击【开始】|【段落】|【多级列表】|【定义新的多级列表】命令，在“定义新的多级列表”对话框中选择级别“1”，在“级别链接到样式”下拉列表中选择“标题 1”；“设置所有级别”对话框中编号和文字的位置调整为 0 厘米。

同样操作，依次将其他的级别 2、3、4，分别在“级别链接到样式”下拉列表中选择“标题 2”、“标题 3”、“标题 4”。

注：在本任务中为方便说明，原文的各级标题已经分别加上了多级编号：1、1.1、1.1.1、1.1.1.1，且都已为其指定了“标题 1”至“标题 4”样式，用户可以不必重复添加。

（三）插入图表题注

在长文档尤其是专业性强的长文档中，会出现大量的图表和公式。题注就是给图形、表格、公式等项目添加名称和编号。例如，本书每个插图下面都标注了类似“图2－28 页面边框设置”字样的图表题注。插入“题注”可以方便阅读和查找，在面对大量针对插图的操作，如移动、插入或删除带题注的图形时，Word 可以自动更新题注的编号而不必一一修改。

插入题注时，可以在已有的图形、表格、公式等对象上手动插入题注，也可以使用自动插入题注。

对于本任务，操作如下：

选中第一个图形，单击【引用】|【题注】|【插入题注】命令，打开“题注”对话框，如图2－32 所示。在“标签”下拉列表框中选择“图”（如果下拉列表框中没有所需标签，则单击其中“新建标签”按钮，输入作为题注的标签名称，如“图1－1”），再单击“编号”按钮，在题注对话框中选择编号的格式，单击“确定”按钮后则在该图下方添加了题注“图1－1”。

图2－32 **“题注”对话框**

注：在“题注”对话框中单击“自动插入题注”按钮，然后在“自动插入题注”对话框中，勾选“Microsoft Word 图片”，选项使用标签为“图1－”，位置为“项目下方”。这样，当再次插入新图片时，新插入的图片下方将会自动添加题注标签。如果要删除自动插入题注功能，只要重新在“自动插入题注”对话框中取消该项目的选择即可。

（四）提取和生成目录

在上面对文档的“标题1”、“标题2”等各级别标题样式进行了设定后就可以利用它们生成文档的目录了，因为目录生成是以样式作为标识呈现在目录中的。Word 提供了自动创建目录的功能，并且能快速便捷地创建出文档各级标题的列表，方便我们在长文档中浏览、定位和查找内容，了解文档的纲目结构。而且，当文档的内容结构改变后，还能更新目录。

对于该任务，操作如下：

(1) 将光标定位在文档目录页的起始位置，单击【引用】|【目录】|【插入目录】命令，打开“目录”对话框，如图2－33 所示。勾选“显示页码”和“页码右对齐”，制表符前导符选择第一种。

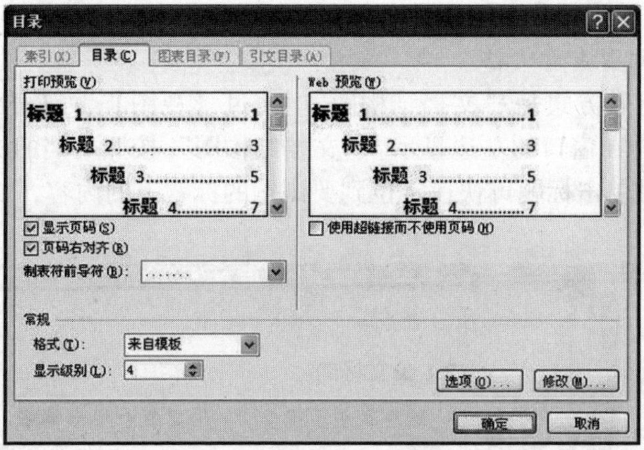

图 2 – 33 “目录”对话框

（2）在“显示级别”选项中选择显示在目录中的标题最低级别，例如：选择 4，则显示 4 级及其以上级别的标题。

（3）再单击对话框中“修改”按钮，打开“样式”对话框，分别选择目录 1 至目录 4，然后单击“修改”按钮，进入“修改样式”对话框，修改各级目录格式，如图 2 – 34 所示。单击“格式”，将目录 1 至目录 4 的样式统一修改为“黑体小四”，段前段后均为 0.3 行，两端对齐，目录 1 后的其他目录可以考虑分别缩进 2 个字符。设置完上述选项后，单击“确定”按钮，即可将目录插入到文档中。

（4）若生成目录后对文档又进行了编辑，为了适应文档内容，需要对目录进行再次更新。更新方法：选中目录区，单击【引用】|【目录】|【更新目录】命令，在弹出的“更新目录”对话框中选中“更新整个目录”单选钮。因为生成的目录属于域，因此更新目录也可以在选中目录区后，快捷菜单中选择“更新域”命令或者直接按 F9 键。

注：自动创建目录的关键在于事先将需要显示在目录中的标题用系统内置的各级标题样式格式化，如“标题 1”、“标题 2”等。通过应用标题样式，定义其大纲级别。

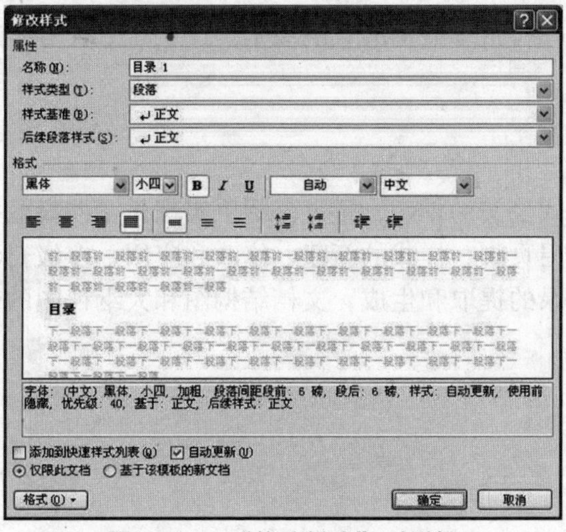

图 2 – 34 “修改样式”对话框

（五）使用文档结构图和大纲视图

1. 利用文档结构图查看文档

浏览长文档的有效方式是“文档结构图”。通过【视图】|【显示/隐藏】组中勾选“文档结构图”，它会在窗口的左边显示。“文档结构图”按照文档的标题级别显示文档的层次结构，用户通过单击标题可快速定位到要浏览的标题下的内容，如图2-35所示。

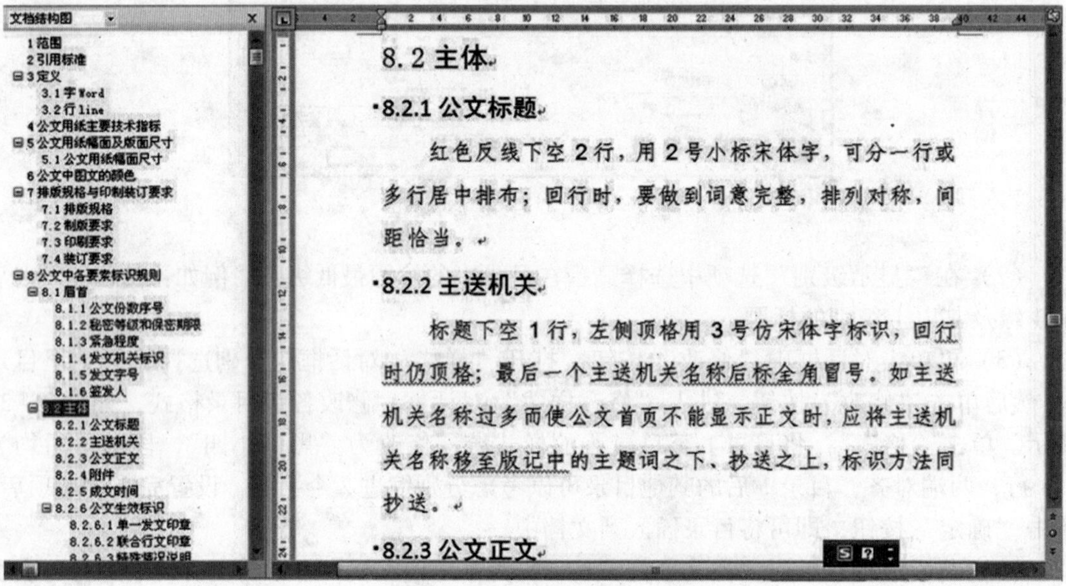

图2-35 文档结构图

2. 利用大纲视图调整文档

大纲视图是专门用于调整文档的大纲结构、更改文档标题级别、方便对文档内容进行整体修改与调整的视图方式，它以缩进文档标题的形式代表在文档结构中的级别。单击状态栏上的“大纲视图”按钮，就可以切换到大纲视图。此时，“大纲”选项卡也随即出现在窗口中，方便用户选择所希望显示的大纲级别。

三、本节小结

本节通过对一个正式公文的排版，重点介绍了实现长文档高效排版的方法，包括文档的布局和分节，设置页眉页脚，样式的新建、修改和应用，多级自动编号，图表题注与交叉引用，标题和图表目录的提取和生成，文档结构图和大纲视图的使用等高级排版技术和使用技巧。

第五节 邮件合并

邮件合并是指将邮件与收信人信息组成的数据源合并在一起，作为一封完整的邮件。在实际应用过程中，经常需要将同一封信发送给许多人，比如，各类邀请函、会议通知、体检报告单，或是需要批量制作名片、工作证、出入证等。使用 Word 提供的邮件合并功能可以方便、高效地实现上述要求。

一、任务要求

批量制作某单位含照片的工作证，效果如图 2－36 所示。

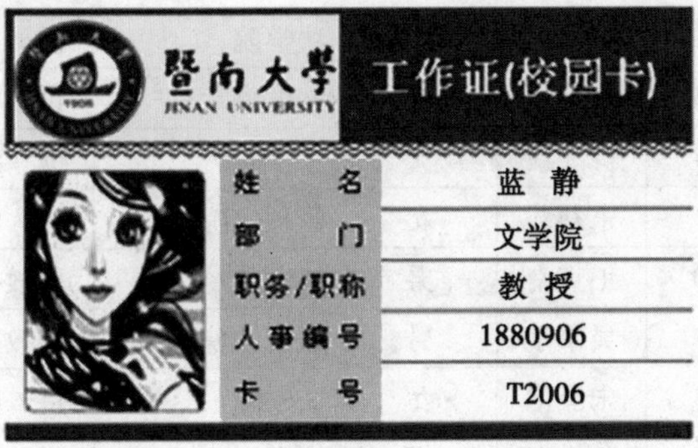

图 2－36 含照片的工作证样图

二、相关知识和实现方法

邮件合并的主要过程包括建立主文档、建立数据源和合并数据三个部分。

（一）准备数据源文件

要合并的邮件由两部分组成：一个是在合并过程中保持不变的主文档：一个是要合并到主文档中的、包含多项信息（如姓名、单位、电话等）的数据源。因此要进行邮件合并，首先应该准备好相关的数据源文件。

建立数据源的方法有两种：一是创建一个临时数据源；二是将已有的文档指定为数据源。指定的数据源可以是多种类型的数据文件，如 Excel 电子表格、Access 数据库、Outlook联系人列表、Word 文档等。

对于本例，以已有的 Word 文档，如表 2－4 所示的“教工信息 . docx”表格文件作为数据源。

表 2－4　“教工信息”数据源

卡　号	人事编号	姓　名	性　别	单　位	职　称	照　片
T2001	1880901	申国栋	男	经济学院	副教授	180－1. jpg
T2002	1880902	李　柱	男	经济学院	教　授	180－8. jpg
T2003	1880903	李光华	男	文学院	教　授	180－5. jpg
T2004	1880919	吴彩霞	女	管理学院	副教授	280（2）. jpg
T2005	1880905	吴浩权	男	经济学院	助　教	180－11. jpg
T2006	1880906	蓝　静	女	文学院	教　授	280（5）. jpg
T2007	1880907	廖剑锋	男	法学院	讲　师	180－2. jpg
T2008	1880908	蓝志福	男	文学院	助　教	180－9. jpg
T2009	1880909	古　琴	女	经济学院	副教授	280（1）. jpg
T2010	1880916	李　莉	女	经济学院	助　教	280（6）. jpg
T2011	1880911	游志刚	男	经济学院	讲　师	180－12. jpg
T2012	1880912	陈永强	男	法学院	讲　师	180－3. jpg
T2013	1880913	李文如	男	文学院	讲　师	180－7. jpg
T2014	1880914	肖　毅	女	文学院	助　教	280（7）. jpg
T2015	1880915	朱莉莎	女	管理学院	讲　师	280（3）. jpg
T2016	1880910	王克南	男	法学院	副教授	180－4. jpg
T2017	1880917	吴擎宇	男	经济学院	副教授	180－6. jpg
T2018	1880918	朱泽艳	女	文学院	讲　师	280（4）. jpg
T2019	1880904	陈昌兴	男	法学院	讲　师	180－10. jpg
T2020	1880920	陈洁珊	女	管理学院	讲　师	280（8）. jpg

由于希望在工作证件上附有照片，必须事先准备并处理好每位教工的照片文件。照片大小以一寸为基准，控制在宽为 2.4 cm，高为 3.2 cm 左右。如果照片过大，可能不能全部显示，甚至导致证件尺寸和形状改变。

为缩短照片域引用路径，建议在 E 盘根目录下建立一个文件夹，存放所有照片文件，并且数据源文件、主文档、合并后的文档等均放入该文件夹中。

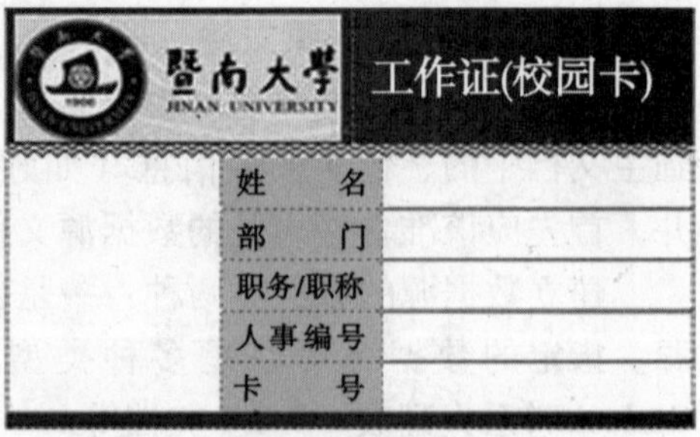

图 2－37　主文档样文

（二）建立主文档

对于本任务，操作如下：

主文档通常应该包含一些固定不变的基本内容。因此，应新建一个 Word 文档，在其中制作如图 2－37 所示的一个表格，并进行主文档内容的输入，整个表格大致宽度为 8.5 cm，高度 5.5 cm。

可以设置主文档页面 A4 纸，页面上、下边距各为 2 cm。

（三）插入合并域和嵌套域

由于主文档必须连接到数据源才能使用数据源中的信息，因此主文档只有插入域后，才成为真正的主文档。

对于本任务，操作如下：

1. 插入合并域

选择【邮件】|【开始邮件合并】|【目录】命令，再单击“选择收件人”下拉列表中的“使用现有列表”命令（如果数据源文件事先没有准备，则选择“键入新列表”命令，临时生成），选中数据源文件“教工信息 . docx”，点击打开。

光标定位在主文档表格的第 3 列各单元格中，然后选择“编写和插入域”组中的“插入合并域”下拉列表，分别插入对应的合并域：姓名、单位、职务/职称、人事编号、卡号。

这时，还可以单击“编辑收件人列表”，对数据源中的数据继续编辑，或者选取其中部分要合并的记录，否则可以不用理会。

2. 插入照片嵌套域

光标定位在要插入照片的单元格中，单击【插入】|【文本】|【文档部件】|【域】命令，打开“域”对话框，如图 2 - 38 所示。在“类别”下拉列表框中选择“链接和引用”，在“域名”中选择“IncludePicture”，然后单击“确定”按钮。插入了合并域和照片嵌套域后的主文档如图 2 - 39 所示。因为还没有完成域的照片文件名输入，所以域结果显示为：“错误！错误！未指定文件名。”

注：如果勾选了“未随文档存储的数据”复选框，合并文档中不保存照片，只是进行引用。这样一旦将合并文档复制到其他电脑上，可能会无法引用和显示照片。

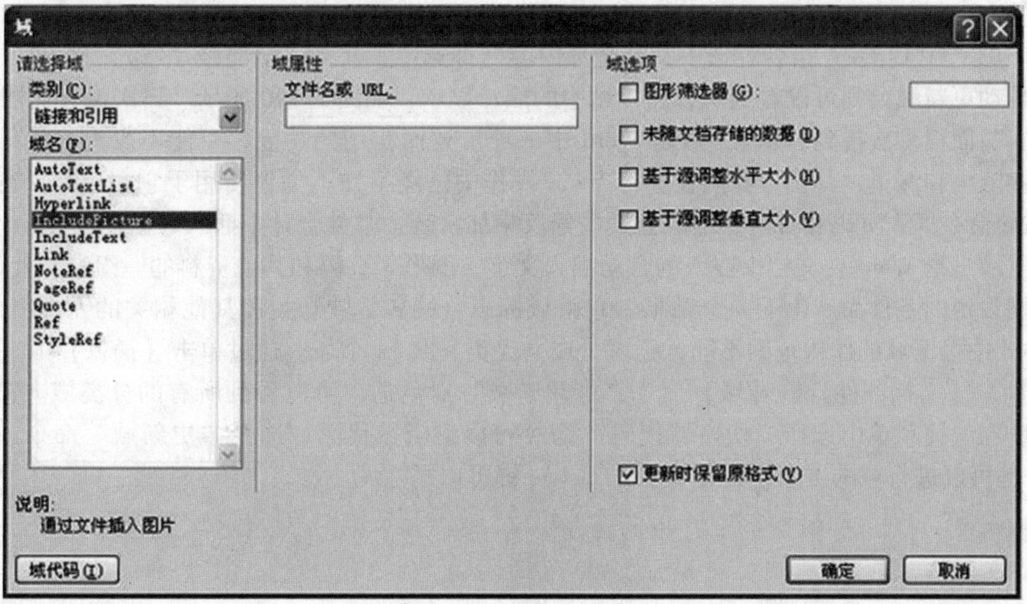

图 2 - 38 “域”对话框

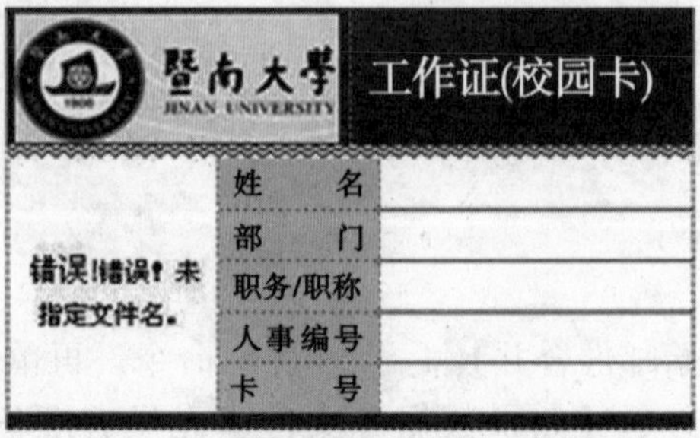

图 2－39　插入合并域和照片嵌套域

3. 插入嵌套合并域“照片名”

在照片嵌套域“错误！错误！未指定文件名。”上右击，在弹出的快捷菜单中单击“切换域代码”命令，然后将光标定位在域名之后斜杠之前中间的空格处，单击“邮件”选项卡中的“插入合并域”，在下拉列表中选择“照片”，即插入数据源的“照片”域，显示域结果仍然是“错误！错误！未指定文件名。”（原因是“IncludePicture”域要求指定图片名同时是全路径的图片名，而“照片”只是合并域，还不是照片的名称）。

（四）合并记录到新文档

合并记录可以合并到新文档，也可以合并到打印机或合并到电子邮件，本例中选择合并到新文档。

对于本任务，操作如下：

（1）先在表格下方插入 2 个空行，用于合并记录的分隔。

（2）单击【邮件】|【完成并合并】|【编辑单个文档】命令，选择“全部”记录，单击“确定”按钮。最后以“工作证合并记录”为名，将合并后的文档保存在相同文件夹中。

（3）用 Ctrl + A 组合键选中文档全部内容（即选中了文档的全部照片域），按 F9 功能键自动更新域，则可以看到所有照片域中的照片显示，如图 2－40 所示。再次保存文档。

前面很多次提到“域”，域是 Word 中一项重要而实用的功能，可能不少人会觉得它有些陌生和深奥，其实，我们在进行 Word 操作中已经不知不觉地使用了它。比如，通过 Word 命令插入页码和日期、输入公式、给汉字加拼音、邮件合并中插入数据库域等。

域是指 Word 在文档中嵌入的自动插入文字、图形、页码和其他资料的一组特殊代码，根据设定的条件而产生下一个结果。它由域标志、域名、域开关和其他相关的元素组成。Word 中根据域的作用范围不同，把域分成九大类，共 74 个域。通过单击【插入】|【文本】|【文档部件】|【域】命令，打开“域”对话框，可以看到所有的分类域。选中域，在快捷菜单中选择“切换域代码”命令可以编辑域代码；选择“更新域”命令或者 F9 键可以进行域的更新；选中域，按 Delete 键可以删除域。

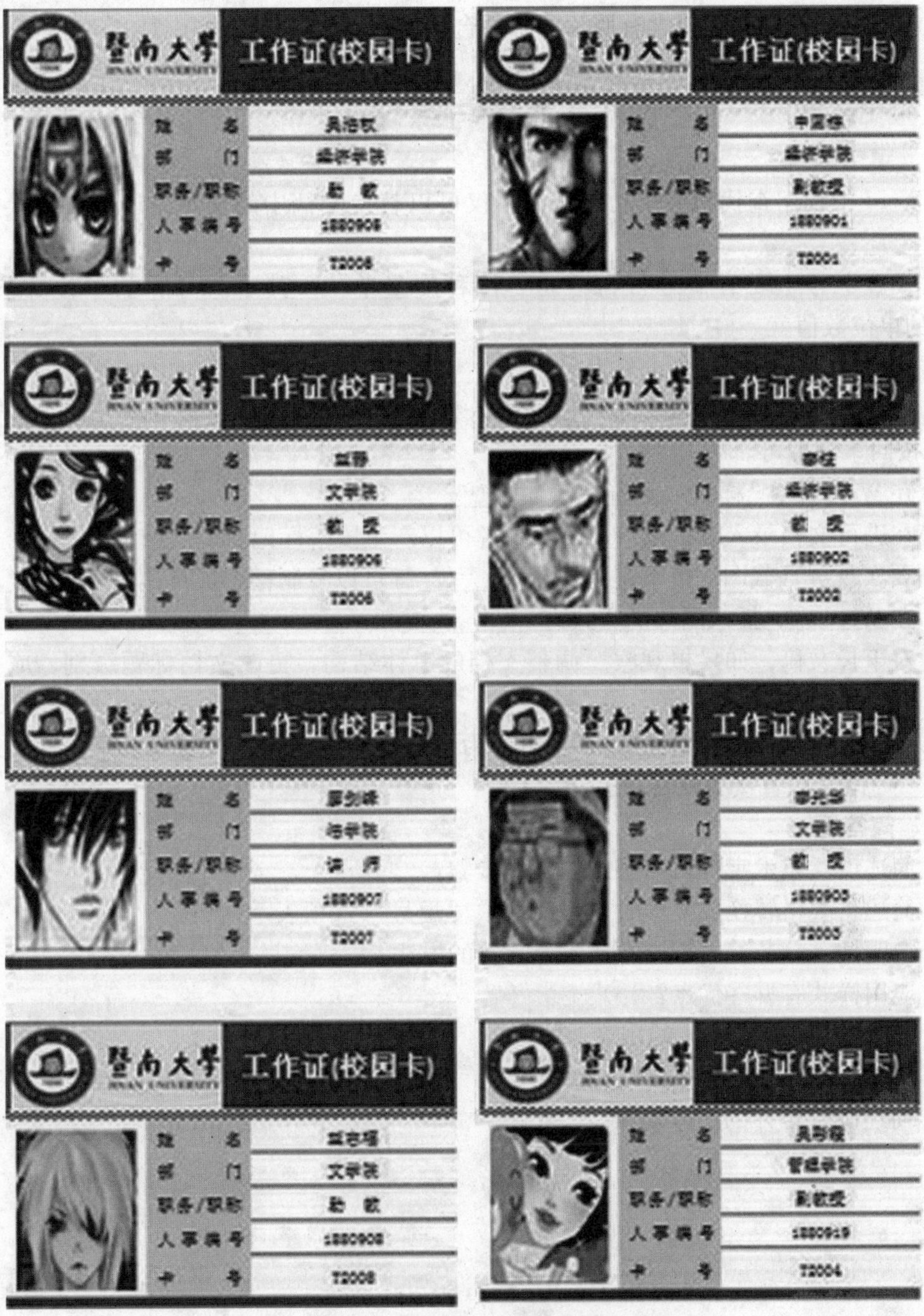

图 2 – 40　合并记录及照片后显示结果

三、本节小结

本节通过批量制作含有照片的工作证件，详细介绍了邮件合并的操作步骤，包括建立主文档、准备数据源和合并到新文档。其中还包括了插入照片嵌套域代码引用和显示照片的高级技术，这对制作类似含有照片的邮件合并文档具有一定的通用性。

思考与练习

一、填空题

1. Word 中利用查找和替换功能时，不仅可以替换文档中的文本，还可以替换文档中文本的__________。

2. 设置字号主要有“号”与“磅”两种度量单位。其中“号”的单位数值越小，“磅”的单位数值就__________。

3. 首字下沉有两种方式，分为__________和__________。

4. 要在表格的上方插入文本行以便输入标题，可以将光标定位在表格的__________位置，按回车键即可。

5. 在 Word 中，“样式”是指__________。

6. 在进行文档录入时，按__________键可以产生段落标记。

7. 要实现屏幕截图，按下键盘上__________键可以复制整个屏幕信息。

8. 在 Word 中，插入图片的方式有__________和__________两种。

9. 对于长文稿，如果想观察、调整文档的总体结构，更改文档标题级别，应当使用__________视图方式。

10. 目录生成后对文档又进行了编辑，为了适应文档内容，需要对目录再次更新。按__________键可以直接更新目录。

二、简答题

1. 简述设置艺术字样式与格式的操作步骤。
2. 简述将表格转换成文本时，对话框中“逗号”选项表示什么。
3. 说明插入分节符的用处及插入分节符的方法。
4. 应用样式有哪些优点？
5. 简述 Word 中“域”的用途。
6. 简述创建目录的操作步骤。
7. 简述邮件合并的操作步骤。

第三章 电子表格程序

Microsoft Office 的电子表格程序 Excel 主要用于解决数值数据的处理问题，它能够轻松地进行许多复杂的计算而不需要编制程序，这就大大方便了一般公司职员对此软件的掌握使用。

一般来说，电子表格程序能够让用户通过单元格来存储、组织、显示数据，并完成各类计算。目前比较实用的电子表格软件有 LOTUS 1－2－3、金山表格和 Microsoft Excel。下面我们主要介绍 Microsoft 公司开发的 Excel 2007。

第一节 Excel 2007 中文版概述

Excel 2007 和 Word 2007 同属 Microsoft Office 2007 办公套装软件的组件，主要应用于电子表格处理、创建基于数值计算的文档（如预算表或资产负债表等）。之所以被称为电子表格，是因为它采用表格的形式来管理数据。

一、Excel 2007 的主要功能

Excel 2007 具有强大的数据计算和数据分析功能，可以制作出各类形式的表格，其功能主要有以下三个方面：

（一）表格数据的处理功能

这方面的功能是指工作表数据的输入和编辑、通过构造公式及使用内部函数完成各种计算、对表格进行格式化、打印表格等。

（二）图表处理功能

利用 Excel 的图表处理功能将工作表中的数据转换成类型丰富、表现直观的图表形式。

（三）数据管理与分析功能

模拟关系数据库管理系统，实现在表格中增、删记录，对数据进行查询、排序和统计等操作。

二、一个实例

【例 3－1】某班学生的资讯科技成绩的处理，总评规则为：平时、期中和期末分别占

20%、30%和50%，处理结果如图 3-1 所示。

	A	B	C	D	E	F
1	资讯科技成绩					
2	学　号	姓　名	平 时	期 中	期 末	总 评
3	2010054001	郑含因	85	90	71	79.5
4	2010054002	李海儿	85	66	64	68.8
5	2010054003	陈　静	90	83	96	90.9
6	2010054004	王克南	85	62	85	78.1
7	2010054005	钟尔慧	90	84	97	91.7

图 3-1　学生成绩表

第二节　Excel 2007 的操作界面

一、Excel 2007 的窗口

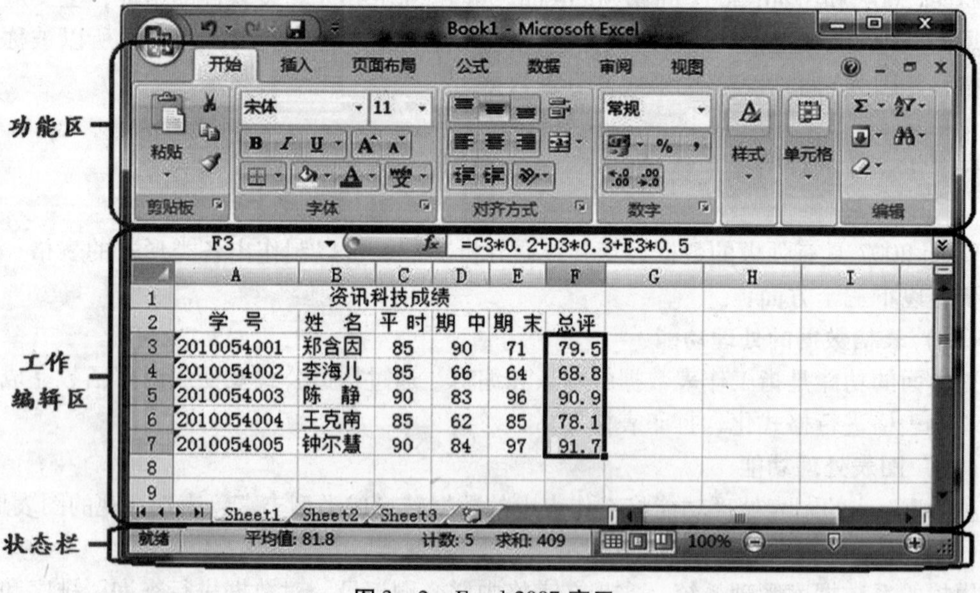

图 3-2　Excel 2007 窗口

（一）功能区

由选项卡、组和命令三部分组成，集中了 Excel 的各种重要功能。

（二）工作编辑区

Excel 进行表格操作的主要场所，包括编辑栏、文档窗口等。

（三）状态栏

位于窗口的底端，左边为操作状态信息，右边显示了文档的视图方式和缩放比例等。

（四）编辑栏

从左至右依次为名称框、取消按钮、输入按钮、插入函数按钮和内容框。

（五）文档窗口

Excel 文档窗是一个工作簿，因而也叫“工作簿窗口”。启动 Excel 后系统就自动为用户创建一个名为“Book1”的新文档，用户可以在这个文档中开始工作。工作簿文档在磁盘上保存时的默认扩展名为 . xlsx。

每个工作表由 16 384（214）列 1 048 576（220）行组成。

每列上端有一个列标，上面标出各列的列号，它们依次为

A，	B，	C，	D，	E，	…，	U，	V，	W，	X，	Y，	Z，
AA，	AB，	AC，	AD，	AE，	…，	AU，	AV，	AW，	AX，	AY，	AZ，
BA，	BB，	BC，	BD，	BE，	…，	BU，	BV，	BW，	BX，	BY，	BZ，
…	…	…	…	…	…	…	…	…	…	…	…
XFA，	XFB，	XFC，	XFD								

每行左侧有一个行标，上面标出各行的行号，它们依次为：

1，2，3，…，1 048 575，1 048 576。

每个工作表都有一个标签，标签名确定工作表。默认的工作表标签名为 Sheet1、Sheet2、Sheet3。用户可以修改标签名，也可以在工作簿中插入、删除或移动工作表。

二、单元格和区域

工作表中列与行的交叉点称为单元格，它是工作表的基本单位，一个单元格最多可容纳 32 000 个字符。在单元格中不仅可以输入数值和文字，也可以输入公式以完成计算，另外还可以设置数据的显示格式。

一个单元格由它的坐标表示和确定，单元格坐标也称为单元格地址。

在工作表中单元格地址为二维的，其形式为：列行。例如 C 列与 4 行交叉点上单元格的坐标为 C4。

在工作簿中单元格地址为三维的，其形式为：标签名！列行。例如工作表 Sheet2 中 D 列与 3 行交叉点上单元格的坐标为 Sheet2！D3。

工作表中只有一个活动单元格（又称“当前单元格”），其坐标显示在名称框中。在工作表中，活动单元格为单元光标所在单元，单元光标形式为矩形方框：▭。其上、下、左、右沿都有特定的功能，光标右下角的小黑点叫“填充柄”，它具有非常重要的作用。

为了实现一次性对一组单元或一组数据进行操作，我们引入区域的概念：由工作表中

相邻单元格构成的矩形称为区域。

一个区域由它的坐标表示和确定，区域坐标也称为区域地址，用该区域两个对顶角单元格的坐标（中间使用“:”分隔开来）表示，如 B3:D7。

第三节 Excel 的数据

数据作为对事物的定性和定量的描述，在意义上是有区别的。例如，一个人的姓名由一串字符组成，他的身高、体重和年龄则是一个数值，而他是否大学毕业则是一个逻辑值，等等。因此，Excel 提供了多种类型的数据。

一、数据类型

Excel 常用的数据类型有数值型、字符型（文字）和逻辑型三种。

（一）数值型数据

数值型数据是用于描述事物的数量的数据，可包括下列字符：0、1、2、3、4、5、6、7、8、9、.、+、-、/、e、E、%。在工作表中输入一个数值型数据时，系统自动以右对齐的方式显示。

Excel 的数值型数据有一个重要功能是表示日期和时间：正整数可以用来表示日期，而一个大于等于 0 且小于 1 的小数则可以用来表示时间。在 Excel 中规定：日期 1900 年 1 月 1 日对应于数值 1，每增加一天其对应数值也随之加 1。最大的日期序数为 2 958 465，对应于9999 年 12 月 31 日。凌晨 0 点对应于数值 0，每增加 1 小时其对应数值也随之加 $\frac{1}{24}$。

（二）字符型数据

字符型数据是用于描述事物特性的数据，可包括任意可打印的 ASCII 字符或汉字字符。在工作表中输入一个字符型数据时，系统自动以左对齐的方式显示。

对于那些系统不会优先认定为数值型的数据，在需要强制其作为字符型数据使用时，如电话号码、身份证号、邮政编码等，可在该数据前加上字符“'”，它称为字符型数据前导符。字符型数据前导符不是数据的一部分，而只表明其后的内容作为字符型数据处理。

（三）逻辑型数据

逻辑型数据是用于描述事物之间关系成立与否的数据，只有 TRUE 和 FALSE 两个值，分别表示“成立”和“不成立”。在工作表中输入一个逻辑型数据时，系统自动以居中对齐的方式显示。

二、数据形式

通常 Excel 的数据可以有两种形式：一种是固定不变的，称为常量；另一种是公式，它是用于计算的，其结果依赖于所引用的数据。

一般地，数值型常量数据简称为数值，字符型常量数据简称为字符串或文字。而逻辑型常量则只有 TRUE 和 FALSE 两个值。

所谓公式是一个以“=”开始的、用运算符将数据连接起来的一个合理的运算表达式。其中“=”也称为公式前导符。公式中的字符常量必须用双引号“”括起来。

三、数据格式

就像是同一个人可以通过穿着冬装或夏装来显示其不同的形象一样，对于单元格中的数值型数据可以通过设置单元格格式使其以不同的形式显示。例如，数值型数据 0.5 可以显示为 0.50、$\frac{1}{2}$、50.00%、12：00 PM，等等。

设置单元格或区域的显示格式是在“设置单元格格式”对话框中完成的，在“开始”选项卡的“数字”群组中打开该对话框，如图 3－3 所示。

（一）数字选项卡

用于设置数值型数据的显示格式。其中列出了多种格式供选用，默认格式一般为“常规”，该格式当数值过大时会自动用科学记数方式显示。

（二）对齐选项卡

用于设置数据在单元格中显示位置的对齐方式、倾斜度等。

（三）字体选项卡

用于设置单元格中数据的字体。

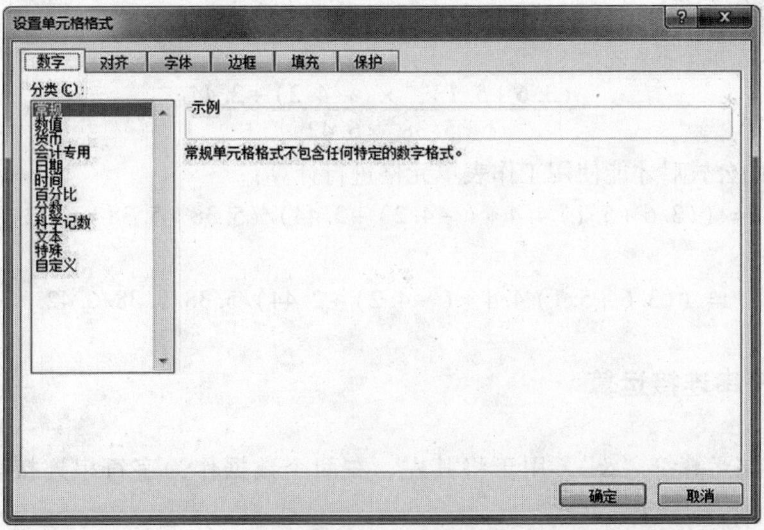

图 3－3 “设置单元格格式”对话框的“数字”选项卡

（四）边框选项卡

用于设置单元格四周的边框线以形成习惯上的各种表格。

（五）填充选项卡

用于设置单元格背景的颜色与图案。

（六）保护选项卡

其中有“锁定”和“隐藏”两项。被锁定的单元格在工作表被保护之后其中的内容不能被改变；未被锁定的单元格在工作表被保护之后可照常编辑。此功能可实现在工作表被保护状态下的局部不保护。

第四节 数据的运算

一、算术运算

算术运算一般是对数值型数据进行的，有下面几种：

① 加、减：+、-，用于计算两个数的和、差。

② 乘、除：*、/，用于计算两个数的积、商。

③ 正、负：+、-，用于指定一个数的符号。

④ 乘方：^，用于计算数的方幂。

⑤ 括号：( )，用于改变运算顺序。

在一个算术表达式中，括号运算，乘方运算，正、负运算，乘、除运算，加、减运算的优先顺序依次递减。

例如，数学表达式：

$$\frac{(3.6+5.1)^{4.4}\times(-4.2)+2.44}{5.38^2\times 6.42}$$

转换为 Excel 的公式后才能使用工作表单元格进行计算：

=((3.6+5.1)^4.4*(-4.2)+2.44)/(5.38*5.38*6.42)

或

=((3.6+5.1)^4.4*(-4.2)+2.44)/5.38/5.38/6.42.

二、字符串连接运算

字符串连接运算符“&”，用于将其左、右两个数据作为字符串连接合并成一个字符串。

例如：

="The cell "&"is empty."

的结果为：

"The cell is empty."

三、关系运算

关系运算用于计算两个数据之间的某种顺序关系是否成立，成立时结果为 TRUE，否则为 FALSE。

有六种关系运算符：

① 小于　　　　　<
② 小于或等于　　< =
③ 等于　　　　　=
④ 不等于　　　　< >
⑤ 大于或等于　　> =
⑥ 大于　　　　　>

数值型数据的顺序是明显的，字符型数据的顺序一般是按其机内码的字典序排列。

第五节　数据的输入与编辑

在“就绪”状态下可向工作表中输入数据。

一、向当前单元中输入数据

（一）数值的输入

数值包括整数、小数、分数、日期、时间等几种常见形式。

整数和小数按其书写格式直接输入；输入分数时，须先输入 0 和空格，再输入分数，如$\frac{1}{3}$应输入 0 1/3；输入日期时，可按 yyyy/mm/dd 的格式输入，如 2010 年 9 月 16 日应输入 2010/9/16；输入时间时，可按 hh：mm 的格式输入，如下午 3 点 26 分应输入 15：26。

（二）字符串的输入

一般直接依次输入字符串的每个字符即可，但对于那些由数字组成的字符型数据，需要先输入字符前导符，然后再输入内容。例如，输入电话号码 008602085220114 时应依次输入´008602085220114。

（三）公式的输入

先输入公式的前导符“ = ”，再输入公式的内容。当输入公式时，编辑栏的名称框将变为内置函数的下拉列表。

二、向区域中输入数据

（一）在一般区域中输入数据

先选定区域，然后在当前单元中输入数据，按 Ctrl + Enter 复合键确认。

（二）在行（或列）区域中自动填充序列

这里所说的序列是指由数值组成的等差数列、等比数列，自动增 1 的字符序列或是自定义序列。

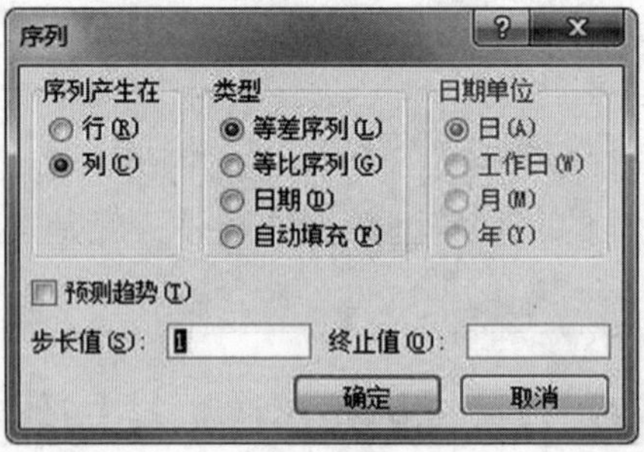

图 3－4　“序列”对话框

自动增 1 的字符序列是指序列各项中的数字字符依次增 1 而其他字符保持不变，例如：“101 号、102 号、103 号……”、“1 年级（1）班、1 年级（2）班、1 年级（3）班……”，使用单元格的填充柄可轻松完成操作。

自定义序列是指用户自己定义的字符串序列，例如：“教授，副教授，讲师，助教”。单击 Office 按钮，再在“Excel”选项的“常用”类别中单击“编辑自定义列表”，完成用户自定义序列，如图 3－5 所示。

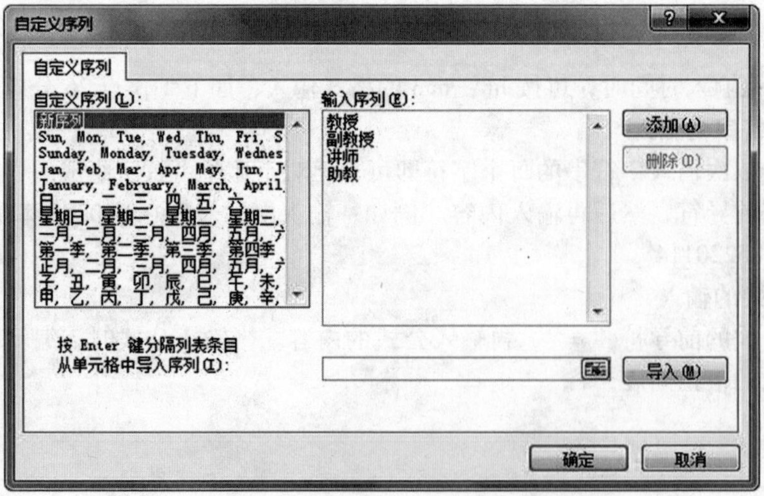

图 3－5　“自定义序列”对话框

第六节　Excel 2007 的工作表函数

工作表函数也称为内置函数，是 Excel 系统所提供的能在工作表中运用的计算工具，Excel 中大量复杂的计算都需要通过工作表函数来完成。

内置函数实质上是一个个能够按照计算规则完成计算过程的程序，供用户需要时调用。使用函数也称为函数调用。

内部函数的一般格式为：

〈函数名〉（参数 1、参数 2……）

掌握一个内部函数需要了解：① 函数名。这是函数的标识，一般是表示该函数功能的英文单词或缩写，使用时不能拼错。② 参数的个数及数据类型。在一个函数中，每个参数的数据类型都有明确的规定。另外，一部分函数的参数个数是确定的，也有一些函数的参数个数是不确定的，但最多不能超过 255 个。参数的形式可以是常量、单元坐标、区域坐标、表达式等。特别的是参数本身也是函数，形成了函数的嵌套。另外，对于可选参数还要了解其默认值。③ 返回值。即函数运算的结果，若结果为错误值还要了解其原因。

在函数格式中，一般用 number 表示一个数值型参数，用 text 表示一个字符型参数，用 logic 表示一个逻辑型参数，用 value 表示一个不限制数据类型的参数，等等。

一、函数的输入

在公式中如果需要输入一个函数，有下面的三种方法可供选择：

方法一：依次键入函数名、左括号、具体参数和右括号。

方法二：使用“插入函数”按钮，具体操作如下：

① 单击“插入函数”按钮f_x，弹出“插入函数”对话框，如图 3－6 所示。

② 先在“选择类别”列表框中选择函数类别（其中“常用函数”为系统安装时所设定的包括 SUM、AVERAGE 等在内的 10 个函数，但随后会逐步成为用户最近使用过的 10 个函数），然后在“选择函数”列表框中（按字母顺序排列）选择函数，如使用“四舍五入”函数 ROUND 可先选择“数学与三角函数”类别，然后选择函数 ROUND。

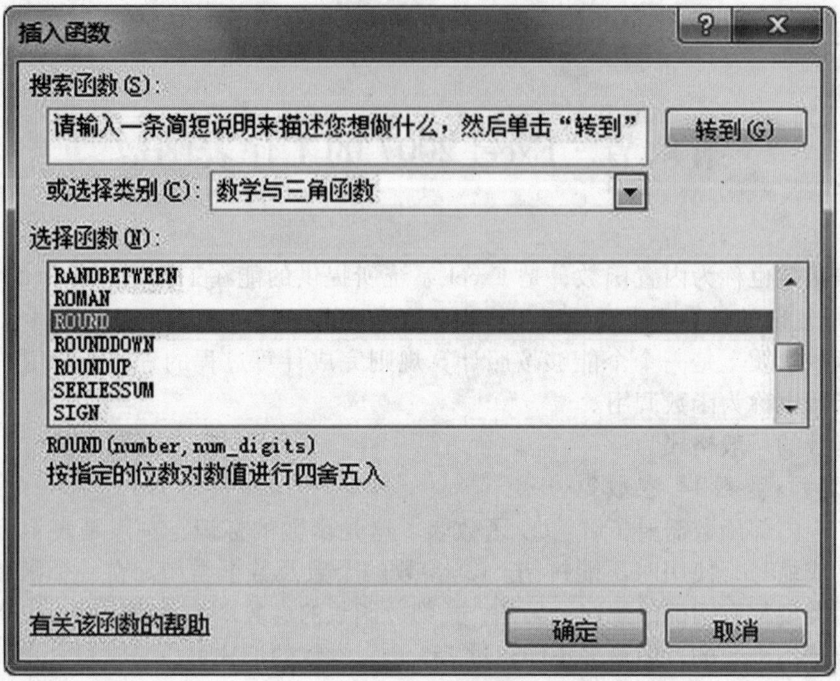

图 3－6　“插入函数”对话框

③ 单击“确定”按钮，弹出相应函数的“函数参数”对话框，如图 3－7 所示。

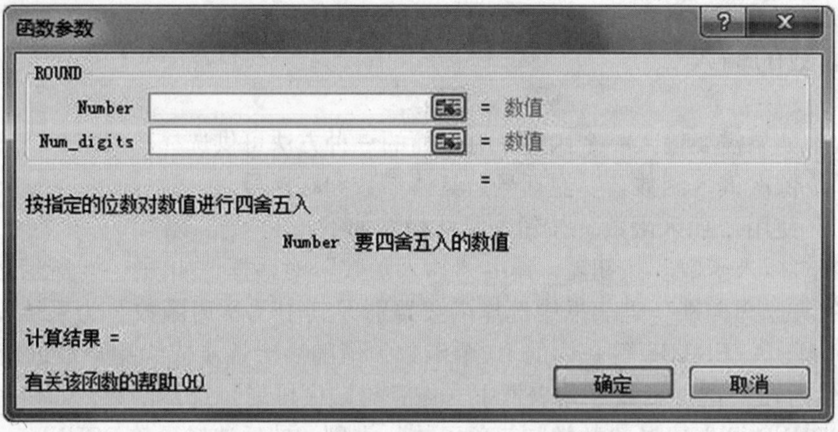

图 3－7　“函数参数”对话框

④ 输入相应的参数或单元格坐标。

⑤ 单击“确定”按钮结束输入。

方法三：利用内置函数下拉列表选择函数，其中所列的函数为常用函数，选择其中一个会弹出相应函数的对话框，选择“其他函数……”则弹出“插入函数”对话框，之后的步骤与上述的方法二相同。

二、数学与三角函数

数学与三角函数用于处理各种数学运算，这里仅简单地介绍六个。

（一）取整函数——INT

【格式】INT(number)

【功能】返回参数 number 向下舍入后的整数值。

【说明】参数 number 为任意实数或单元格坐标。

【例3-2】=INT(8.9)的值为8；=INT(-8.9)的值为-9。

（二）圆周率函数——PI

【格式】PI()

【功能】返回圆周率 π 的值，即 =PI()的值为3.141 592 6。

【说明】无参数，但一对括号不能省略。

（三）随机数函数——RAND

【格式】RAND()

【功能】返回一个0~1之间的随机数。

【例3-3】=20+INT(RAND()*81)可以返回一个20~100之间的随机整数。

（四）四舍五入函数——ROUND

【格式】ROUND(number,num_digits)

【功能】返回 number 按四舍五入规则保留 num_digits 位小数的值。

【说明】参数 number 为任意实数或单元格坐标，num_digits 为任意整数。

【例3-4】=ROUND(2.15,1)的值为2.2；=ROUND(2.149,1)的值为2.1；
=ROUND(-1.475,2)的值为-1.48；=ROUND(21.5,-1)的值为20。

（五）求平方根函数——SQRT

【格式】SQRT(number)

【功能】返回 number 的平方根。

【说明】参数 number 为任意非负实数或单元格坐标。

【例3-5】=SQRT(16)的值为4；=SQRT(-16)的值为#NUM!。

（六）求和函数——SUM

【格式】SUM(number1,number2,…)

【功能】返回参数表中所有参数之和。参数个数最多不超过255个，常使用区域形式。

【说明】由数字构成的字符串将被转换成相应的数值，逻辑常量 FALSE 被转换成数值0，TRUE 被转换成数值1。而当参数为单元格或区域坐标时对其中上述值不予转换，一律作0处理。

【例3-6】=SUM(3,2)的值为5；=SUM("3",2,TRUE)的值为6。

三、文本函数

文本函数用于处理字符串，这里仅简单地介绍四个。

（一）字符串长度函数——LEN

【格式】LEN(text)

【功能】返回字符串 text 中的字符个数。

【说明】text 是要计算其长度的字符串。其中所有的空格也计入。

【例 3-7】 =LEN("Better City,Better Life")的值为 23；
=LEN("")的值为 0；
=LEN("今天天气很好")的值为 6。

（二）左截取子串函数——LEFT

【格式】LEFT(text,num_chars)

【功能】返回字符串 text 左起 num_chars 个字符的子字符串。

【说明】参数 text 是用于截取的字符串，num_chars 为任意非负整数，用以指定所要截取的字符串长度，它的默认值为 1。如果 num_chars 大于 text 的总长度，则函数会返回 text 的全部内容。

【例 3-8】 =LEFT("Sale Price",4)的值为"Sale"。

（三）右截取子串函数——RIGHT

【格式】RIGHT(text,num_chars)

【功能】返回字符串 text 右起 num_chars 个字符的子字符串。

【说明】同 LEFT 函数。

【例 3-9】 =RIGHT("Sale Price",5)的值为"Price"。

（四）任意截取子串函数——MID

【格式】MID(text,start_num,num_chars)

【功能】返回字符串 text 从 start_num 起 num_chars 个字符的子字符串。

【说明】start_num 用以指定从 text 字符串中的第几个字符开始截取，text 中的第一个字符的位置为 1。

【例 3-10】 =MID("The Sale Price",5,4)的值为"Sale"。

四、日期与时间函数

日期与时间函数用于处理日期值和时间值，这里仅简单地介绍十个。

（一）指定日期函数——DATE

【格式】DATE(year,month,day)

【功能】返回代表指定日期的序列数。

【说明】year 是 1 900～9 999 之间的一个整数；month 是一个代表月份的数。若所输入的月份大于 12，则函数会自动进位，如 DATE(2009,14,2)将返回代表 2010 年 2 月 2 日的序列数。day 是一个代表在该月份中的第几天的数。若 day 大于该月份的最大天数，函数会自动进位，如 DATE(2010,1,35)将返回代表 2010 年 2 月 4 日的序列数。

【例 3-11】 =DATE(2010,5,8)的值为 40 306，即此序列数对应日期是 2010 年 5 月 8 日。

（二）系统日期函数—TODAY

【格式】TODAY()

【功能】返回计算机系统内部时钟现在日期的序列数。

（三）指定时间函数——TIME

【格式】TIME(hour,minute,second)

【功能】返回代表指定时间的序列数。

【说明】hour 指定小时，范围：0～23；minute 指定分；second 指定秒，它们均可自动进位。hour 不进位，但会自动循环。例如，26 时将作为 2 时。

【例 3－12】 = TIME(12,0,0)的值为 0.5，对应于 12：00：00 PM；
= TIME(16,48,10)的值为 0.700 115 741 对应于 4：48：10 PM。

（四）系统日期和时间函数——NOW

【格式】NOW()

【功能】返回计算机系统内部时钟现在日期和时间的序列数。

【说明】该序列数是一个正实数。其中，整数部分代表当前日期，小数部分代表当前时间。

（五）计算年函数——YEAR

【格式】YEAR(serial_number)

【功能】返回对应于序列数的年份值。

【说明】年份值为 1 900 ～ 9 999 之间的一个整数。

【例 3－13】 = YEAR("2010/9/16")的值为 2 010； = YEAR(404 52)的值为 2 010；
= YEAR(40 452.7)的值为 2 010； = YEAR(0.7)的值为 1 900。

（六）计算月函数——MONTH

【格式】MONTH(serial_number)

【功能】返回对应于序列数的月份值。

【说明】月份值为介于 1(一月) 至 12(十二月) 之间的整数。

【例 3－14】 = MONTH(40 437)的值为 9； = MONTH("6-May")的值为 5；
= MONTH(366)的值为 12； = MONTH(367)的值为 1。

（七）计算日函数——DAY

【格式】DAY(serial_number)

【功能】返回对应于序列数的日数值。

【例 3－15】 = DAY(40 437)的值为 16；
= DAY("15-Apr-2010")的值为 15；
= DAY("2010/9/16")的值为 16。

（八）计算时函数——HOUR

【格式】HOUR(serial_number)

【功能】返回对应于序列数的小时数。

【例 3－16】 = HOUR(0.7)的值为 16；
= HOUR(40 056.7)的值为 16；
= HOUR("3：30：30 PM")的值为 15。

（九）计算分函数——MINUTE

【格式】MINUTE(serial_number)

【功能】返回对应于序列数的分钟数。

【例3-17】 =MINUTE("4:48:00 PM")的值为48；

=MINUTE(0.01)的值为14；

=MINUTE(4.02)的值为28。

（十）计算秒函数——SECOND

【格式】SECOND(serial_number)

【功能】返回对应于序列数的秒数。

【例3-18】 =SECOND("4:48:18 PM")的值为18；

=SECOND(0.01)的值为24；

=SECOND(4.02)的值为48。

五、逻辑函数

在Excel中所有的逻辑运算都是用逻辑函数实现的，这里仅简单地介绍四个。

（一）逻辑"与"函数——AND

【格式】AND(logical1,logical2,…)

【功能】当所有参数的逻辑值都是TRUE时，返回TRUE；否则返回FALSE。

【说明】logical1，logical2，…是若干个结果为TRUE或FALSE的表达式，以关系运算表达式的形式出现居多。

【例3-19】 =AND(2+2=4,2+3=5)的值为TRUE；

=AND(TRUE,FALSE)的值为FALSE；

=AND(2+2=4,2+3=5,"A">"B")的值为FALSE。

（二）逻辑"或"函数——OR

【格式】OR(logical1,logical2,…)

【功能】当所有参数的逻辑值都是FALSE时，返回FALSE；否则返回TRUE。

【说明】同AND函数。

【例3-20】 =OR(1+1=1,2+2=5)的值为FALSE；

=OR(TRUE,FALSE)的值为TRUE。

（三）逻辑"反"函数——NOT

【格式】NOT(logical)

【功能】若logical为FALSE，返回TRUE；若logical为TRUE，返回FALSE。

【例3-21】 =NOT(1+1=2)的值为FALSE； =NOT(FALSE)的值为TRUE。

（四）条件选择函数——IF

这是一个非常重要的函数。几乎所有"根据不同情况选择不同表达式进行计算"的操作都是由IF函数完成的。

【格式】IF(logical_test,value_if_true,value_if_false)

【功能】当参数logical_test取值为TRUE时，返回value_if_true的结果；否则返回value_if_false的结果。

【例3-22】假定在一个工作表的B2单元中存放着一份考试成绩，那么公式

=IF(B2>=60,"Pass","Fail")

会根据B2单元的取值来产生一个"Pass"或"Fail"的文字信息。

假定在工作表的B2单元中存放着一个时间值，想根据这个时间值来判断是"白天"还是"夜晚"，可使用公式：

=IF(AND(HOUR(B2)>=6,HOUR(B2)<18),"白天","夜晚")

一个IF函数可实现"二者选其一"的运算，若要在更多的情况中选择一种，则需要用IF函数的嵌套来完成。IF函数的嵌套是指参数value_if_true或value_if_false本身又是一个IF函数。

假定在工作表的B2单元中存放着一份考试成绩，若B2中的数大于89，返回A；若在80至89之间，返回B；若在70至79之间，返回C；若在60至69之间，返回D；若小于60，返回E。可以用下面的嵌套IF函数：

=IF(B2>89,"A",IF(B2>79,"B",IF(B2>69,"C",IF(B2>59,"D","E"))))

六、统计函数

统计函数用于数据的统计与分析，这里仅简单地介绍五个。

（一）计数函数——COUNTA

【格式】COUNTA(value1,value2,…)

【功能】返回参数组中所有参数的个数，对于区域参数则返回其中非空白单元格的数目。

【说明】所要计数的可以是任何类型的信息，参数一般用区域的形式。

（二）计数值函数——COUNT

【格式】COUNT(value1,value2,…)

【功能】返回参数组中数值参数的个数，对于区域参数则返回其中数据为数值型的单元格数目。

【说明】参数一般用区域的形式，除非执意要计算区域中数据为数值型的单元格数目时使用，一般情况下都使用COUNTA。

（三）求平均值函数——AVERAGE

【格式】AVERAGE(number1,number2,…)

【功能】返回诸参数的平均值(算术平均值)。

【说明】参数一般用区域的形式，其中含文字、逻辑值的单元格和空白单元格在调用中不被计入，但含0的单元格将被计入。因此，要严格区分一个区域中的空白单元格和包含0或包含非数值数据的单元格。

（四）求最大值函数——MAX

【格式】MAX(number1,number2,…)

【功能】返回参数表中的最大值。

【说明】参数一般用区域的形式。

（五）求最小值函数——MIN

【格式】MIN(number1,number2,…)

【功能】返回参数表中的最小值。

【说明】参数一般用区域的形式。

以上我们介绍了一些最常用的统计函数，除此之外，Excel 还提供了许多统计和财务函数，有些专业性较强，有需要的同学可以通过系统提供的“Excel 帮助”进行学习。

第七节　公式中坐标的引用

要在公式中使用某些单元格或区域中的数据，可以通过在公式中指定相应的单元格或区域坐标来实现，这叫做“在公式中引用单元格”或“区域的坐标”，简称为“坐标引用”。

各种类型引用的特性表

<table>
<tr><th>引用类型</th><th>公式中的坐标形式</th><th>意　义</th><th>示　例</th></tr>
<tr><td>相对引用</td><td>列行</td><td>公式使用相对所在单元格而言的某一位置的单元格中的数据</td><td>在 D2 单元格中输入公式：= A2 + B2 * C2，其中，单元格 A2、B2 和 C2 均被该公式相对引用。单元格 A2、B2 和 C2 相对于 D2 单元格分别为同一行中左边 3 列、2 列和 1 列的单元格</td></tr>
<tr><td>绝对引用</td><td>$列$行</td><td>公式使用某一固定单元格中的数据，而此单元格与该公式所在单元格的位置无关</td><td>在 D2 单元格中输入公式：= A2 + B2 * C2，其中，单元格 B2 被该公式绝对引用，B2 的意义就是工作表中第 2 列与第 2 行交叉点的单元格</td></tr>
<tr><td rowspan="2">混合引用</td><td>列$行</td><td>公式使用相对所在单元格位置而言的某一列和工作表中某一固定行所确定的单元格中的数据</td><td rowspan="2">在 D2 单元格中输入公式：= A2 + $B2 * C$2，其中，单元格 B2 和 C2 被该公式混合引用，$B2 的意义就是工作表中第 2 列与相对于 D2 单元格为同一行的单元格，而 C$2 的意义就是相对于 D2 单元格左边一列与工作表中第 2 行的单元格</td></tr>
<tr><td>$列行</td><td>公式使用工作表中某一固定列和相对所在单元格位置而言的某一行所确定的单元格中的数据</td></tr>
</table>

单元格或区域可以被公式相对引用、绝对引用和混合引用等。

为了减少输入工作量，通常是采用复制公式的方法。将一个公式复制到其他单元格时，我们对其所引用的单元格或区域的坐标是否随之发生相应的变化会有不同的要求，这必须通过在公式中用特定的引用形式来指定。

一、各种类型引用的特性

区域被引用时，其两个顶点单元格的坐标也分别可以使用上面的三种形式。

另外还有一种引用叫做“循环引用”。所谓“循环引用”是指一个单元格中的公式引用自身的单元格，分为直接循环引用和间接循环引用两种。循环引用是用于完成迭代计算的。

二、确定坐标的引用类型

首先，我们有下面的结论：当把一个单元格中的公式复制到其他单元格时，它所引用的单元格或区域的坐标有下面两种情况：① 相对引用的行或列的坐标将发生相对变化；② 绝对引用的行和列的坐标不发生变化。

当仅仅是向一个单元格中输入公式时，无须考虑其中所指定的单元格或区域是用何种方式引用；当向一个区域中输入公式或向一个单元格中所输入的公式还准备复制到其他单元格时，必须考虑其中所指定的单元格或区域是用何种方式引用。

要把一个单元格中所输入的公式复制到其他单元格时，其中所指定的单元格或区域的行或列发生相应变化，则应当对其使用相对引用方式；当其中所指定的单元格或区域的行或列不发生变化时，则应当对其使用绝对引用方式。

具体做法如下：

① 在区域中选取两个单元格，分别写出它们中所期望输入的公式。

② 根据期望公式概括出需在区域左上角单元格中输入的公式。

选取单元格时，行区域可选左端两个单元格；列区域可选上边两个单元格；一般区域可选左上角单元格及其相邻右下单元格。对两个期望公式分析时，行区域情形只需分析所引用单元格的列坐标；列区域情形只需分析所引用单元格的行坐标；一般区域则必须对所引用单元格的行、列坐标进行全面分析。

【例3－23】要在区域 A1:J10 中作一个“九九乘法表”，分析应在 B2 单元格中输入什么公式。可选取单元格 B2 和 C3 分别输入期望公式。

```
B   2   :   =   A   2   *   B   1
|   |           |   |       |   |
+1  +1          +0  +1      +1  +0
↓   ↓           ↓   ↓       ↓   ↓
C   3   :   =   A   3   *   C   1
```

凡是 +1 用相对坐标，否则用绝对坐标。于是，B2 单元格中应输入公式：＝$A2 * B $1 。

	A	B	C	D	E	F	G	H	I	J
1		1	2	3	4	5	6	7	8	9
2	1									
3	2									
4	3									
5	4									
6	5									
7	6									
8	7									
9	8									
10	9									

图 3-8　九九乘法表

第八节　图表

图表是数据的图解说明，它作为数据的一种表现形式可以更直观地表示数据所表达的意义，因而在实际工作中经常要求将一些用表格处理的数据绘制成图表。为此，Excel 提供了非常强的图表处理功能，它能够将工作表中一个区域内的数值和字符数据转换成一种图形数据，生成各种类型的图表，并且图表对数据的表现都是动态的，一旦图表所依赖的数据发生了变化，图表也就会随之自动更新。

	A	B	C	D
1		艺术学院学生人数		
2		音乐系	舞蹈系	美术系
3	07级	48	32	60
4	08级	26	43	72
5	09级	57	16	28
6	10级	39	27	44

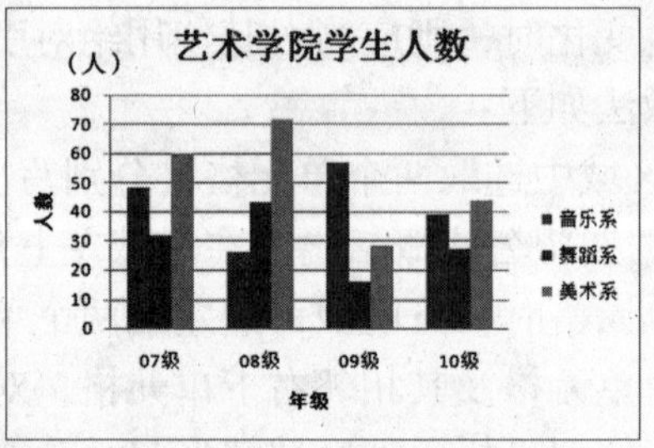

3-9　Excel 的图表示例

如图 3-9 所示，利用 Excel 的图表功能对工作表中区域 A2:D6 的数据所绘制的图表。

Excel 可将图表嵌入一个工作表内，图表和数据邻近，便于打印输出在同一张纸上；也可将图表放在一个新工作表中，与其他工作表具有同等的地位，便于图表和数据之间的切换。

一、图表的组成

如图 3-10 所示，每一个图表都处于一个长方形的框中，框内的面积称为图表区域，所有的图表组件都放在图表区域中。其中的基本组件为绘图区，可选组件有标题、坐标轴、网格线、图例、数据标志、数据表等，以丰富图表的表现力。

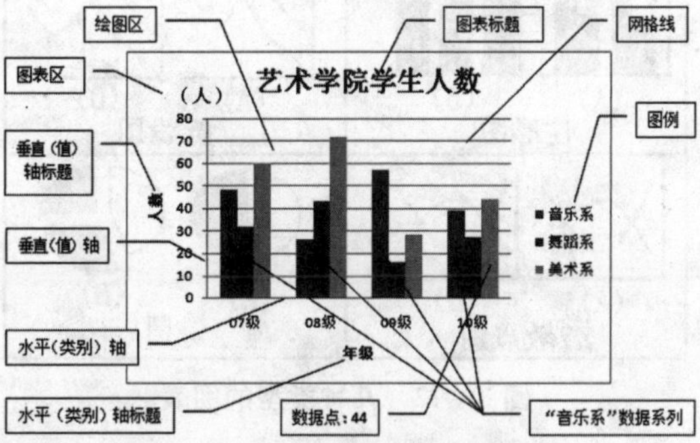

图 3－10　图表的组成

若用工作表中一个区域内的数据生成一个图表，则这个区域称为该图表的数据源。对于一般区域构成的数据源，其中的数据可以按行或者按列分成若干个数据系列。数据系列按列划分时，区域中第一行的数据将作为各系列的图例项，而第一列的数据将作为类别轴数据，所有数据系列中同一行中的数据组成一个数据类别；数据系列按行划分时，区域中第一列的数据将作为各系列的图例项，而第一行的数据将作为类别轴数据，所有数据系列中同一列中的数据组成一个数据类别，如图 3－11 所示。

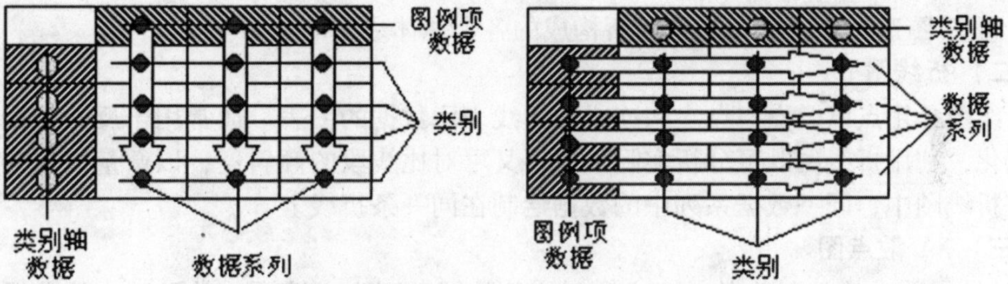

图 3－11　数据系列按列划分（左图）和按行划分（右图）

二、图表类型

图表主要用于表现一般常见的统计图形。每一个图表都有一个类型，称为图表类型。Excel 所提供的图表类型相当丰富，其中常用的图表类型主要有柱形图、折线图、饼图和 XY 散点图等。其中 XY 散点图所表示的是数据之间量与量的对应关系，因而它是二维的。其他图表示的是数据的量或数据之间量与量的比例，其中的类别轴上的数据是按其所在单元格的顺序均匀排放的，它们只充当标记而不再具有量的意义，故它们均是一维的。

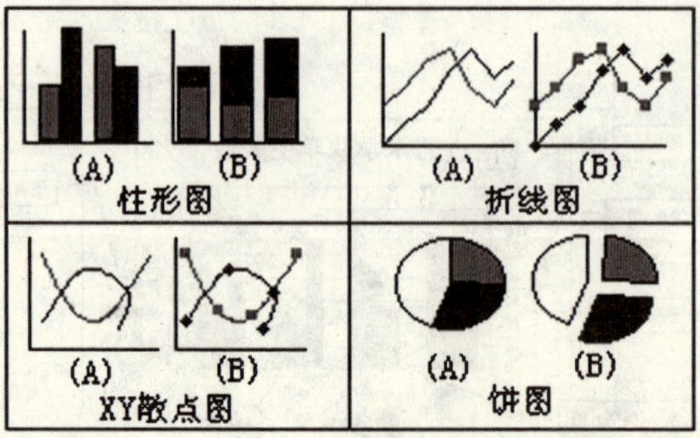

图 3－12　几种类型的图表

（一）柱形图

柱形图是用柱形块表示数据的图表，通常用于反映数据之间的相对差异，是最常用的图表类型。对于柱形图，一个图表中可以绘制多组数据系列，同一数据系列中的数据点用同一颜色或图案绘制，它们被均匀离散地分布在类别轴上。每个数据类别中的数据点在图表内被相邻地绘制在一起。

图 3－9 中所示图表的类型为柱形图。它共有三个数据系列，分别对应于数据源中的三个列：B2:B6（音乐系）、C2:C6（舞蹈系）和 D2:D6（美术系）。每个数据系列中都有四个数据点，因而组成四个数据类别：07 级、08 级、09 级和 10 级。

在图 3－12 所示的柱形图中，（A）图适用于反映各个单独的数据或数据之间的相对差异；（B）图适用于反映同类个体所构成的各个总体之间的关系。

（二）折线图

折线图是用点以及点与点之间连成的折线表示数据的图表。通常用于反映数据之间的顺序变化，利用折线图既可分析实际数据，又可对比线段的倾斜度，以衡量数据变化的快慢。在折线图中，同一数据系列中的数据绘制在同一条折线上。

（三）XY 散点图

XY 散点图中的 X 轴为数轴，它所对应的数据系列为必选项，并且其中的数据是图中数据点在横轴上的值而不是标记，这些数据按照其值由小到大分布在横轴上而不管它们在数据系列中的顺序如何。对于各个数据系列中的非数值型数据一律按数字 0 处理，对于空白单元格则无相应的数据点。

（四）饼图

饼图是用若干个扇形切片构成一个圆盘来表示数据的图表。与其他图形不同，它只能处理一组数据系列，表明其中各数据的量在总和中所占的百分比，反映局部与整体的关系。另外，它无坐标轴和网格线。

其他图表类型我们就不逐一介绍了。总之，使用图表时应根据要反映的侧重面来选择相应的图表类型。顺便指出，各种图表还有三维的表现形式。

三、图表的建立和编辑

生成一个图表的一般步骤：

(1) 选择用于作图的数据。作图数据可以是一个连续块单元格组成的区域，也可以是指定区域中的某些行和列。

(2) 选择图表类型。在功能区上的“插入”选项卡中的“图表”群组中选择所需的图表类型，系统即在作图数据所在的工作表中创建了一个图表。

(3) 确定按行或按列划分数据系列。必要时可通过功能区上的“设计”选项卡中“数据”群组的“切换行/列”控件，来确定数值系列和数据点的取值。

(4) 设置图表标题、图例、坐标轴、坐标轴标题、网格线等图表元素。在功能区上的“布局”选项卡中进行相应的设置操作。

(5) 指定图表的位置。图表可以嵌入作图数据工作表，也可以单独放在一个工作表中。在功能区“设计”选项卡的“位置”群组中单击“移动图表”控件，然后再在“移动图表”对话框中进行选择，如图 3－13 所示。

编辑修改一个已生成的图表，可以采用相同的方法进行操作。

图 3－13 “移动图表”对话框

第九节 数据管理与分析

一、数据列表

数据列表是工作表中若干列和至少两行的一个区域中的数据，在结构上是一个二维表。这里所说的二维性，是指行和列都是最基本的单位。习惯上将每一列称为一个字段，对每个字段而言，第一行单元格中的内容叫做字段名或标签，以下各行单元格中的内容都叫做字段值，它们的数据类型应当是一致的。

对一个数据列表而言，它的第一行都是字符型数据，称为标题行，由所有字段名或标签组成；以下各行均称为记录，由同一行中的所有字段值组成。如例 3－1 中 A2:F32 区域内的数据就是一个数据列表，它共有 6 个字段，30 条记录。注意，A1 单元格中的标题不是数据列表中的内容。

二、数据的排序

数据排序操作的意义：对于一个指定区域内的数据，可根据其一些列（行）中各个单元格取值的大小按递增或递减的规则将所有行（列）重新排列其前后（左右）顺序。

特别的是，数据列表中记录的排序是根据其中一些字段的各字段值的大小，按递增或递减的规则对所有的记录重新排列其先后顺序。

多个字段的排序操作步骤如下：

① 选择排序的数据列表区域或将活动单元格置于数据列表中。

② 在“开始”选项卡上的“编辑”组中，单击“排序和筛选”下的“自定义排序”。

③ 在“排序”对话框内设置排序参数，如图 3－14 所示。

“数据包含标题”项用于进一步设置排序区域，对于一个数据列表，由于其第一行为标题行，故应选择此项，标题行不参与记录的排序；对于不是数据列表的区域，由于它的第一行与其他各行是平等的，故不应选择此项，系统将对所有行进行排序。

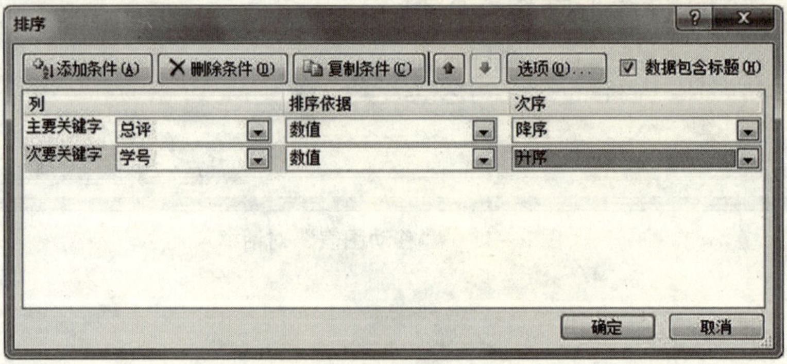

图 3－14　“排序”对话框

“主要关键字”是对排序区域中所有行排序所依据的列，次要关键字是对主要关键字的值相同的行作进一步排序所依据的列。在“排序”对话框中可以设置一个主要关键字和最多 63 个次要关键字。每个排序关键字都能独立地指定其排序次序为“升序”、“降序”或“自定义序列”。

【例 3－24】将【例 3－1】中数据列表的记录按“总评”字段由高至低的顺序排列，“总评”字段值相等的记录再按“学号”字段由低至高的顺序排列。

对于本任务，操作如下：

① 选定 A2 单元格（或 A2:F7 区域）。

② 在“开始”选项卡的“编辑”组中单击“排序和筛选”下“自定义排序”弹出的“排序”对话框。

③ 设置排序参数：当前数据列表包含标题行；主要关键字为“总评”字段且降序；次要关键字为“学号”字段且升序。最后在对话框中单击“确定”。

依据单个字段的排序更为简单：

① 将活动单元格置于数据列表中排序字段的任一单元格中。

② 在“开始”选项卡上的“编辑”组中，单击“排序和筛选”下的“升序”或“降序”。

对于按多个关键字排序时可以分多次排序，每次只排一个字段。可以这样做的依据是 Excel 的排序操作是稳定的，即在排序操作中，系统不改变那些已经有序的记录之间的顺序。基本原则是先排次序靠后的关键字，后排次序靠前的关键字。

【例 3－25】将【例 3－1】中数据列表的记录按“总评”字段由高至低的顺序排列，“总评”字段值相等的记录再按“期末”字段由高至低的顺序排列，“期末”字段值相等的记录再按“期中”字段由高至低的顺序排列，“期中”字段值相等的记录再按“平时”字段由高至低的顺序排列。

可按以下顺序分四个步骤完成操作：按“平时”字段降序排序；按“期中”字段降序排序；按“期末”字段降序排序；最后按“总评”字段降序排序。

【例 3－26】将教师表中的数据列表记录按“职称”字段值为教授、副教授、讲师、助教的顺序排列。

要完成这个操作需要事先定义好一个自定义序列：“教授，副教授，讲师，助教”。排序设置为：主要关键字为“职称”字段，并按此自定义序列的次序排序即可。

Excel 还提供了按行排序、按字母排序、按笔画排序、区分大小写排序等功能。在“排序”对话框中按“选项”按钮，弹出“排序选项”对话框（如图 3－15 所示）后即可设置这些功能。

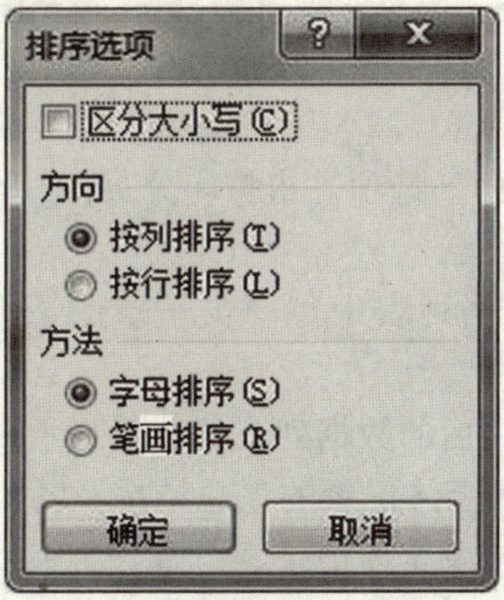

图 3－15 “排序选项”对话框

最后要指出的是，排序是解决许多问题的有力工具，应用性极强，请读者深入体会。

三、分类汇总

分类汇总包含分类和汇总两个运算：先对某个字段进行分类（排序），然后再按照所分的类对指定的数值型字段进行某种方式的汇总。

常用汇总方式有求和、计数、求平均值、求最大值、求最小值等。

【例3－27】求教师表数据列表中各类职称人员的平均年龄和基本工资平均值。

对于本任务，操作步骤如下：

① 首先，以“职称”字段为关键字排序（升序、降序均可）。

② 在“数据”选项卡上的“分级显示”组中单击“分类汇总”。

③ 在“分类汇总”对话框（如图3－16所示）中设置分类字段为“职称”，汇总方式为“平均值”，选定汇总为“年龄”与“基本工资”，最后单击“确定”。

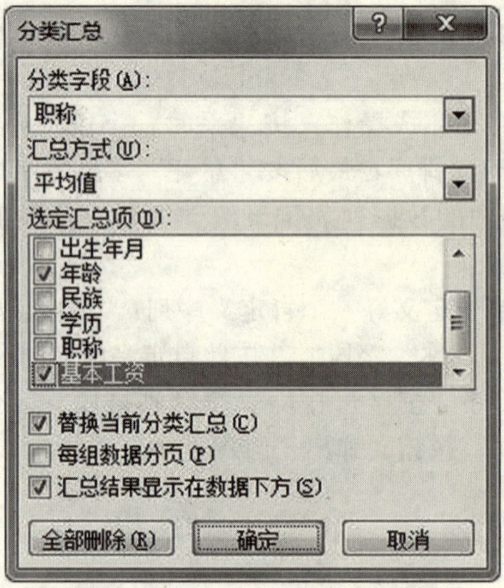

图3－16 “分类汇总”对话框

对话框中的“每组数据分页”选项是指打印分页；“全部删除”按钮用于删除全部的分类汇总。

完成之后可以看到，在数据列表中每一类记录的下方被插入了一行用以显示汇总结果。

我们看到，进行分类汇总之后的数据列表是分级显示的，如图3－17所示。1级显示全体记录的汇总结果；2级显示全体记录的汇总结果及各类的汇总结果；3级显示全体记录的汇总结果、各类的汇总结果及全体记录。

若未对数据列表按“职称”字段分类，即在数据列表关于“职称”字段是无序的情况下，直接进行汇总操作会是什么样的效果？请读者一试。

四、数据透视表和数据透视图

数据透视表是一种对大量数据快速汇总和建立交叉列表的交互式表格，在数据透视表中可以通过转换行和列以查看源数据的不同结果，可以通过显示不同页面以筛选数据，还可以根据需要显示区域中的明细数据。因此，数据透视表是重新组织数据和统计数据的一个简单有效的工具。

能够创建数据透视表的数据列表必须包含两种字段：一是用于汇总统计的数据字段，汇总方式包括求和、计数、求平均值、求最大值、求最小值等；二是用于分类的类别字段，可以作为数据透视表的行标签、列标签或报表筛选项。

	A	B	C	D	E	F	G	H
1	教师基本情况统计表							
2	姓　名	性 别	出生年月	年 龄	民 族	学 历	职 称	基本工资
3	魏文鼎	男	1986/9/10	24	汉	博士	助　教	2 200.00
4	伍　宁	女	1984/12/25	26	瑶	博士	助　教	2 200.00
5	张　越	女	1986/3/16	24	汉	硕士	助　教	2 200.00
6				24.67			助教 平均值	2 200.00
7	郑含因	女	1958/1/1	52	汉	硕士	教　授	5 400.00
8	王晓宁	男	1970/12/5	40	汉	硕士	教　授	5 100.00
9	高展翔	男	1962/9/26	48	汉	学士	教　授	5 400.00
10	李书召	男	1968/9/15	42	汉	博士	教　授	4 300.00
11				45.5			教授 平均值	5 050.00
12	陈　静	女	1982/2/28	28	汉	硕士	讲　师	2 700.00
13	王克南	男	1977/10/5	33	汉	博士	讲　师	2 900.00
14	钟尔慧	男	1979/2/22	31	汉	硕士	讲　师	3 100.00
15	卢植茵	女	1981/3/15	29	汉	学士	讲　师	2 400.00
16	吴　心	女	1980/10/20	30	汉	博士	讲　师	2 900.00
17	陈　醉	男	1975/11/18	35	汉	学士	讲　师	3 100.00
18	马甫仁	男	1980/6/22	30	汉	学士	讲　师	2 400.00
19	夏　雪	女	1978/6/24	32	蒙古	学士	讲　师	2 900.00
20	古　琴	女	1977/4/18	33	汉	硕士	讲　师	2 900.00
21	石　惊	男	1982/7/14	28	汉	硕士	讲　师	2 700.00
22	王斯雷	男	1982/5/2	28	汉	学士	讲　师	2 900.00
23	冯　雨	男	1981/10/1	29	汉	博士	讲　师	2 700.00
24	赵敏生	男	1982/12/12	28	满	硕士	讲　师	2 400.00
25	申旺林	男	1983/7/17	27	藏	学士	讲　师	2 900.00
26				30.07			讲师 平均值	2 778.57
27	李海儿	男	1979/3/2	31	汉	硕士	副教授	3 600.00
28	林　寻	男	1964/2/4	46	回	硕士	副教授	4 000.00
29	李　禄	男	1960/4/28	50	土家	硕士	副教授	3 600.00
30	李伯仁	男	1961/9/11	49	汉	博士	副教授	4 000.00
31	钟成梦	女	1970/3/27	40	回	硕士	副教授	3 600.00
32	宋成城	男	1976/5/18	34	汉	博士	副教授	3 300.00
33	李文如	女	1971/6/29	39	汉	硕士	副教授	3 300.00
34	丁秋宜	女	1966/5/7	44	汉	硕士	副教授	3 600.00
35	雷　鸣	男	1964/1/18	46	汉	硕士	副教授	4 000.00
36				42.11			副教授 平均值	3 666.67
37				35.2			总计平均值	3 290.00

图 3－17 “分类汇总”结果

如图 3－18 所示的数据列表中没有类别字段，所以不适合创建其数据透视表。

	A	B	C	D	E
1	姓　名	平时	期中	期末	总评
2	郑含因	85	90	71	79.5
3	李海儿	85	66	64	68.8
4	陈　静	90	83	96	90.9
5	王克南	85	62	85	78.1
6	钟尔慧	90	84	97	91.7

图 3－18　不适合创建数据透视表的数据列表

（一）创建数据透视表

下面我们通过一个实例来看一下数据透视表的使用。

【例 3－28】根据图 3－19 中数据列表的数据，作一个形式由图 3－20 所示的数据汇总报表。

	A	B	C	D	E	F
1	2010年第一季度茶叶公司发货清单					
2	日　期	地　点	级　别	数　量	单　价	金　额
3	2010-1-5	森谷	特2级	310	70.00	21 700.00
4	2010-1-11	泸川	特2级	370	60.00	22 200.00
5	2010-1-17	林河	特2级	370	90.00	33 300.00
6	2010-1-19	马岭	特1级	140	140.00	19 600.00
7	2010-1-21	马岭	特3级	480	40.00	19 200.00
8	2010-1-21	泸川	特3级	440	10.00	4 400.00
9	2010-1-22	森谷	特3级	400	120.00	48 000.00
10	2010-1-22	泸川	特1级	170	30.00	5 100.00
11	2010-1-23	泸川	特3级	150	70.00	10 500.00
12	2010-1-23	森谷	特1级	250	30.00	7 500.00
13	2010-1-23	泸川	特2级	250	150.00	37 500.00
14	2010-1-24	林河	特1级	240	130.00	31 200.00
15	2010-1-28	林河	特3级	340	30.00	10 200.00
16	2010-1-28	林河	特2级	290	90.00	26 100.00
17	2010-1-29	泸川	特2级	440	60.00	26 400.00
18	2010-1-30	森谷	特1级	210	150.00	31 500.00
19	2010-2-1	马岭	特2级	470	90.00	42 300.00
20	2010-2-4	森谷	特1级	260	150.00	39 000.00
21	2010-2-7	马岭	特1级	410	120.00	49 200.00
22	2010-2-11	森谷	特1级	460	150.00	69 000.00
23	2010-2-12	森谷	特3级	270	30.00	8 100.00
24	2010-2-23	森谷	特1级	210	130.00	27 300.00
25	2010-2-26	森谷	特1级	230	120.00	27 600.00
26	2010-3-2	泸川	特1级	340	140.00	47 600.00
27	2010-3-5	林河	特2级	260	80.00	20 800.00
28	2010-3-11	泸川	特1级	220	130.00	28 600.00
29	2010-3-11	林河	特1级	360	120.00	43 200.00
30	2010-3-19	林河	特3级	480	20.00	9 600.00
31	2010-3-20	马岭	特1级	400	120.00	48 000.00
32	2010-3-26	泸川	特2级	320	60.00	19 200.00

图 3－19　2010 年第一季度茶叶公司发货清单

由于涉及对“月份”进行分类，故需先在区域 G2：G32 中增加一个辅助字段“月份”。

	A	B	C	D	E	F
1	月　份	地　点	特1级	特2级	特3级	总　计
2	1	林河	240	660	340	1 240
3		泸川	170	1 060	590	1 820
4		马岭	140		480	620
5		森谷	460	310	400	1 170
6	1 汇总		1 010	2 030	1 810	4 850
7	2	马岭	410	470		880
8		森谷	1 160		270	1 430
9	2 汇总		1 570	470	270	2 310
10	3	林河	360	260	480	1 100
11		泸川	560	320		880
12		马岭	400			400
13	3 汇总		1 320	580	480	2 380
14	总计		3 900	3 080	2 560	9 540

图 3－20　2010 年一季度茶叶公司发货汇总报表

1. 创建空白数据透视表

选择数据列表中的任意单元格，在“插入”选项卡上的“表”组中单击“数据透视表”，显示如图 3－21 所示的“创建数据透视表”对话框。

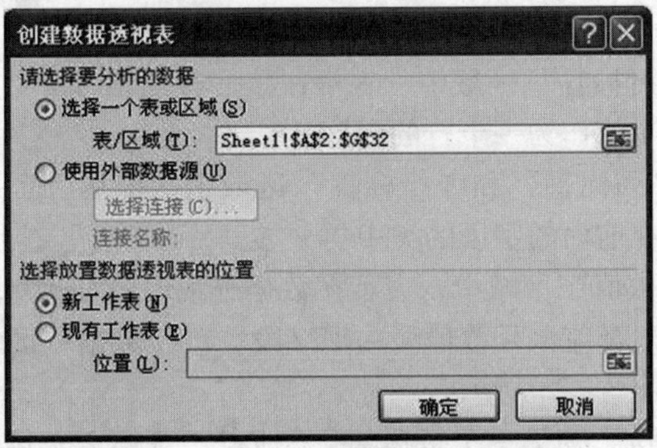

图 3－21　“创建数据透视表”对话框

在对话框中，Excel 根据活动单元格的位置自动判定数据列表的区域；数据透视表默认存放在新工作表中，也可以由用户指定在任意工作表的任意区域；单击“确定”后 Excel就创建了一个空白的数据透视表，并显示“数据透视表字段列表”，如图 3－22 所示。

2. 布局数据透视表

在“数据透视表字段列表”中选择字段，并将它们拖到相应的“报表筛选”、“列标签”、“行标签”和“数值”区域中。

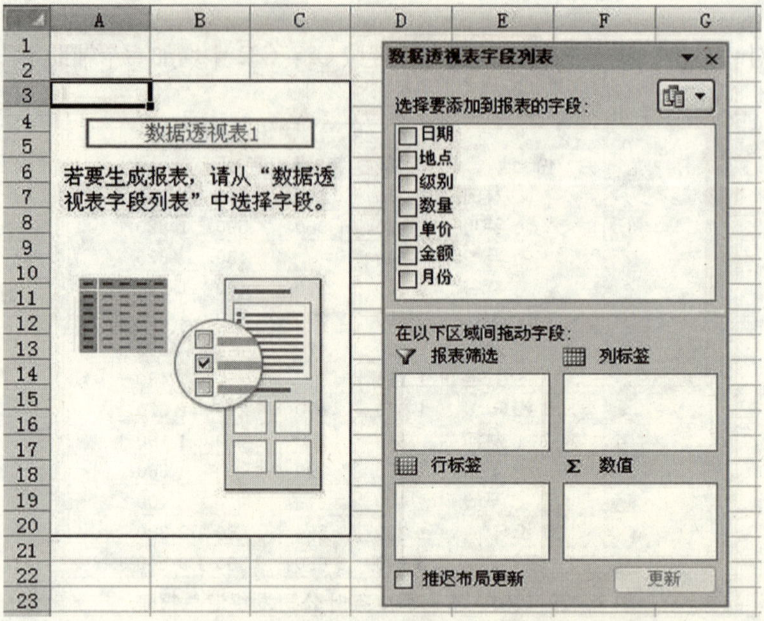

图 3-22　使用“数据透视表字段列表”创建数据透视表

将一个字段拖到“报表筛选”区域中，表示在数据透视表内按该字段中不同的值进行分页，“报表筛选”区域为空则表示数据透视表不分页。

将一个字段拖到“列标签”区域中，表示在数据透视表内按此字段中不同的值横向分类汇总，字段中的每一个值作为一个列的名称。

将一个字段拖到“行标签”区域中，表示在数据透视表内按此字段中不同的值纵向分类汇总，字段中的每一个值作为一个行的名称。

在“报表筛选”、“列标签”和“行标签”区域中，排在后面的字段隶属于排在前面的字段，即后面的字段在前面的字段的类中再分类。

将一个字段拖到“数值”区域中，表示在数据透视表内对此字段进行汇总运算，汇总的字段可以有多个，一般都应该是数值型数据字段。对“数据”区域中的字段可设置其汇总方式的计算类型，如图 3-23 所示。

本例中，指定“月份”为第一个行标签，“地点”为第 2 个行标签，“级别”为列标签，“数量”为统计字段，计算类型为求和，如图 3-24 所示。

（二）修改数据透视表

1. 修改数据透视表的结构

改变“报表筛选”、“列标签”、“行标签”和“数值”区域与源数据中的字段之间已设置的对应关系。

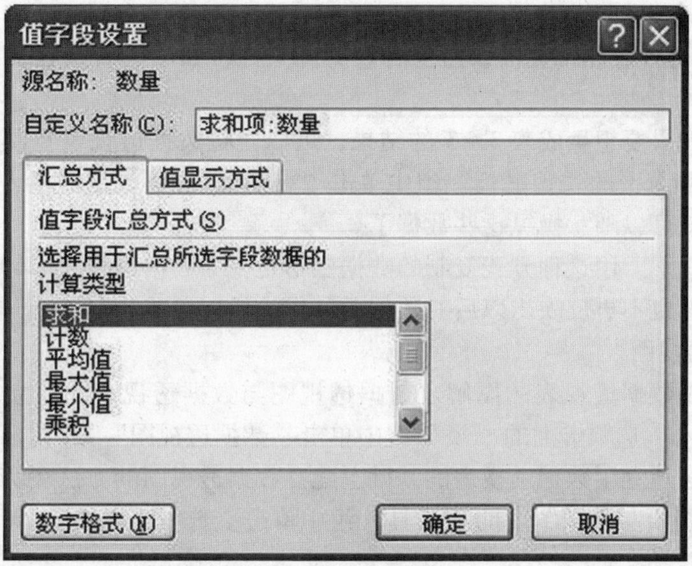

图 3－23　“值字段设置”对话框

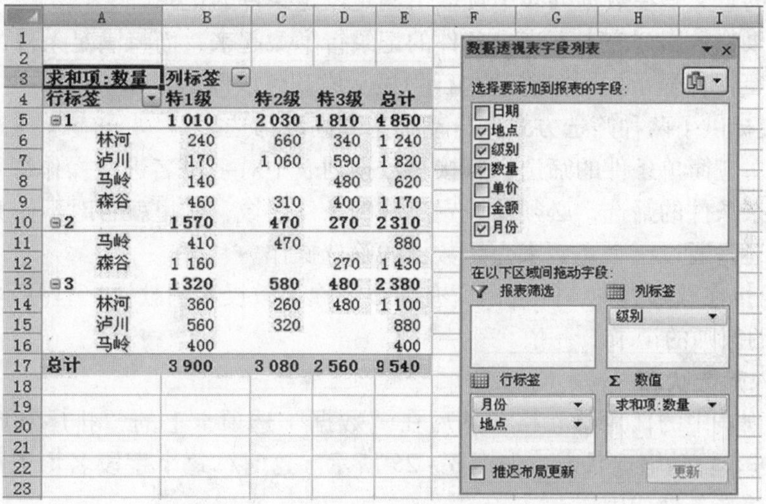

图 3－24　“行标签”中有两个字段

例如，本例中，如果在“行标签”区域中将“地点”字段拖动到“月份”字段的前面，便可得到一个按“地点”分类各个“月份”的各种“级别”货物的“数量”的汇总。

2. 选择字段选项

在数据透视表中的“分页字段”、“行字段”和“列字段”按钮都包含一个下拉列表，可在其中选定要设置的项目。

3. 更新数据透视表

当数据源中的数据发生变化时，并不自动反映到数据透视表中，还需要选择数据透视表后，在“选项”选项卡上的“数据”组中单击“刷新”，完成更新数据透视表的操作。

4. 复制数据透视表的内容

Excel 的数据透视表非常灵活，但也有它的局限性，如不能直接在数据透视表中增加新的行或列等。

在本例中，如果要想生成表 3－3 的结果，可以先将数据透视表复制到剪贴板上，然后在“开始”选项卡上的“剪贴板”组中单击“粘贴值”，将数据透视表的内容复制到新的位置。这时，就可以随意操纵这些数据了。

这里要提醒一下，用这种方式复制的数据已不是一个数据透视表了，自然也不会链接到数据源上，当然也不再反映出以后对数据源所作的任何更改。

（三）数据透视图

数据透视图是数据透视表的图解。数据透视图与数据透视表的建立方法几乎完全相同，只需在“插入”选项卡上的“表”组中单击“数据透视图”即可。

另外，在已经建立了数据透视表的基础上建立数据透视图的方法更为简捷。选择数据透视表后，在“选项”选项卡上的“工具”组中单击“数据透视图”。请读者自己试验。

五、数据的筛选

数据筛选的意义是在数据列表中选取出满足设定条件的记录。

筛选的结果将数据列表中不满足条件的记录行隐藏起来，而将满足条件的记录（如果有的话）所在行保留显示，同时将这些行号显示成蓝色以标示。

Excel 系统提供了两种筛选方式：自动筛选和高级筛选。

自动筛选对应简单条件的筛选，直接在数据列表中对字段名进行操作即可完成。高级筛选则对应复杂条件的筛选，必须要设置单独的条件区域，这里就暂时不作介绍了。

下面我们还是通过一个实例来介绍数据的筛选操作。

【例 3－29】在教师表中，筛选出所有高级职称（教授和副教授）且基本工资在 4 000 元至 5 000 元的教师的记录。

（一）进入筛选状态

选择数据列表中的任意单元格，然后在“数据”选项卡上的“排序和筛选”组中单击“筛选”，进入自动筛选状态，如图 3－25 所示。这时，每个字段名均被赋予一个下拉列表，供设置筛选条件使用。

（二）设置筛选条件

先设置“职称”字段的筛选条件为“教授”和“副教授”，如图 3－25 所示。也可以选择“文本筛选”下的“自定义筛选”，在弹出的“自定义自动筛选方式”对话框中设置“职称”字段的筛选条件，如图 3－26 所示。

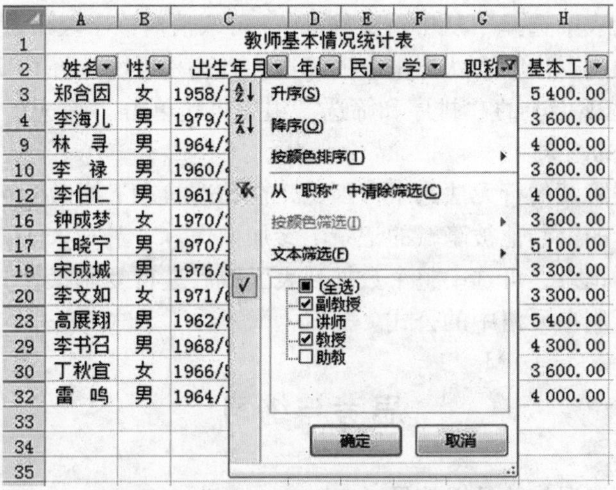

图 3-25　进入筛选状态的数据列表

再设置“基本工资”字段的筛选条件，选择“数字筛选”下的“自定义筛选”，在弹出的“自定义自动筛选方式”对话框中设置“基本工资”字段的筛选条件，如图 3-27 所示。

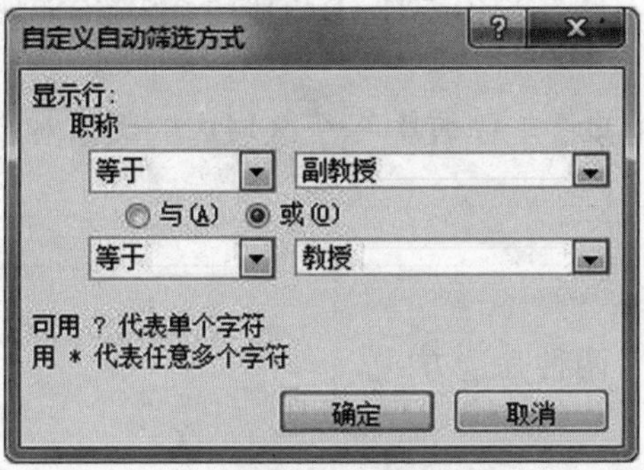

图 3-26　“职称”字段的“自定义自动筛选方式”对话框

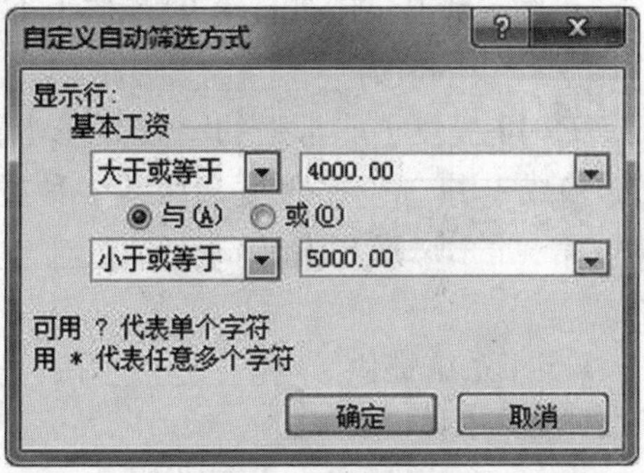

图 3-27　“基本工资”字段的“自定义自动筛选方式”对话框

在“自定义自动筛选方式”对话框中设置条件的具体方法为：选定一种关系运算后再在对应的编辑列表框中输入或选定所需的值。当字段值为字符型时，可使用通配符星号“*”和问号“?”。星号“*”代表任何的字符序列，问号“?”代表任意的单个字符。

在一个字段中最多可以设置两个条件，它们之间可以是“与”的关系，也可以是“或”的关系。而在不同字段中设置的条件则是“与”的关系。

如果需要在一个字段中设置两个以上的条件，或者需要在不同字段中设置关系为“或”的条件，那么就必须使用 Excel 的高级筛选功能才能实现。

(三) 重新设置或取消筛选条件

当对一个字段设置了筛选条件后，该字段名边上的下拉箭头变成▼。需要指出的是，对于一个字段只能设置一个条件，重新设置的条件将替换原有的条件。

在字段名下拉列表中选择“从中清除筛选”，可取消对该字段所设置的筛选条件。

当然，也可以通过退出筛选状态来取消筛选，方法是再次选择数据列表中的任意单元格，并在“数据”选项卡上的“排序和筛选”组中再次单击“筛选”。

（四）复制筛选的结果

在筛选状态下被隐藏的行无法选中，因此，在筛选状态下对数据列表的操作都是对被筛选出来的记录进行的，其他被隐藏的记录不参加操作。

要复制筛选出的记录，可选中整个数据列表区域后进行复制操作，但此时仅能复制单元格中的值而不能复制单元格中的公式。

思考与练习

一、填空题

1. 在 Excel 中，错误值总是以符号__________开头。

2. 在 Excel 中，某单元格中显示一排与单元格等宽的#号，其原因为__________。

3. Excel 的三个基本数据类型为__________、__________、__________。

4. 设区域 A1:A9 各单元格中的数值均为 1，A10 单元格中的数值为 0，A11 单元格中的数据为“EXCEL”，则函数 =AVERAGE(A1:A11) 的值为__________。

5. 公式 = IF（“教授” >“助教”，TRUE，FALSE）的计算结果为 __________。

6. 已知函数 DATE(2011,8,9)的值为 40 764,则公式 = MONTH（DATE（2 012,MONTH(40 764) + 3,10))的值为 __________。

7. Excel 提供了非常强的图表处理功能，它能够将工作表中一个区域内的数值和字符数据转换成一种 __________，生成各种类型的 __________。

8. 常见的 Excel 汇总方式包括__________、__________、__________、__________、__________五种。

9. Excel 系统提供了 __________和 __________两种筛选方式。

二、简答题

1. 简述 Excel 的三大主要功能。

2. 简述在 Excel 中文件、工作簿、工作表、行、列、单元格、区域之间的关系。

3. 简述 Excel 公式中坐标绝对引用、相对引用对公式复制和移动操作的影响。

4. 如果要在单元格 A1 中输入电话号码 02085220114，应该如何操作？

5. 简述 Excel 中“删除”单元格和“清除”单元格操作的区别。

6. 简述掌握 Excel 内部函数需要了解的三个方面。

7. 简述利用期望公式在公式中确定坐标引用类型的具体方法。

第四章　演示文稿软件应用进阶

PowerPoint 是 Office2007 办公软件系列产品之一，是制作集文字、图形、图像与声音等多种媒体元素于一体的演示文稿软件。用户利用 PowerPoint 把所要表达的信息组织在一组图文并茂的幻灯片中，能有效地与他人沟通，使阐述过程变得简明而清晰。因此，PowerPoint 广泛应用于公司产品的介绍、演讲、授课、展示自己的学术成果等场合。

第一节　PowerPoint 基本认识

在运用 PowerPoint 制作演示文稿之前，首先需要熟悉 PowerPoint 的工作界面和视图方式，以及演示文稿和幻灯片之间的关系。

一、PowerPoint 的工作界面

启动 PowerPoint 后，可以看到如图 4－1 所示的工作界面。与 Word 界面相比，它的编辑区多了“幻灯片/大纲”任务窗格和“备注”窗格。

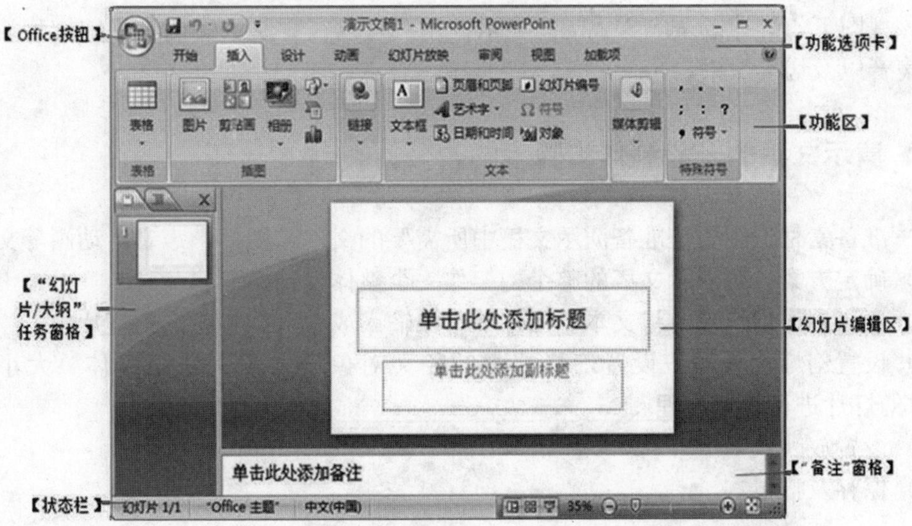

图 4－1　PowerPoint 工作界面

（一）幻灯片编辑区

这是用户制作、编辑幻灯片的地方，负责幻灯片中对象的编辑、复制、插入、删除等，是我们工作的主要区域。

（二）“幻灯片/大纲”任务窗格

用于显示、编辑各级正文和标题，并可在同一演示文稿的不同幻灯片之间切换，通过它可以更方便地组织演示文稿的结构。单击“幻灯片”选项卡将显示幻灯片的略缩图；单击“大纲”选项卡将显示幻灯片的文本内容。

（三）“备注”窗格

用于输入当前幻灯片的备注，供演讲者查阅幻灯片信息以及在播放演示文稿时为幻灯片添加说明和注释。

二、PowerPoint 的视图方式

PowerPoint 提供了四种视图模式，分别是普通视图、幻灯片浏览视图、备注页视图和幻灯片放映视图。每种视图都包含该视图下特定的工作区、功能区和其他工具，用户可通过【视图】选项卡，在【演示文稿视图】组中选择相应的按钮以切换不同的视图模式。

（一）普通视图

该视图是启动后的默认视图模式，也是主要的编辑各张幻灯片上内容的视图。

（二）幻灯片浏览视图

在该视图方式下以略缩图的形式显示幻灯片的内容，主要用于查看、调整演示文稿中幻灯片的排列顺序，移动或复制幻灯片等。

（三）备注页视图

该视图主要用于编辑或查看描述幻灯片的注释文本。

（四）幻灯片放映视图

在该视图下幻灯片以全屏方式动态显示，用户可以查看演示文稿各张幻灯片放映时的动画、声音以及切换效果。

三、演示文稿的一般制作步骤

（1）准备素材：主要是准备演示文稿中所需要的文本、图片、声音、动画等文件。

（2）确定方案：对演示文稿的整个构架作一个整体设计。

（3）逐张制作幻灯片：将文本、图片等对象输入或插入到相应的幻灯片中。

（4）设置幻灯片外观：设置幻灯片中的相关对象的要素（包括字体、大小、动画等），对幻灯片进行装饰处理。

（5）设置放映效果。

（6）保存及打包。

四、创建演示文稿的方法

在 PowerPoint 中，存在演示文稿和幻灯片两个概念，使用 PowerPoint 制作的整个文件称为演示文稿，而演示文稿是由一张张幻灯片组成的。如果新建的是空白演示文稿，初始默认在其中只存在一张幻灯片，其他幻灯片都由用户根据需要逐一自行新建。

用户可以使用多种方法来创建演示文稿，单击【Office 按钮】|【新建】命令，弹出“新建演示文稿”对话框，在左端“模板”列表中列出了新建演示文稿的各种方法。

（一）创建空白演示文稿

空白演示文稿是一种形式最简单的演示文稿，没有应用模板设计、配色方案以及动画方案，一切可以自行设计。

（二）根据现有内容创建演示文稿

如果用户想使用现有演示文稿中的一些内容或风格来设计其他的演示文稿，就可以选择“根据现有内容新建”命令，然后在打开的“根据现有演示文稿新建”对话框中选择需要应用的演示文稿文件。

（三）创建带有模板的演示文稿

模板是一种以特殊格式保存的演示文稿，它包含固定的结构和格式。一旦应用了一种模板，幻灯片的背景图形、配色方案等就已经确定，所以套用模板可以提高创建演示文稿的效率。

1. 使用已安装的模板

PowerPoint 为用户提供了六种已安装的模板供选择使用。

2. 使用“我的模板”

用户还可以使用自定义的模板来创建演示文稿，当然前提是事先将已有的演示文稿保存为模板。

3. 使用 Microsoft Office Online 中的模板

Microsoft Office Online 列表中提供了若干可供选择的模板类型，可以在线下载使用。

4. 使用已安装的主题

与 Word 不同，PowerPoint 自带了两类模板，除了“已安装的模板”外还有一个“已安装的主题”模板。该模板针对一整套幻灯片应用一组统一的设计和颜色方案，但其中不具备任何内容、框架结构，且新建的演示文稿中就只有一张幻灯片。

演示文稿的其他基本操作，如保存文档，文本、表格编辑等与 Word 文档操作相似，因此下面主要介绍在制作演示文稿时涉及幻灯片的相关操作。

第二节　演示文稿的基础操作

一、任务要求

制作如图 4－2 所示的“诗词欣赏”演示文稿。

图 4－2　诗词欣赏

二、相关知识和操作方法

（一）上网收集素材

要制作古诗欣赏，首先要利用网络搜索引擎如谷歌、百度等收集与本制作任务相关的素材，包括所需要的文字及图片等。

（二）制作第一张幻灯片即封面

对于本任务，操作如下：

（1）启动 PowerPoint，单击【Office 按钮】|【新建】命令，在弹出的“新建演示文稿”对话框的“模板”列表中单击“已安装的主题”，选择应用“暗香扑面”主题创建文稿。

（2）在新建的首张幻灯片的标题占位符中输入“诗词欣赏”，如果不需要副标题，则选中副标题占位符，按 Delete 键删除，生成图 4－2 中的第一张幻灯片。

（3）在刚刚新建的首张幻灯片中，看见含有“单击此处添加标题”和“单击此处添加副标题”字样的文本框，它们被称为“占位符”。占位符是包含文字和图形等对象的容器，其本身是构成幻灯片内容的基本对象，具有自己的属性。占位符常见的操作状态有两种：文本编辑与整体选中。在文本编辑状态中，用户可以编辑占位符中的文本，在整体选中状态中，则可以对占位符进行调整大小、移动、复制及删除等操作。

（三）制作第二张幻灯片

对于本任务，操作如下：

（1）先插入第二张幻灯片：单击【开始】|【幻灯片】|【新建幻灯片】下拉菜单，选择“两栏内容”版式。如图 4－2 所示，在标题占位符中输入“诗与词”，字体为“微软雅黑”，字号 44；在左边的内容占位符中输入诗与词的简介文字，字体为“华文楷体”，字号 20；在右边的内容占位符中通过“插入表格”图标，插入 6 行 2 列的表格（见图 4－3），并且按照图 4－2 所示输入表格相关文字。

图 4－3　插入表格

（2）选中表格，便激活了如同 Word 一样的“表格工具”选项卡，其中含有设计和布局两个选项卡。设计表格的外观样式为【淡出样式 3】|【强调 1】；布局对齐方式为水平、垂直方向均居中对齐；字体为“华文楷体”。

（四）制作第三、四张幻灯片

对于本任务，操作如下：

（1）如图 4-2 所示，第三、四张幻灯片是诗人李白的诗词欣赏内容展示，同样选择“两栏内容”版式。在第三张幻灯片标题占位符中输入“诗仙~李白”；在左边的内容占位符插入图片文件“将进酒.jpg”；在右边的内容占位符中输入相关诗篇文字；再在幻灯片中插入李白画像文件“李白.jpg”。适当调整各个占位符的大小和位置，设置和前面幻灯片一样的文字字体和大小。

第四张幻灯片可以将标题占位符删除，左下角的诗句精选文字通过插入一个横排文本框来放置。后面各张幻灯片的制作版式等都和前面的幻灯片类似，这里就不再一一详述。

（2）完成各张幻灯片的制作后，以“诗词欣赏.pptx”为名保存演示文稿文件。

（五）编辑幻灯片

创建演示文稿之后，经常还需要通过编辑幻灯片来完善演示文稿，主要操作包括幻灯片添加、删除、复制、调整顺序等。

1. 选择幻灯片

在 PowerPoint 中只有选中幻灯片，才能对其进行编辑操作。在普通视图的“大纲/幻灯片”窗格或是在幻灯片浏览视图中，只需单击某张幻灯片，即选中该张幻灯片；先单击要选择的首张幻灯片，再按住 Shift 键并单击最后一张幻灯片，可选择多张连续的幻灯片；按住 Ctrl 键不放，可以选择多张不连续的幻灯片。

2. 删除幻灯片

对于多余的幻灯片应该将其删除。方法：选中要删除的幻灯片，按 Delete 键删除，也可以右击要删除的幻灯片，从快捷菜单中选择“删除幻灯片”命令；还可以单击【开始】|【幻灯片】|【删除幻灯片】按钮。

3. 添加新幻灯片

单击【开始】|【幻灯片】|【新建幻灯片】命令，选择相应版式或者在“幻灯片/大纲”任务窗格中选中幻灯片，鼠标右击选择“新建幻灯片”，即可在该幻灯片后插入一张相同版式的新幻灯片。

4. 复制幻灯片

如果后续幻灯片的版式、格式等和已有幻灯片相似，那么复制幻灯片在制作幻灯片的过程中可提高效率。可以使用“复制”和“粘贴”按钮实现。

5. 调整幻灯片顺序

如果需要重新排列幻灯片的顺序，就必须移动幻灯片。移动幻灯片可以用“剪切”和“粘贴”按钮实现。

（六）观看和保存

先保存演示文稿，然后单击状态栏中的“幻灯片放映”视图，即可查看制作的演示文稿播放效果。

三、本节小结

在演示文稿中，文本和图片是幻灯片的基本内容，本节作为对演示文稿的基本操作，主要介绍了作为文字、表格和图形等对象的容器——占位符的概念和使用；如何利用模板或者主题实现演示文稿外观和风格的统一；演示文稿中各张幻灯片的基本制作、版式选择；整个演示文稿的编辑，包括幻灯片添加、删除、复制、调整顺序等操作方法。

第三节　添加和编辑多媒体对象

一、任务要求

制作介绍广州旅游景点的“羊城八景”风景相册，如图 4－4 所示。

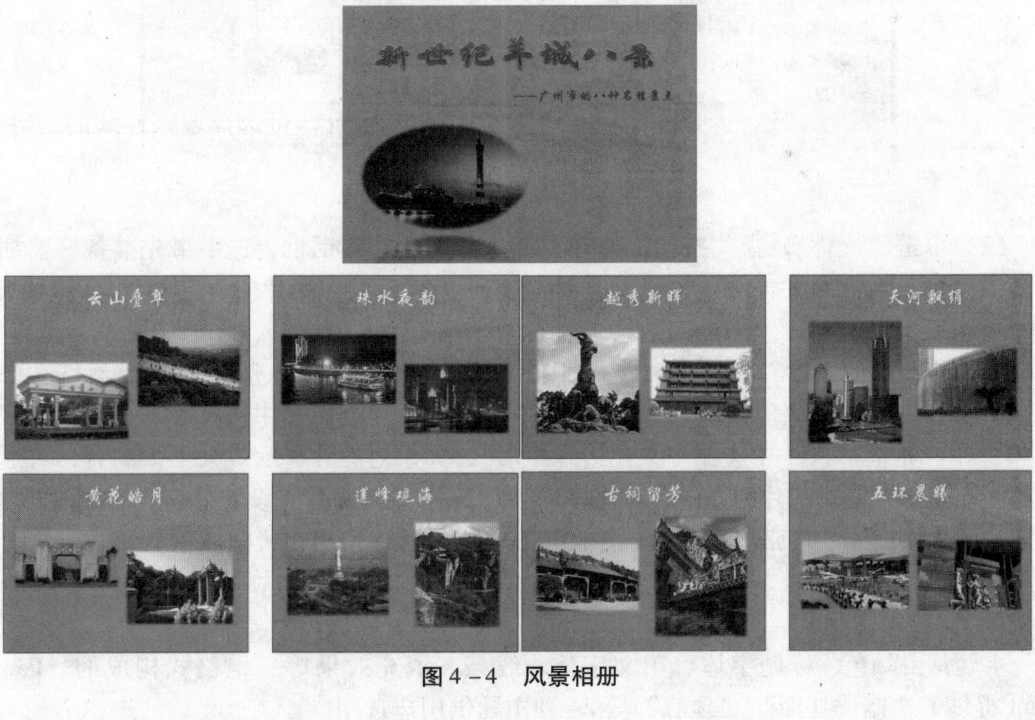

图 4－4　风景相册

二、相关知识和操作方法

随着数码相机等电子设备的不断普及，各类数码照片在电脑上的组织和展示成为必然。PowerPoint 提供了非常强大的“相册”功能，可以方便、快速地创建包含大量照片的电子相册，以展示企业、个体风采或自然风光美景，并且可以应用丰富多彩的主题和样式，使之更加具有美观性和实用性。

（一）创建风景相册

对于体任务，操作如下：

（1）启动 PowerPoint，新建一个空白文档，单击【插入】|【插图】|【相册】命令，打开“相册”对话框，如图 4 - 5 所示。

图 4 - 5　“相册”对话框

（2）单击“文件/磁盘”按钮，打开“插入新图片”对话框，选中事先准备好要插入的图片文件，然后按“插入”按钮，返回“相册”对话框，图片文件名便加入了“相册中的图片”列表框中。

在“相册中的图片”列表框中选择图片文件名，可以对各张图片进行预览。单击“上移”或“下移”按钮可以调整图片的顺序。在“图片版式”中选择“2 张图片（带标题）”，在“相框形状”中选择“柔化边缘矩形”，如果对图片显示效果不太满意，可通过预览图下面的按钮对图片的方向、对比度和亮度等作适当调整。设置好后，单击“创建”按钮，图片均被插入各张幻灯片中，并在每一张幻灯片中留出相册的标题。

（3）以“羊城八景 . pptx”为文件名保存演示文稿。

（二）应用主题

主题是由颜色、标题字体、正文字体、线条、填充效果等一组格式构成的。PowerPoint 提供了“暗香扑面”、“顶峰”等 24 种主题供用户选用。

对于本任务，操作如下：

单击【设计】|【主题】|【其他】命令，如图 4 - 6 所示。在弹出的所有主题中选择内置的“行云流水”主题，该主题立即应用在每张幻灯片上。如果对当前主题的颜色不满意的话，还可以选择【设计】|【主题】|【颜色】命令，在弹出的主题颜色菜单中

选择其中之一，比如“中性”。

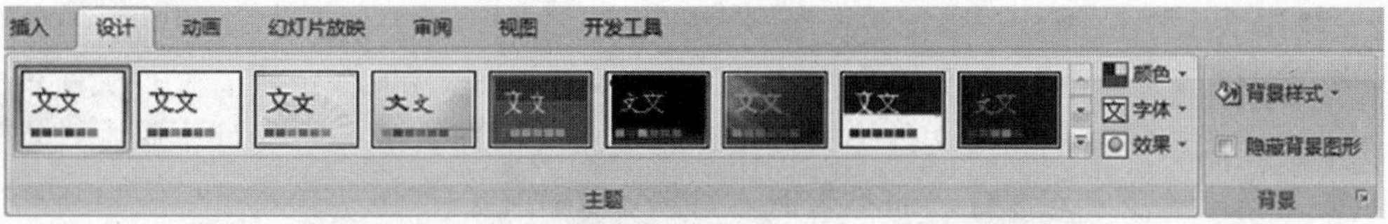

图 4－6 “设计”选项卡中的“主题”和“背景”组

（三）编辑标题艺术字及图形

对于本任务，操作如下：

（1）选择第一张幻灯片，将标题文字改为“新世纪羊城八景”，副标题改为“——广州市的八种名胜景点”。

（2）选中标题文字，单击【格式】|【艺术字样式】|【其他】命令，在弹出的艺术字样库中选择【应用于形状中的所有文字】|【填充－强调文字颜色 2，粗糙棱台】选项。再单击【格式】|【艺术字样式】|【文本效果】|【转换】|【弯曲】|【山形】选项。

（3）单击【插入】|【插图】|【图片】命令，将图片文件“广州新电视塔 . jpg”选中插入，利用【图片工具】|【格式】|【图片样式】|【其他】|【柔化边缘椭圆】，选择【格式】|【图片样式】|【图片效果】|【映像】|【紧密映像，接触】；再选择【格式】|【调整】|【重新着色】|【强调文字颜色 2，深色】。

（4）切换到后面每一张幻灯片中，为各张幻灯片配上标题，标题文字分别是“云山叠翠”、“珠水夜韵”、“越秀新晖”、“天河飘绢”、“黄花皓月”、“莲峰观海”、“古祠留芳”、“五环晨曦”。

（四）插入声音文件

PowerPoint 提供了在演示文稿中插入声音和影片的功能，并且在剪辑管理器中提供了素材，让制作出的演示文稿无论从听觉还是视觉都能带来惊喜。

插入的声音可以是剪辑管理器中自身带有的声音文件、用户准备好的声音文件、播放 CD 乐曲、录制声音这四类。例如，插入事先准备好的声音文件，将其作为幻灯片的背景音乐。

对于本任务，操作如下：

（1）选择第一张幻灯片，单击【插入】|【媒体剪辑】|【声音】|【文件中的声音】命令，选择一首广东音乐“彩云追月 . mp3”文件，点击“确定”按钮后幻灯片中出现一个声音文件图标（可适当移动小图标的位置到左下角）。选中该图标，便激活“声音工具”选项卡，如图 4－7 所示。

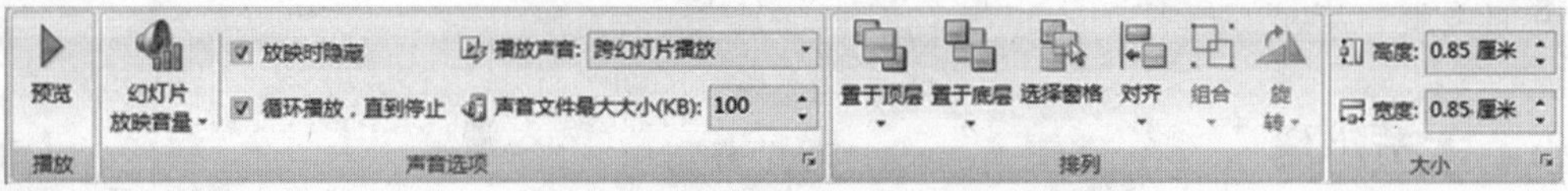

图 4－7 “声音工具”选项卡

(2) 在【声音工具】|【声音选项】中，勾选“放映时隐藏”及“循环播放，直到停止”复选框，“播放声音”下拉选择“跨幻灯片播放”。另外还可以设置“播放音量”、“声音文件最大大小”等。

“声音文件最大大小”的数字是指定可在演示文稿中嵌入的 .wav 声音文件大小的最大值，如果用户使用了其他媒体文件类型以及比指定最大值还大的声音文件，则在保存演示文稿时对其采用链接方式保存，而不是嵌入到演示文稿中。

如果在演示文稿中需要插入多媒体影片，插入方法与插入声音文件相同。

(五) 为相册减肥

制作相册往往会插入许多图片，使得演示文稿文件的大小迅速增加，影响文件打开速度，也不利于网络传输，PowerPoint 提供了压缩图片的功能。

对于本任务，操作如下：

选中要压缩的图片，单击【格式】|【调整】|【压缩图片】命令，打开“压缩图片”对话框，如图 4-8 所示。如果要压缩演示文稿中的所有图片，则取消勾选“仅应用于所选图片”复选框。单击“选项”按钮，在“压缩设置”对话框中，可以进行“压缩选项”和“目标输出”的相关设置，如图 4-9 所示。

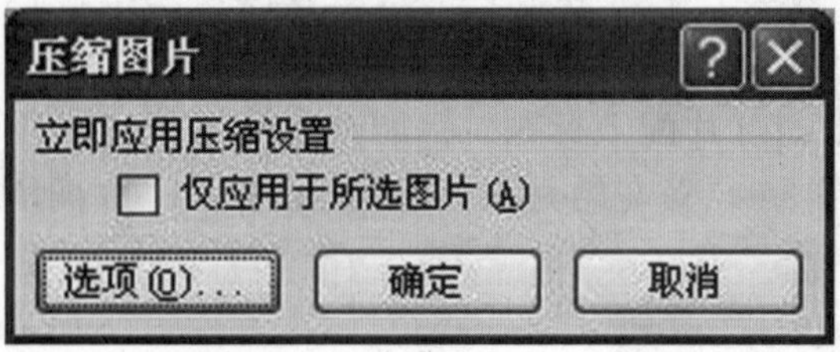

图 4-8 “压缩图片”对话框

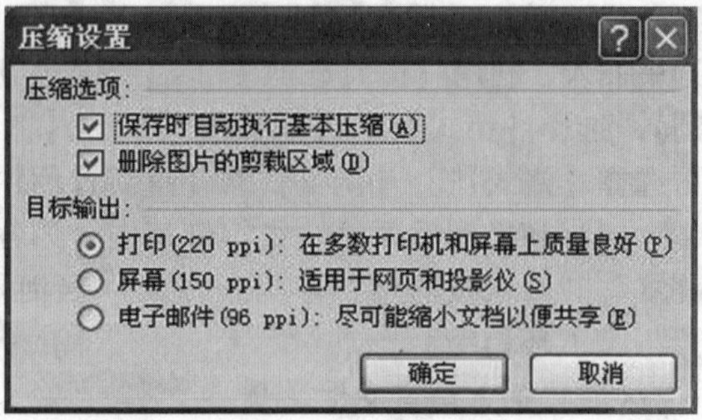

图 4-9 “压缩设置”对话框

以上操作也可以在演示文稿“另存为”时设置。在“另存为”对话框的左下角单击“工具”按钮，在弹出的菜单中选择“压缩图片”命令。

(六) 利用相册模板创建更加美观的相册

如果对上述 PowerPoint 提供的【插入】|【插图】|【相册】制作的电子相册不满意，还可以通过搜索网络上的模板，帮助我们以最便捷的方法创建所需的文稿。

方法是在新建演示文稿时，在打开的“新建演示文稿”对话框中间栏的顶部文本框中输入想要的模板关键词，如“相册”，然后单击其右侧的箭头按钮，即可得到搜索结果，如“现代型相册”、“旅行日志和相册”等。模板相册的版式相对于 PowerPoint 自带的相册功能更加美观、丰富。

三、本节小结

本节通过制作风景相册，以图片为基础，以音乐为背景，介绍在幻灯片中如何添加和编辑多媒体对象。涉及设计图片版式、设置主题与相框形状，艺术字样式、艺术字效果以及插入音乐文件、播放声音等操作。

第四节 设置演示文稿外观

一、任务要求

制作如图 4－10 所示的演示文稿课件。

本任务要求利用 PowerPoint 的幻灯片母版功能来设计具有个性风格的演示文稿，并且在设计各张幻灯片时除了希望内容精练外，还要求使用插入形状、SmartArt 图形等来修饰幻灯片，使其在形式上更为生动活泼。

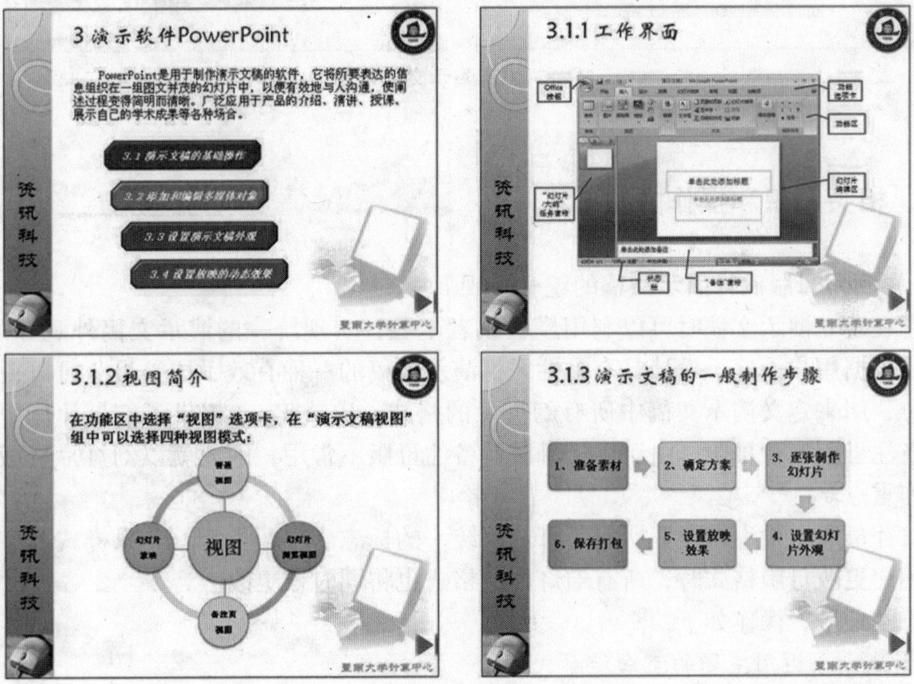

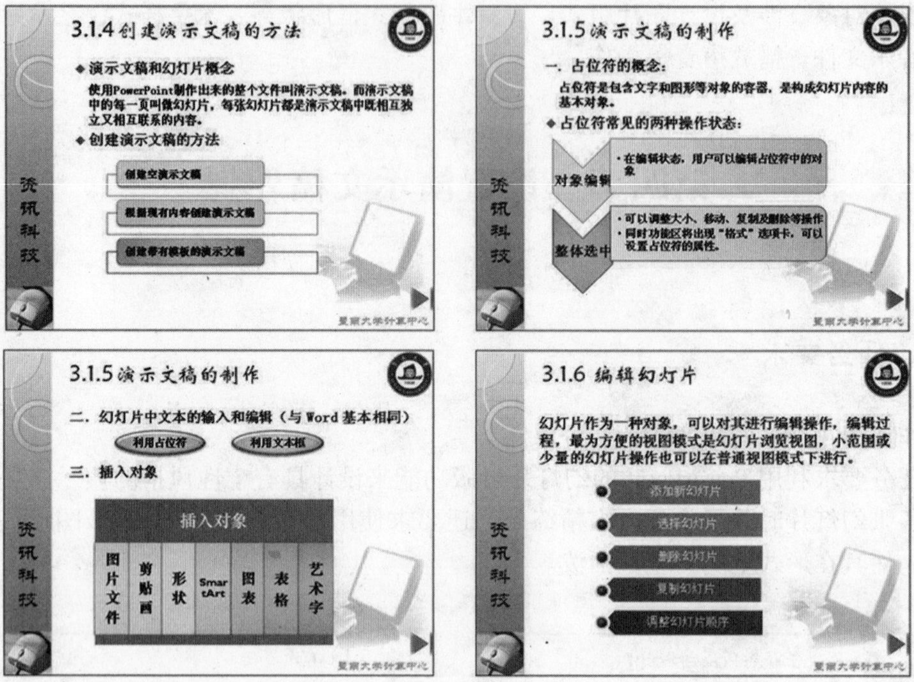

图4－10　演示文稿课件

二、相关知识和操作方法

（一）利用母版设计演示文稿的统一外观

除了在建立演示文稿时可以利用模板或者主题，实现统一的演示文稿外观和风格外，母版也是根据用户爱好，设计具有个性风格演示文稿的一种有效手段。母版可以说是模板的一部分，用来定义演示文稿中所有幻灯片的格式。PowerPoint 提供了幻灯片母版、讲义母版及备注母版三种母版，由于讲义母版及备注母版不常用，因此就以幻灯片母版的制作作为操作重点。

幻灯片母版主要用来设置所有幻灯片中统一的标志、主题类型、背景样式及字体等格式。当用户更改母版格式时，所有幻灯片的格式也将同时被更改。

对于本任务，操作如下：

1. 新建一个运用主题的空白演示文稿

单击【Office 按钮】|【新建】命令，在弹出的“新建演示文稿”对话框的“模板”列表中单击“已安装的主题”，选择应用“夏至”主题创建文稿。

单击【视图】|【演示文稿视图】|【幻灯片母版】命令，切换到幻灯片母版视图中。单击【背景】|【设置背景格式】命令，在打开的对话框中选择“渐变填充”选项，预设颜色为“雨后初晴”，方向为“线性向上”，单击全部应用按钮。

2. 幻灯片母版内容的编辑

（1）单击选择“母版/版式”窗格中上面大的缩略图，进行右边窗格幻灯片母版内容

的编辑：单击【插入】|【插图】|【图片】命令，插入素材图片“jnu. jpg”，将其移动放置在右上角位置，适当调整大小（如果精确设置可以用【图片工具】|【大小】|【大小和位置】命令进行）。用同样的方法插入素材图片“鼠标 . jpg”和“计算机 . jpg”，置于指定位置。选中“计算机 . jpg”图片，单击【格式】|【调整】|【重新着色】命令，颜色模式选择“冲蚀”；单击选择【图片效果】|【柔化边缘】|【10 磅】。

（2）单击【插入】|【文本框】|【垂直文本框】，输入文本“资讯科技”；将其移至左下角；字体“华文隶书”；字号 20。再插入一个横排文本框，输入文本“暨南大学计算中心”，选中文本框，移至幻灯片左下角；设置字体“华文隶书”；字号 20，单击【格式】|【艺术字样式】|【其他】命令，在样式库中选择“应用于形状中的所有文字”中的“填充 背景 1 金属棱台”选项。

（3）选中“编辑母版标题样式”占位符，设置字体“华文新魏”；字号 36，整体效果如图 4－11 所示。

图 4－11 幻灯片母版视图

3. 返回普通视图

幻灯片母版编辑结束后，单击【幻灯片母版】|【关闭】|【关闭母版视图】命令，返回到普通视图中。如果不满意幻灯片母版的编辑，可以重新切换到幻灯片母版视图下修改。

（二）制作首张幻灯片（形状的插入和设置）

插入形状的方法和插入文本框的方法有点类似，都是通过绘制实现，只不过有的形状可以输入文字，有的不可以。

对于本任务，操作如下：

在占位符中输入相关文本内容后，单击【插入】|【插图】|【形状】命令，选择矩形中的“剪去对角的矩形”，在幻灯片中拖动鼠标绘制一定大小的形状，并可以拖动右上角黄色的控制点来调整对角减去的程度。通过【格式】|【形状样式】|【形状效果】

命令，选择【棱台】|【棱纹】效果。再复制三份该形状，然后分别输入相关文字，并且通过【格式】|【形状样式】|【形状填充】命令设置各个形状的主题颜色，分别为“水绿色”、“金色”、“绿色”、“茶色”。

（三）制作第二张幻灯片（形状的插入和编辑）

对于本任务，操作如下：

在第二张幻灯片中插入 PowerPoint 初始工作界面图形，然后单击【插入】|【插图】|【形状】命令，选择标注中的“线形标注 1”或“线形标注 2”，在幻灯片中的适当位置拖动鼠标绘制形状，并在其中输入文本。

（四）制作第三张幻灯片（SmartArt 图形的插入和编辑）

在制作幻灯片时，往往需要利用列表、流程图及层次结构图来显示幻灯片的内容，PowerPoint 为用户提供了列表、流程、循环、层次结构等七类 SmartAr 图形，不同类型适合不同场合，但基本插入方法相同。

对于本任务，操作如下：

插入第三张幻灯片，单击【插入】|【插图】|【SmartArt】命令，选择【循环】|【射线循环】图形，在幻灯片中拖动鼠标绘制一定大小的图形，输入各自相关文本内容。选中 SmartArt 图形，出现“SmartArt 工具”选项卡，如图 4－12 所示。单击【设计】|【SmartArt 样式】|【更改颜色】命令，选择“彩色 强调文字颜色”；再单击【设计】|【SmartArt 样式】|【其他】命令，选择“细微效果”外观样式。

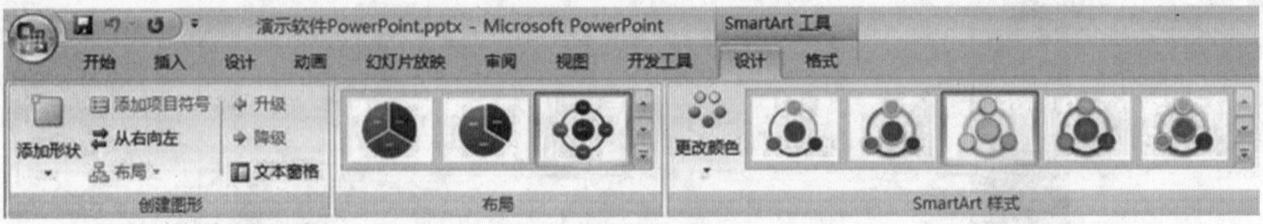

图 4－12 “SmartArt 工具”选项卡

（五）制作第四张幻灯片（SmartArt 图形的插入和编辑）

对于本任务，操作如下：

在第四张幻灯片中，插入 SmartArt 图形，选择【流程】|【基本蛇形流程】图形，SmartArt 样式更改颜色为“彩色范围 强调文字颜色 5 至 6”；选择“细微效果”外观样式。

后续幻灯片的制作插入了不同的 SmartArt 图形、形状和图形文件，这里不再一一详述。最后以“演示文稿软件课件 . pptx”为文件名保存。

三、本节小结

本节利用 PowerPoint 的幻灯片母版功能来设计具有个性风格的演示文稿，涉及幻灯片母版的概念、幻灯片母版的制作和编辑。学习在幻灯片中插入各种形状、SmartArt 图形对象等来修饰幻灯片的方法。

第五节 设置放映的动态效果

一、任务要求

将上面两小节制作的“羊城八景.pptx”风景相册、“演示文稿课件.pptx”演示文稿课件设置播放时的动态效果。本任务主要涉及设置超链接、幻灯片的切换效果和自定义动画等功能。

二、相关知识和操作方法

一个优秀的演示文稿除了应该包含简洁的文字、丰富的图片等对象外，为了使演示文稿更具有观赏性，可以将幻灯片、其中的标题和文本图片等对象设置为以动态方式出现在屏幕上，这就是动态效果。

（一）设置动画方案

设置动画是指给幻灯片上文本等对象添加特殊视觉或声音效果。例如，可以使文本项目内容逐字从左侧飞入，或在显示图片时播放掌声等。这样可以突出重点、控制信息流，并增加演示文稿的趣味性。

对于本任务，操作如下：

1. 对“羊城八景.pptx”设置动画

（1）打开“羊城八景.pptx”演示文稿，单击【动画】|【动画】|【自定义动画】命令，出现“自定义动画”任务窗格，在其中可进行“进入”、“强调”，“退出”、“动作路径”等动画效果设置。

（2）选择封面幻灯片中的标题占位符，单击“添加效果”按钮，在弹出的菜单中选择【进入】|【其他效果】|【弹出】，选择副标题占位符，单击【添加效果】按钮，选择【进入】|【其他效果】|【挥鞭式】，点击“确定”按钮后，设置副标题的动画效果，其中“开始”设置为“之后”，“速度”设置为“中速”。

（3）再次选择副标题，单击【添加效果】按钮，选择【强调】|【其他效果】|【波浪形】，然后点击“确定”按钮。单击添加到副标题的强调效果动画项右侧的下拉按钮，如图4－13所示。选择“计时…”命令，在“波浪形”对话框的“计时”选项卡中，设置“开始”为“之后”，“延时”为“1”秒，“速度”为“快速（1秒）”，“重复”为“直到幻灯片末尾”，如图4－14所示。

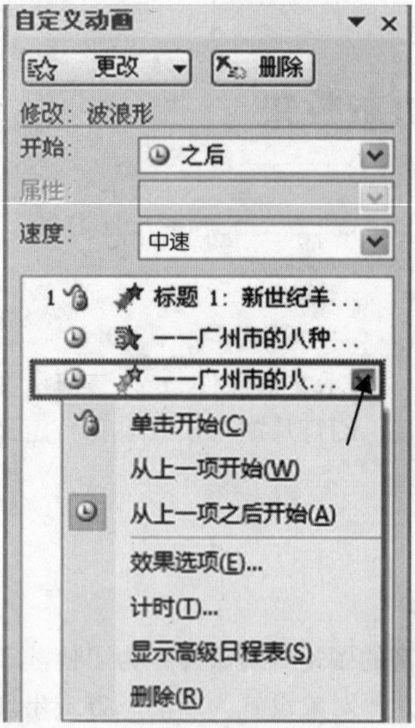

图 4－13　副标题的下拉菜单

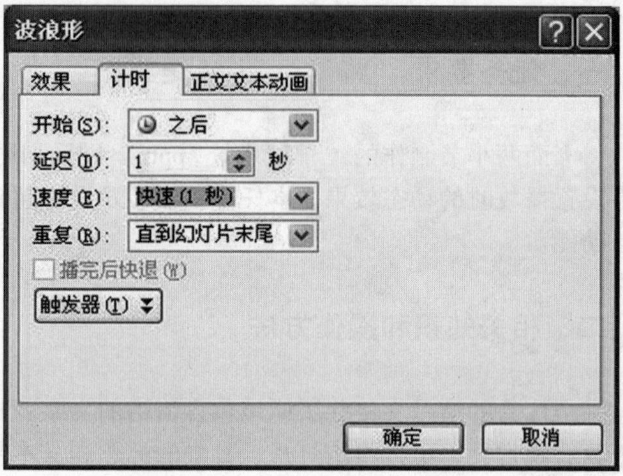

图 4－14　“波浪形”对话框

（4）选择封面幻灯片中的图片，单击【添加效果】按钮，选择【动作路径】|【其他动作路径】|【心形】，点击“确定”按钮后再设置该动画效果的“开始”为“之后”，“速度”为“中速”。最后保存并关闭文档。

2. 对“演示文稿课件 . pptx”设置动画

（1）打开演示文稿课件“演示文稿课件 . pptx”，同时选中封面幻灯片中的四个矩形，单击【动画】|【动画】|【自定义动画】命令，出现“自定义动画”任务窗格。单击“添加效果”按钮，在弹出的菜单中选择【进入】|【其他效果】|【光速】。

（2）选中第二张幻灯片中的图形，单击【添加效果】按钮，在弹出的菜单中选择【进入】|【其他效果】|【菱形】；设置“开始”为“之后”，速度“中速”。

（3）对第三张幻灯片中的 SmartArt 图形和第二张进行同样的设置，再次单击【添加效果】按钮，选择【强调】|【其他效果】|【陀螺旋】。

（4）对第四张幻灯片中的 SmartArt 图形设置“弹跳”的进入效果；单击【自定义动画】任务窗格显示的“动画效果”其右侧的下拉按钮，选择【效果选项…】命令，在“弹跳”对话框的“SmartArt 动画”选项卡中“对视图分组”选择“逐个”；在“计时”选项卡中，设置“开始”为“之后”，“延时”为“0.5”秒，“速度”为“快速（1 秒）”。保存文档。

（二）设置幻灯片的切换方式

幻灯片的切换方式是指放映时从上一张幻灯片过渡到当前幻灯片时提供的多种多样的动态视觉效果。其中包括了切换时的动态效果和切换方法以及幻灯片播放持续的时间等，使得幻灯片在播放时更加生动活泼。

对于本任务，操作如下：

(1) 继续对“演示文稿课件.pptx”进行操作。单击【动画】|【切换到此幻灯片】组中进行下面设置，如图4－15所示。

(2) 在“切换效果库”中选择“向右揭开”选项；设置“切换声音”为“风铃”，设置“切换速度”为“中速”；单击“全部应用”按钮。

图4－15 “动画”选项卡下“切换到此幻灯片”组

(三) 设置幻灯片的超链接

超链接是一张幻灯片指向一个目标的链接关系，该目标可以是指定的某张幻灯片、其他文稿、网页或者电子邮件地址。在幻灯片中插入超链接和动作，可以使幻灯片之间的联系更加紧密、操作更加方便。

对于本任务，操作如下：

(1) 选择首张幻灯片中的第一个矩形图形，鼠标右击选择“超链接”命令，打开“插入超链接”对话框，设置链接到本文档中的第二张幻灯片，如图4－16所示。

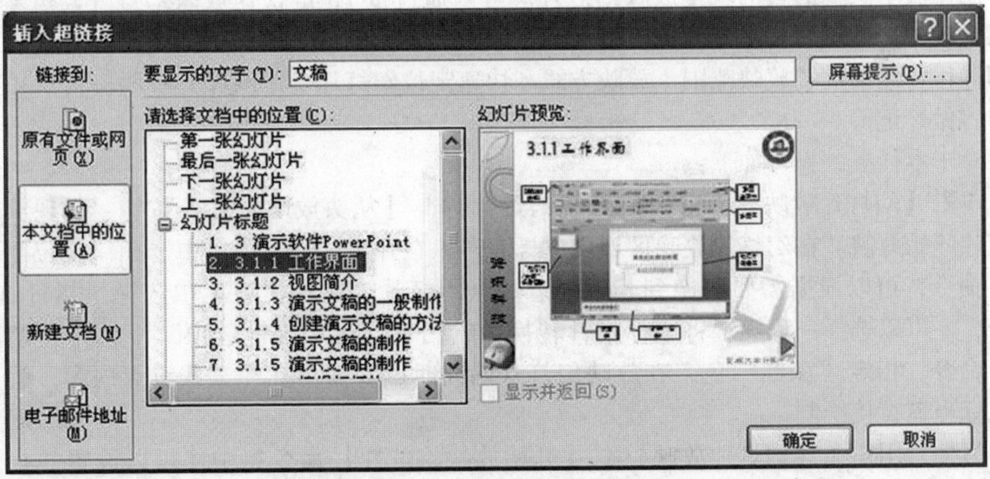

图4－16 “插入超链接”对话框

(2) 切换到幻灯片母版，单击选择【插入】|【插图】|【形状】|【动作按钮】|【结束】动作按钮，如图4－17所示。在幻灯片中的右下角拖动一个“结束”按钮图形▶|，在打开的“动作设置”对话框中选择超链接到“结束放映”。适当设置按钮样式后关闭幻灯片母版视图，这时将会在每张幻灯片的右下角看见一个“结束”按钮。

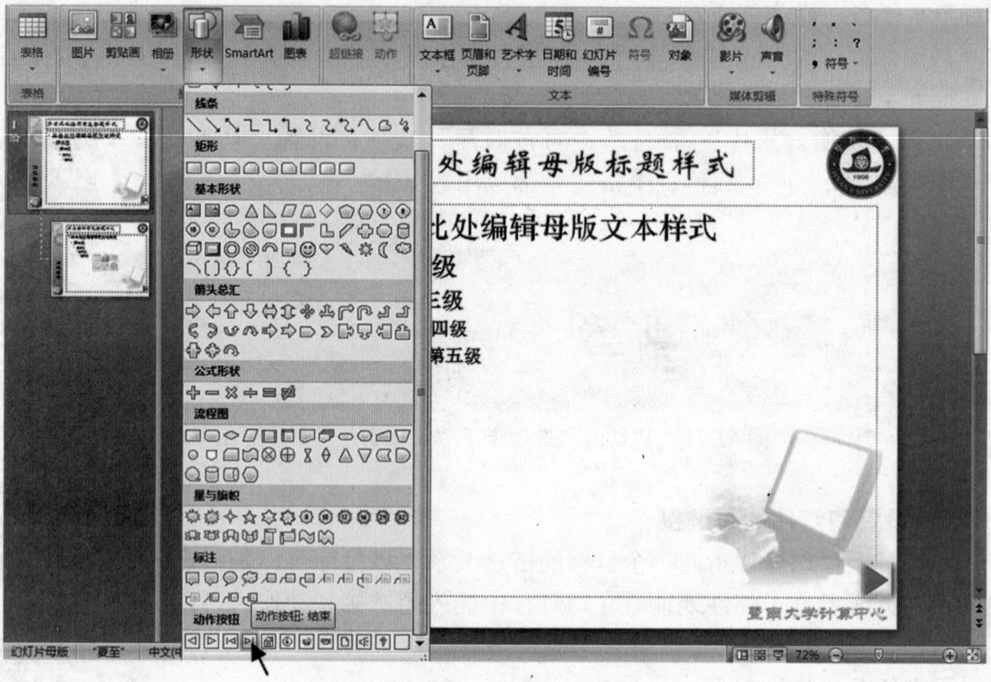

图 4－17　“结束”动作按钮

（四）设置幻灯片的放映

制作演示文稿的目的就是放映幻灯片。可以通过按 F5 键快速放映幻灯片，按 Esc 键结束放映。但如果想要更方便地控制演示文稿的放映，应该了解一些放映幻灯片过程中的控制操作，比如设置放映范围、放映方式和快速定位幻灯片，用绘图光标为幻灯片中的重点内容做标记等。

对于本任务，操作如下：

单击【幻灯片放映】｜【开始放映幻灯片】｜【从头放映】命令按钮，实现从首张幻灯片开始放映。在幻灯片放映区域内鼠标右击，在弹出的快捷菜单中选择“定位至幻灯片”命令，可以根据需要切换到其中任意一张幻灯片。在快捷菜单中选择“指针选项”命令，还可以选择一种类型将鼠标指针转换为绘图笔，在“指针选项”下选择“墨迹颜色”命令，指定“深红”色，在放映幻灯片的同时，若需要标注某些重点内容，就可以用鼠标当笔直接绘制。

另外，用户在【幻灯片放映】｜【开始放映幻灯片】命令组中还可以设置“自定义幻灯片放映”范围，在【幻灯片放映】｜【设置】命令组中“设置幻灯片放映”的方式，如“演讲者放映”、“观众自行浏览”、“在展台浏览”，如图 4－18 所示。

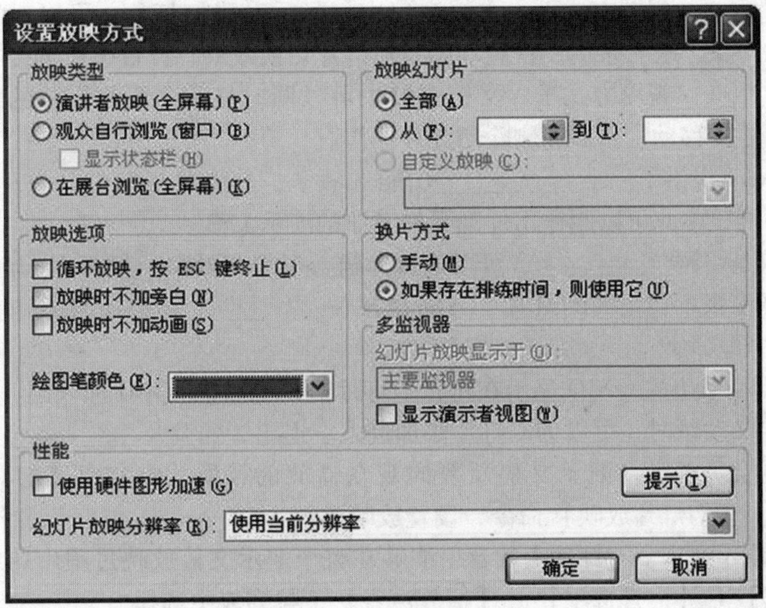

图 4－18　设置放映方式

（五）发布演示文稿

PowerPoint 除了通常的保存演示文稿外，还可以方便地将演示文稿转换为 Web 浏览器能够查看的网页格式，然后发布到网络上，使 Internet 上的用户能够浏览到演示文稿。

对于本任务，操作如下：

单击【Office 按钮】|【另存为】命令，在打开的“另存为”对话框中从“保存类型”列表中选择将演示文稿保存为“单个文件网页”，就会生成一个包含所需全部内容的单一文件。或选择“网页”类型文件，将演示文稿保存为标准网页，即生成一个 HTML 文件和一个文件夹。

如果想让幻灯片放映以自定义的方式进行，可以在“另存为”对话框中单击“发布”按钮，在打开的“发布为网页”对话框中设置自定义网页显示方式以及发布到 Web 上的内容。

三、本节小结

本节主要介绍了演示文稿在后期制作时设置播放的动态效果。主要涉及在幻灯片中设置超链接，添加动作按钮，设置幻灯片的切换效果，为幻灯片中文字、图片等对象设置自定义动画等功能的实现。

思考与练习

一、填空题

1. 在 PowerPoint 中进行保存文档时，系统默认的文件扩展名是__________。

2. 在__________视图方式下，文档窗口中仅显示一张幻灯片，可以对幻灯片进行添加文本、插入对象、改变布局、设置动画及幻灯片切换效果、设置超级链接等操作。

3. 在__________视图方式下，文档窗口中可以同时显示多张幻灯片的缩图，可以方便地在幻灯片之间移动、添加和删除幻灯片操作。

4. PowerPoint 提供了一个__________功能选项卡，其中包括幻灯片页面设置和主题、背景等设置功能，由此可以制作出外观更加专业的演示文稿。

5. 占位符是一种__________，可以放置标题、正文、图片、表格、图表等对象。

6. 要选择多张不连续的幻灯片，方法是按住__________键的同时分别单击需要选择的幻灯片略缩图。

7. 如想要将单位的 LOGO 显示在每张幻灯片上，可以把 LOGO 加入到__________。

8. 在自定义动画时，可以为幻灯片添加进入、退出、强调及__________动画效果。

9. 在展览会等需要将演示文稿反复向观众播放的场所，应启用【幻灯片放映】|【设置】|【设置幻灯片放映】命令，设置放映类型为__________，且设置排练计时。

10. 要使输入到某个幻灯片上的音乐能够在整个演示文稿放映过程中持续播放，可以在【声音工具】|【声音选项】|【播放声音】下拉列表中选择__________选项。

二、简答题

1. 简述创建演示文稿的方法有哪几种。

2. 简述设置幻灯片母版的作用。

3. 如何在幻灯片中建立超级链接？

4. 如何设置演示文稿中幻灯片的切换效果？

第五章　计算机网络基础

第一节　计算机网络基础

21 世纪是一个以网络为核心的信息时代，它的重要特征就是数字化、网络化和信息化。网络现在已经成为信息社会的命脉和发展知识经济的重要基础，对社会生活的很多方面以及对社会经济的发展已经产生了不可估量的影响。这里所说的网络是指“三网”，即电信网络、有线电视网络和计算机网络。这三种网络向用户提供的服务不同。电信网络的用户可获得电话、电报以及传真等服务；有线电视网络的用户能够观看到各种电视节目；计算机网络则可使用户能够迅速传送数据文件以及从网络上查找并获取各种有用资料，包括图像和视频文件等。随着技术的发展，电信网络和有线电视网络都逐渐融入了现代计算机网络的技术，这就产生了“网络融合”的概念，但其中发展最快并起到核心作用的是计算机网络，计算机网络是本章所要讨论的内容。

一、计算机网络的定义

计算机网络是利用通信设备和线路将地理位置分散的、功能独立的多个计算机系统连接起来，以功能完善的网络软件（网络操作系统、网络协议等）实现计算机之间数据通信和资源共享的系统。

最简单的计算机网络就是只有两台计算机和连接它们的一条链路，即两个节点和一条连接链路。当前最庞大的计算机网络就是因特网（即互联网，Internet）。它由非常多的中小型计算机网络通过许多路由器互联而成，所以因特网也称为“网络的网络”。另外，从网络媒介的角度来看，计算机网络可以看成是由多台计算机通过特定的设备与软件连接起来的一种新的传播媒介。

二、计算机网络的功能

计算机网络具有广泛的用途，其中最重要的三个功能是数据通信、资源共享和分布处理。

（一）数据通信

数据通信是计算机网络最基本的功能。它用来快速传送计算机与终端、计算机与计算机之间的各种信息，包括文字信件、新闻消息、咨询信息、图片资料、声音信息、视频信息等。通过计算机网络的数据通信功能可实现将分散在各个地区的单位或部门用计算机网络联系起来，进行统一的调配、控制和管理。

（二）资源共享

“资源”指的是网络中所有的软件、硬件和数据资源。“共享”指的是网络中的用户都能够部分或全部地享用这些资源。例如，某些地区或单位的数据库（如飞机机票、饭店客房等信息）可供全网使用；某些单位设计的软件可供需要的地方有偿调用；一些外部设备如打印机可面向所有或者特定用户，使不具有这些设备的地方也能使用这些硬件设备。通过计算机网络的资源共享功能，可以大大节省全系统的投资费用。

（三）分布处理

当某台计算机负担过重时，通过计算机网络可将新任务转交给空闲的计算机来完成，这样处理能均衡各计算机的负载，提高处理问题的实时性；对大型综合性问题，可将问题各部分交给不同的计算机分头处理，充分利用网络资源，扩大计算机的处理能力。对解决复杂问题来讲，多台计算机联合使用并构成高性能的计算机体系，这种协同工作和并行处理要比单独购置高性能的大型计算机便宜得多。

三、计算机网络的分类和结构

（一）计算机网络的分类

虽然网络类型的划分标准各种各样，但是从地理范围来划分是一种大家都认可的通用网络划分标准。按这种标准可以把计算机网络划分为局域网、城域网、广域网和互联网四种。下面简要介绍这几种计算机网络。

1. *局域网*（Local Area Network，LAN）

我们熟知的“LAN”就是指局域网，这是我们最常见也是应用最广的一种网络，所谓局域网是指在局部地区范围内的网络，它所覆盖的地区范围较小。局域网在计算机数量配置上没有太多的限制，少的可以只有两台，多的可达数百台。局域网一般位于一个建筑物或一个单位内，所以它所涉及的地理距离一般来说可以是几米至十几千米以内。现在局域网随着整个计算机网络技术的发展得到了充分的应用和普及，几乎每个单位都有自己的局域网，有的家庭甚至都有自己的小型局域网。局域网的主要特点为传输距离短、用户数目不多、传输速率高和传输可靠性高等。目前局域网的传输速率一般为 10 Mpbs 至 10 Gbps（bps：bits per second，即每秒钟传输的比特数目）。目前，LAN 的标准主要由 IEEE 的 802 标准委员会制定，典型的局域网技术有以太网（Ethernet）、令牌环网（Token Ring）和无线局域网（WLAN）等。

2. *城域网*（Metropolitan Area Network，MAN）

这种网络一般来说是在一个城市范围内建立的计算机通信网。其连接距离可以在 10 至 100 千米，它采用的技术标准主要为 IEEE802.6 标准。MAN 与 LAN 相比，扩展的距离更长，连接的计算机数量更多，在地理范围上可以说是 LAN 网络的延伸。在一个大型城市，一个 MAN 网络通常连接着多个 LAN 网，如连接政府机构的 LAN、医院的 LAN、电信的 LAN 以及公司企业的 LAN 等。城域网多采用 ATM（异步传输模式网）技术做骨干网。

3. 广域网（Wide Area Network，WAN）

这种网络也称为远程网，所覆盖的范围比城域网（MAN）更广，它一般是在不同城市之间的 LAN 或者 MAN 网络互联，地理范围可从几百千米到几千千米。因为距离较远，信息衰减比较严重，所以这种网络一般是要租用专线。这种城域网因为所连接的用户多，总出口带宽有限，所以用户的终端连接速率一般较低，通常为 9.6 Kbps 至 45 Mbps，如中国电信的 CHINANET，CHINAPAC 和 CHINADDN 等网络。

4. 互联网（Internet）

互联网因其英文单词“Internet”的谐音，又被称为“因特网”。经过近 20 年的快速发展，它已是我们每天都要打交道的一种网络，无论从地理范围还是从网络规模来讲，它都是最大的一种网络，我们常说的“Web 浏览”、“WWW”、“网上冲浪”和“万维网”等通常就是指互联网。从地理范围来说，它是全球计算机的互联，其最大的特点就是不确定性，整个网络的计算机每时每刻随着人们网络的接入和退出在不停地变化。当你连上互联网的时候，你的计算机就成为互联网的一部分，但一旦你断开互联网连接时，你的计算机就不属于互联网了。互联网的优点非常明显：信息量大，传播范围广，无论你身处何地，无论你采用何种接入方式，只要连上互联网你就可以任意享受互联网提供的所有服务。因为互联网本身的复杂性和不确定性，其实现的技术也是非常复杂的，这一点我们可以通过后面要讲的几种互联网接入设备详细地了解到。

虽然计算机网络可以有以上多种分类，在现实生活中我们真正遇到最多的计算机网络形式还是局域网，因为它可大可小，无论在单位还是在家庭中实现起来都比较容易，它也是应用最广泛的一种网络，所以我们有必要对局域网及局域网中的接入设备作进一步的认识。

（二）网络设备与计算机网络结构

1. 网络设备

可以将计算机网络想象成有很多连接点的一张复杂的网。其中的每个连接点被视为一个节点，网络节点通常包括计算机、网络化外设或网络互连设备。通常把可以连入计算机网络中的计算机、网络化外设和网络互连设备统称为“网络设备”。

连接到网络上的个人计算机有时称为工作站。其他种类的计算机（如大中型计算机、小型计算机、超级计算机、服务器、掌上电脑和移动终端设备等）也能连接到局域网。要将这些计算机连接到局域网，必须要有网络电路，这有时是指需要网络接口卡（Network Interface Card，NIC）。网络电路通常是集成在个人电脑中的，如果计算机没有集成，也可以在主板插槽、USB 端口或笔记本电脑的 PCMCIA 插槽上连接 NIC。本章中“工作站”是指连接到网络的个人计算机。“网络接口卡”有时也称为“网络适配器”或“网卡”。

网络化外设是指包含可以直接连接网络的网络电路的外部设备。例如，打印机、扫描仪和存储设备都是可以配备为直接连接到网络而不用连接工作站的一类设备。可以直接连接到网络的存储设备称为网络附加存储（Network Attached Storage，NAS）；可以直接连接到网络中的打印机称为网络打印机。

网络互连设备是任一传播网络数据、放大信号或发送数据到目的地的电子设备。网络互连设备主要包括集线器、交换机、路由器、网关、网桥和中继器等。在本章中还有更多关于这些设备的介绍。图 5－1 所示的是连接着各种计算机、网络化外设以及网络互连设备的局域网示例。

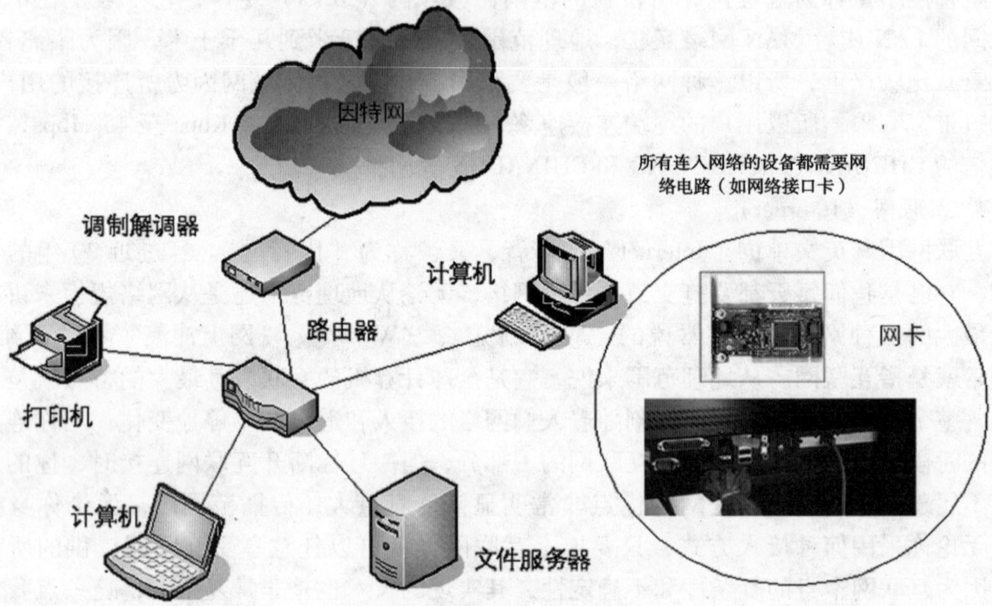

图 5－1　典型的局域网实例

2. 计算机网络的结构

连入计算机网络中的计算机在应用上通常可以作为客户端或服务器。服务器是向作为客户端的计算机提供服务的计算机。例如，应用程序服务器是为网络工作站运行应用软件的，而文件服务器用来存储文件并向提出请求的工作站提供文件，打印服务器则负责处理发送到网络打印机的打印工作。服务器通常专门用来完成它们承担的任务，就是说它们不再作为工作站指派给用户。计算机也可以同时扮演服务器和客户端两个角色。按照服务器和客户端在体系结构方面的作用，可以对网络的结构进行分类：有的网络使用专门的服务器，有的网络不使用服务器。我们把有专门服务器的网络称为基于服务器的网络，把没有专门服务器的网络称为对等式网络。

（1）基于服务器的网络。

通常，基于服务器的网络包括许多客户端和一台或多台服务器，服务器用于控制用户对网络资源的访问。前面已经介绍过，服务器这种中央计算机又被称为文件服务器、网络服务器或应用程序服务器。客户端用户使用的文件和程序通常存储在服务器上。文件服务器网络是一种典型的基于服务器的网络（如图 5－2 所示），在图 5－2 中，每台计算机都可以访问服务器上的文件，但不一定能够访问其他计算机上的文件。当一台计算机需要服务器上的信息时，该计算机将请求包含这些信息的文件。服务器只存储文件，服务器接收到文件请求后向请求该文件的计算机发送该文件。识别基于服务器的网络时，一种重要的方法是确定用户是否可以使用文件等网络资源，在这种网络环境中，用户通过服务器获得权限和许可后，就可以访问文件、打印机和其他基于网络的对象，用户访问网络的资源时，必须首先登录网络。

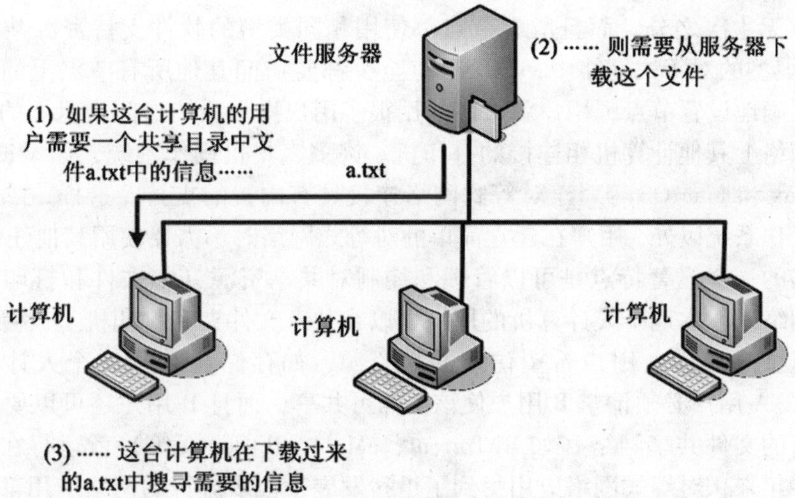

图 5－2　基于服务器的计算机网络

（2）客户/服务器网络。

客户/服务器网络（Client/Server，C/S）是一种最常见的基于服务器的网络，所有计算机和中央服务器一起分担工作负载。使用这种网络架构时，需要在节点和服务器上使用特殊的软件，但是对网络的具体类型没有限制。客户/服务器计算模型的一个最常见应用是分布式数据库管理系统。数据库和数据库管理系统（即 DBMS，Data Base Management System）存储在网络服务器上，DBMS 是允许用户使用数据库的程序。用户计算机（可以被称为节点、工作站或客户机）存储和运行 DBMS 的客户机程序部分。用户需要查找数据库中的信息时，先使用客户机程序向服务器发送请求，然后服务器再搜索数据库，并将找到的信息返回用户计算机。图 5－3 所示为一个 C/S 类型的计算机网络。

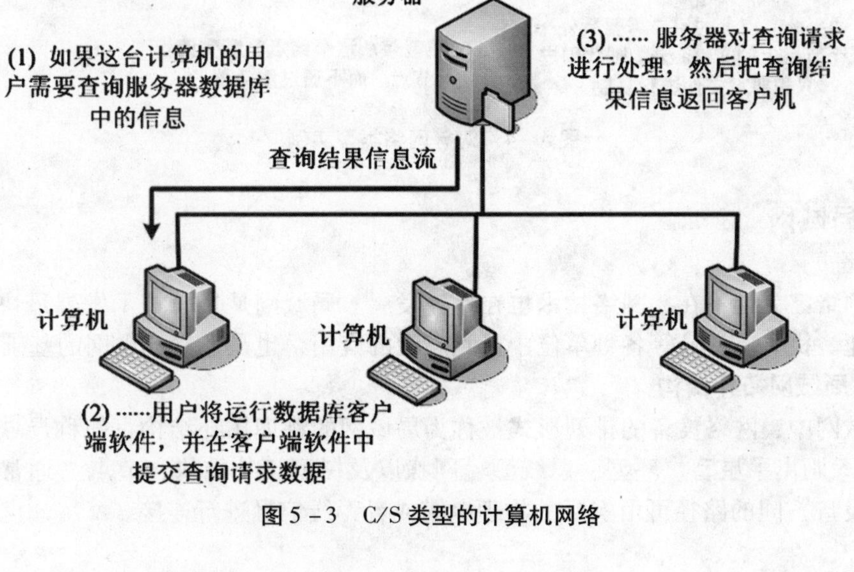

图 5－3　C/S 类型的计算机网络

(3) 对等式网络。

在对等式网络（Peer-to-Peer Network，P2P Network）中，网络上的节点（通常指计算机）地位相同，无主次之分，而且所有节点都使用相同类型的软件支持资源共享（如图5－4所示）。在典型的对等式网络中，每个节点至少都要访问其他所有节点上的一部分资源。如果能够正确地设置节点，用户就可以使用很多用户操作系统访问硬盘上的文件，而且可以访问与网络上其他计算机相连接的打印机。许多客户机操作系统，如 Windows XP、Windows 7、Linux 和 Mac OS 等对于对等式网络连接具有内置的支持。这样，除了自己个人计算机上的操作系统以外，用户在建立简单的对等式网络时不需要使用其他任何软件。

对等式网络的一个显著特点是可以管理和控制对共享资源（如文件和打印机）的访问。在对等式网络中，本地个人计算机的用户可以在共享文件夹和打印机上设置口令，从而控制访问。例如，如果 A 用户希望访问共享资源，如存储在 B 用户个人计算机上的 Word 文档，那么 A 用户必须请求 B 用户使该文档可共享，而且 B 用户还可以要求 A 用户使用口令。流行的文件共享网络（如 BitTorrent、eMule、BitComet 等）就运行在对等网络的模式下。近些年来，对等式网络应用得到了迅猛发展，很多流行的网络应用都或多或少地采用了对等式网络技术。图 5－4 所示是一个对等式网络实例。

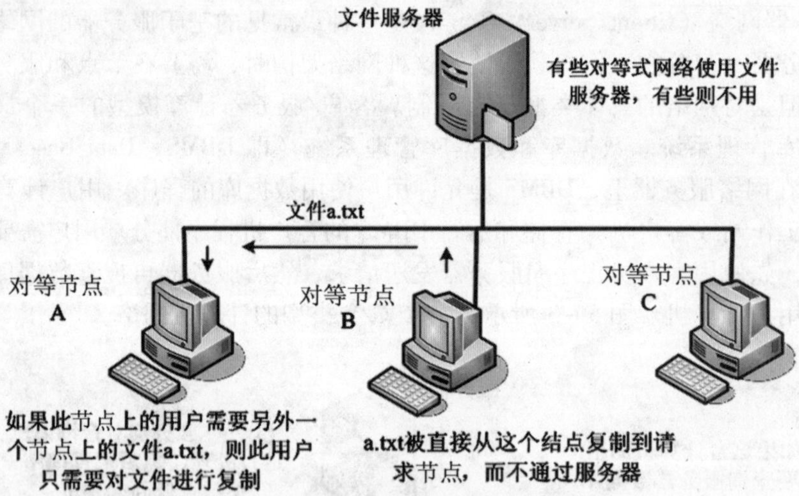

图 5－4　对等网络类型实例

四、局域网

现在网络已无处不在，网络技术也在迅速发展。局域网是目前技术发展最快的领域之一，在企业、机关、学校等各种单位中得到广泛的应用，也是建立互联网的基础网络。

（一）局域网拓扑结构

在局域网中，网络设备的排列形式被称为局域网的物理拓扑结构，简称局域网拓扑结构。图 5－5 画出了星型、环型、总线型、网状以及树型拓扑结构，节点（通常指前面定义的网络设备）间的路径可由实际的物理电缆或者无线信号进行连接。

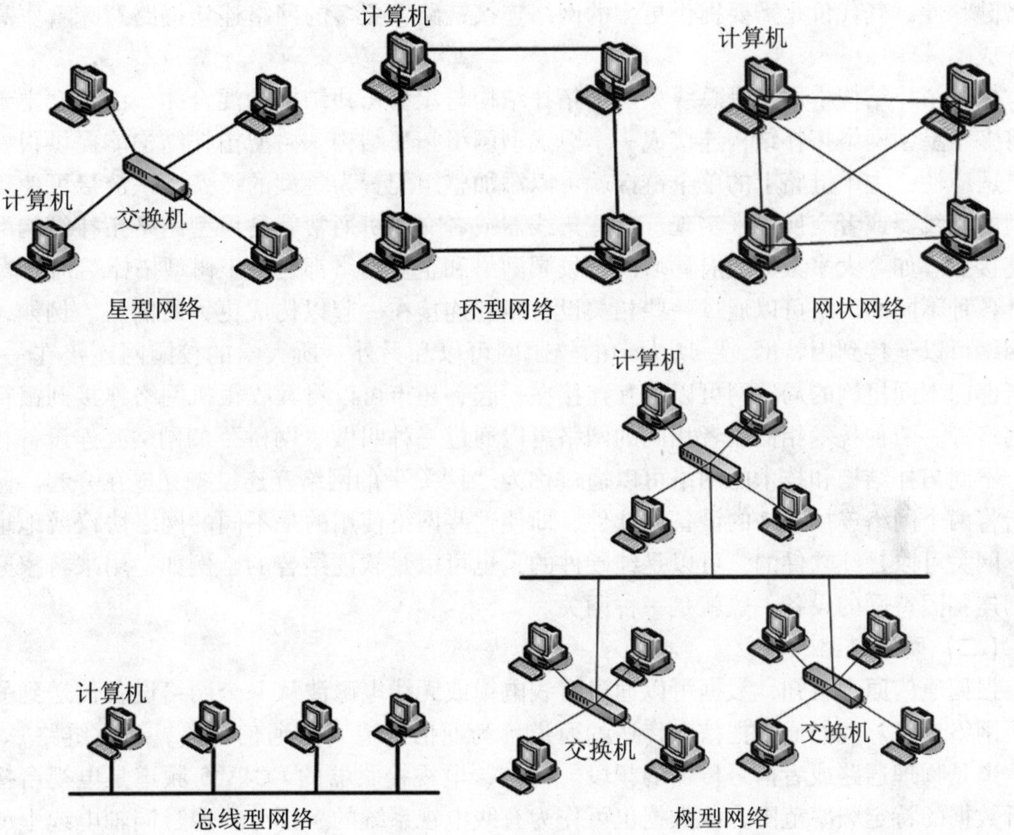

图 5-5　网络拓扑结构

总线型拓扑结构使用公用的主干链路连接所有的网络设备。主干链路是传送网络数据的共享通信链路，它可终止于每一个带有叫做“终端连接器”的特定设备的网络端点。连接了数十台计算机的总线型网络的性能较差，而且如果主干链路电缆坏掉，整个网络就无法使用。

环型拓扑结构中所有设备连成一个环，每个设备只有两个相邻设备。数据能沿环路从一个设备传输到另一个设备。该拓扑结构能将电缆数量最小化，但是任一设备的失效都会影响到整个网络。IBM 公司曾支持过环型拓扑结构，但现在很少有网络使用它了。

星型拓扑结构网络排列的特征是由一个中心连接点通过电缆或无线链路连接所有的工作站和其他网络设备。很多家庭网络是以星型拓扑结构排列的。该拓扑结构的优点在于任何连接失败都不会影响到网络的其他部分，主要的缺点是需要较多的电缆来连接所有设备，当然此缺点在无线网络中并不存在。尽管一个连接失败不会影响到网络的其他部分，但连接失败的设备会从网络断开，并且不能接收数据。

网状拓扑结构可以将每个网络设备和其他多个网络设备相连接。网状网络上传输的数据可以选择从出发地到目的地的多条可能路径中的任意一条，这些冗余的数据路径使得网状网络非常健壮，即使有一条或者几条链路失效，数据仍能够沿着其他可用的链路到达目的地，这是它与星型网络拓扑结构相比的优势所在。但是正因为网状网络可以提供更好的网络健壮性，其代价是需要提供更多的网络连接链路，更多的网络连接链路意味着更高的经济成本。

树型拓扑结构本质上是总线型网络拓扑结构与星型拓扑结构的混合体，由一个主干链路将多个星型网络拓扑结构连接成一个总线型网络拓扑结构。树型拓扑结构能提供很好的扩展适应性：主干链路上的单个链接就可以添加整组配置为星型的设备，该链接可使用同类型的集线器或者交换机来实现。这些集线器或者交换机通常就是星型网络拓扑结构的中心连接点。如今大多数的政府局域网、校园网络和企业网络都是基于树型拓扑结构的。

各种不同的网络可以通过一些相关设备相互连接在一起以构成更大的网络。例如，家庭网络可以连接到因特网，一所大学的校园网可以和另外一所大学的校园网连接在一起，政府部门不同机构的局域网可以相互连接在一起，超市可以将其收银机网络连接到银行系统网络等。两种技术相似或者相同的网络可以通过一种叫做“网桥”的网络互连设备相连接。不同拓扑结构和技术的网络可以通过称为“网关”的网络互连设备互连在一起。网关是指将两个网络连接起来的设备或软件，即使这些网络使用的是不同的网络协议或地址范围。网关可以是纯软件的，可以是纯硬件的，也可以是软硬结合的。例如，用来将家庭局域网连到因特网的设备一般就是一种网关。

（二）网络链路

根据通信原理可知，数据可以通过有线电缆或无线电磁波从一个网络设备传送到另外一个网络设备。我们通常把信息传送的通道称为通信信道（或通信链路，简称链路）。通信信道是物理通路或者信号传输的频段。例如，电视接收器的 CCTV-5 频道是电视台播送视听数据的特定频率范围，该数据也可作为有线电视系统的一部分，通过同轴电缆上的另外一个频道来传输。数据在有线网络中可以通过电缆从一个设备传送到另一个设备，它还可以通过无线网络在自由空间中传播而不需要电缆。当前比较流行的无线网络技术有移动蜂窝网络（2G、3G 等）、Wi-Fi 和蓝牙等。

在网络数据传输中，一般用“带宽”来衡量数据传输的能力。带宽是指通信信道的传输能力。就像三车道高速路的交通承载能力比两车道道路更强一样，高带宽的通信信道与低带宽的通信信道相比能传输更多的数据。例如，可以承载数百个有线电视频道的同轴电缆比家用电话线的带宽就宽得多。模拟数据信道的带宽通常用赫兹（Hz）或者兆赫兹（MHz）来度量，而数字数据信道的带宽通常用比特/秒（b/s，bps）或者兆比特/秒（Mb/s，Mbps）来度量。为了更好地掌握带宽在通信网络中的作用，可将拨号连接（最大56Kbps）的带宽想象成一条狭窄的自行车道（只允许低速交通），而 2 Mbps 的有线电视连接就相当于四车道的高速路，普通 100 Mbps 的局域网就相当于有数十条车道的高速路，具有高带宽通信能力的通信系统（如有线电视和 DSL）有时被称为宽带，而能力较低的系统（如拨号上网）则称为窄带。

（三）通信协议

通信协议可以说是网络通信中的神经系统，具有重要的作用。“协议”是指一系列用来交互和协商的规则。在某些方面，这就类似商务会谈的双方在会谈之前需要约定谈话的地点、交谈的语言和会谈的形式等。在网络通信中，通信协议是指从一个网络节点向另一个网络节点有效地传输数据的一套规则。网络中的两台计算机需要通过一种叫做“握手”的机制来协商它们之间的通信协议。在“握手”过程中，数据发送方传输设备先发送意为“通信请求”的信号，然后等待接收设备的确认信号，当发送方接收到来自接收方的确认信号后，通信的双方可以开始通信（某些时候，还需要发送方发送针对来自接收方确认信号的确认信息）。两台设备能协商一种它们都能处理的协议，两台调制解调器或传真机连接时的声音就可以看做“握手”的例子。通信协议为数据的编码和解码、引导数据到达其目的地以及减少干扰的影响设定了标准。在数据通信的发展历程中，出现了大量的通信协议，这些通信协议由很多不同的通信标准化组织或机构来制定，在互联网中，当前最著名的通信协议也许要算 TCP/IP 协议，它是管理因特网数据传输的协议，并且也已成为局域网的标准。

数据是如何通过网络进行传输的呢？1948 年，来自贝尔实验室的工程师克劳德·香农（Claude Shannon）发表了一篇划时代的论文，描述了一种适用于各种网络（包括现在的计算机网络）的通信系统模型。在“香农数据通信模型”中，来自诸如网络工作站的数据在经过数据编码后，被作为信号通过通信信道传输到目的地网络设备。当数据到达目的地后会被解码成原始数据。在数据的传输过程中，传输信号可能被一种叫做“噪声”的干扰所打断，使得数据有被破坏的隐患，从而使数据变得不正确或难以识别（如图 5－6 所示）。

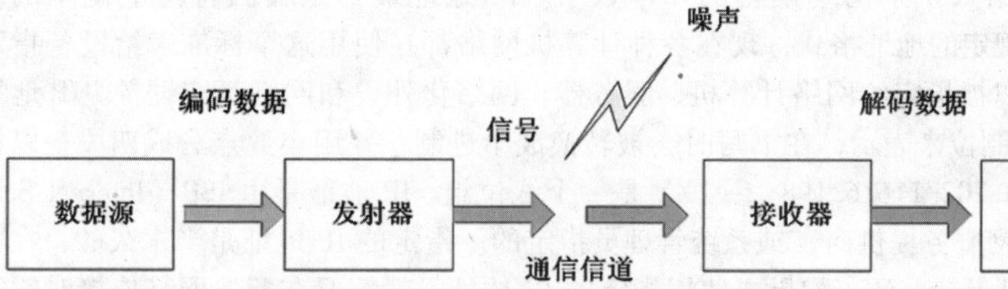

图 5－6　香农数据通信模型

在现代电子通信系统当中，数据通常是以电磁信号（电流电压或者电磁波）的形式在网络链路（包括有线链路和无线链路）中传送的。数字信号仅用有限的一系列频率按位传送，而模拟信号则可以是特定频率范围内的任意值。在发送较大文件或电子邮件时，用户可能认为它是作为一个整体被一次性传输到其目的地的，但事实并非如此。这些文件或者电子邮件实际上被分割成很多称为“包”（packet，又称为分组）的小块。包是通过计算机网络发送的按照一定格式进行封装的数据。每个包都包括发送者地址、接收者地址、序列号和一些其他的相关数据。当这些包到达目的地（即接收方）时，再根据序列号码重新组合成原始的消息。

现代通信系统包含大量的网络交换设备，如果把计算机网络类比成现实生活中的邮政系统，那么寄信人和收信人类似于网络中的计算机，而邮局则类似于网络中的网络交换设备。网络交换设备的功能是实现数据的转发，类似邮政系统中的邮局是为了转交邮件。在网络通信中，网络交换设备的这种数据转发功能被称为“交换”（switch）。交换技术一般可以分为两类，即线路交换技术与分组交换技术。

一些通信网络（如电话系统）使用了线路交换（又称电路交换）技术，这种技术实际上能在两部电话通话期间建立一个专用链接，但线路交换技术的效率很低。例如，当一个人持话筒等待时，不能进行其他的通信，因为线路已被占用，其他的通信不能使用。比线路交换更高效的选择是包交换技术（又称分组交换），它可以将消息分成可独立路由至其目的地的若干包（又称为分组）。而将消息分成大小均等的包，比将消息分类成小、中、大或巨大文件更容易处理。不同消息的包可以共用一个通信信道。包在线路上的传送是基于“先来先服务”的原则，如果无法获得某个消息的一些包，系统则不必等待。相反，系统可以继续发送其他消息的包。在计算机网络中，尤其是互联网中，所采用的交换技术就是包交换技术。

在包交换网络中，网络上传送的每个包都包括其目的设备的地址。通信协议明确了在特定网络中所适用的地址格式。当包到达一个网络节点时，网络设备会检查其地址，并把它发往目的地。在包交换系统中，网络设备出于不同的使用目的通常使用两类地址，即MAC 地址和 IP 地址。

MAC 是 Media Access Control（介质存取控制）的简称。MAC 地址是生产网络接口卡时指定给接口卡的一串唯一的数字。MAC 地址被用来实现一些低层的网络功能和确保网络安全。

IP 地址是用来识别网络设备的一串数字。IP 地址最早是在因特网上使用的，是TCP/IP协议所规定的地址格式，现在各种计算机网络都在使用这个标准来给设备指定地址。IP 地址可以被指定给网络计算机、服务器、网络化外设和网络互连设备。IP 地址一般用 32 位二进制位来表示，在书写时会被转换成十进制，并用小数点分成四段，以便于使用者识别，如 202.116.6.198，一段就是一个八位组。IP 地址是由 ISP（Internet Service Provider，互联网服务提供商）或系统管理员指定的。指定的 IP 地址是半永久的，在每次启动计算机时都保持一致。如果要使用指定的 IP 地址，就需要在配置网络连接时输入这个地址。IP 地址也可以通过动态主机配置协议（Dynamic Host Configuration Protocol，DHCP）来获得，这个协议正是用来自动分配 IP 地址的。多数计算机会通过向作为 DHCP 服务器的网络设备发送询问来获得 IP 地址。

即使是小型家庭网络中，包也可能不是由数据源直接传送到其目的地的。像邮政系统中的信件传递需要通过一个一个的邮局转交一样，网络中的数据分组也通常需要通过多个中间路由设备来传递，在数据到达其目的地时，会进行一次最终的错误检查，而那时包已经被重组成原来的结构。

（四）局域网的组成

局域网系统由网络硬件和网络软件组成。

1. 局域网硬件

局域网中的硬件主要包括计算机设备、网络接口设备、网络传输媒介和网络互连设备。

（1）计算机设备。

局域网中的计算机设备通常有服务器和客户机之分。

① 客户机。客户机是指网络中使用共享资源的普通计算机或者网络设备。用户通过客户端软件可以向服务器请求各种服务，例如邮件服务、文件下载服务和打印服务等。

② 服务器。服务器通常指速度快、处理能力强、存储容量大和可靠性高的特殊计算机，它是整个网络系统的核心设备，可以对客户机进行管理并提供网络服务。通常，服务器需要长期24小时运行，需要专门的技术人员进行维护和管理，以保证整个网络的正常运行。

图5－7　Dell PowerEdge R710 服务器

在局域网架构中，如果有特定的服务器存在，那么这种网络架构就是前面所描述的基于服务器的网络。这种模式提高了网络的服务效率，在局域网中得到了广泛的应用。

（2）网络接口设备。

网络接口卡（Network Interface Card，NIC）也称为网卡或者网络适配器，是插在计算机总线插槽内或者某个外部接口上的电路卡，目前大多集成在主板中。网卡是局域网中最重要又必不可少的连接设备，计算机主要通过网卡接入局域网。不同的局域网技术使用不同类型的网卡。在有线局域网技术中占主导地位的是以太网技术，所以目前有线局域网中占主导地位的是以太网卡。根据网络速度的不同，可以选择相应速率的以太网卡，主要有10 Mbps、100 Mbps、1 000 Mbps 和 10 Gbps 的网卡。为适应不同速率也出现了自适应网卡，如10/100 Mbps 自适应网卡、10/100/1 000 Mbps 自适应网卡等。根据通信线路的不同，网卡需要采用不同类型的接口，常见的接口有 RJ－45 接口、BNC 接口和光纤接口等（见图5－8 所示）。BNC 接口用于连接细同轴电缆（此类接口已经淘汰），RJ－45 接口用于连接双绞线，光纤接口用于连接光纤，这些不同类别的接口如图5－8 所示。

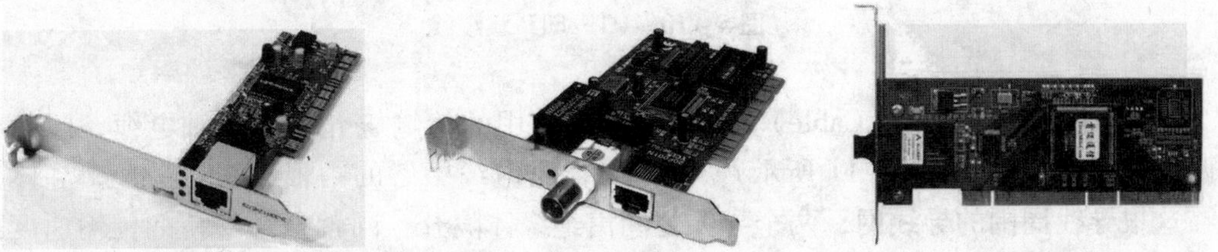

RJ－45 接口　　BNC 接口　　光纤接口

图5－8　RJ－45/BNC/光纤网络接口卡

另外，NIC 可以是无线的方式（如图5－9 所示），无线 NIC 没有连接线缆，而是使用外置天线或者内置天线来进行数据通信。

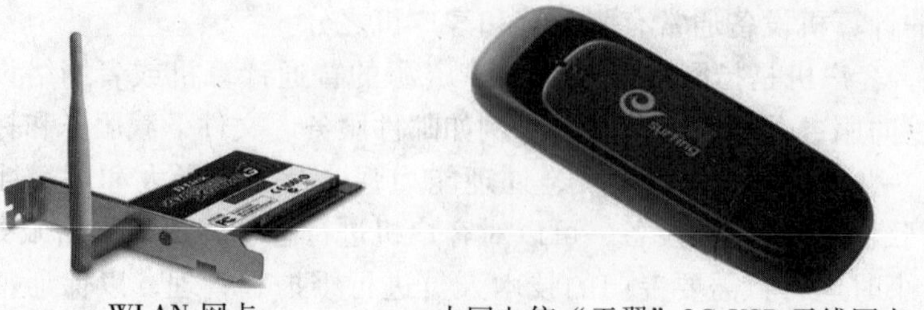

WLAN 网卡　　　　中国电信“天翼”3G USB 无线网卡

图 5－9　无线网络接口卡

（3）网络传输媒介。

传输媒介就是指连接计算机的通信线路。局域网常用的传输媒介可以分为有线媒介和无线媒介。有线媒介主要有双绞线、同轴电缆和光纤，无线媒介主要有无线电波、微波和红外线等。

① 双绞线（Twisted Pair Cable）。双绞线电缆由四对导线组成（如图 5－10 所示），每对导线都包含了两根相互缠绕的塑料绝缘导线，相互缠绕的目的是能大幅降低电磁干扰。除了塑料包覆层以外，如果这种电缆没有使用其他任何抗外界干扰的屏蔽材料，这样的双绞线又被称为 UTP（非屏蔽双绞线）电缆。如果有些双绞线电缆的外面包着一个金属屏蔽层，这样的双绞线被称为 STP（屏蔽双绞线）电缆。双绞线曾经被认为是一种低带宽导线，不过基于双绞线的网络现在也可以支持高达 1 Gbps 的传输速度。双绞线价格便宜，也易于安装和使用，具有较好的性价比，故被广泛应用于局域网中。

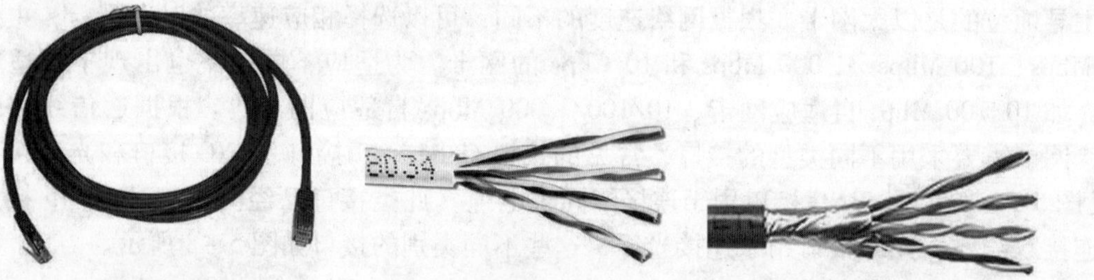

双绞线电缆　　　　UTP 双绞线　　　　STP 双绞线

图 5－10　UTP/STP 双绞线

② 同轴电缆（Coaxial Cable）。有线电视网使用的传输媒介就是同轴电缆，同轴电缆由两个导体组成（如图 5－11 所示）。一个导体是电缆中心的一根导线，另一个导体是包绕在这根导线周围的导线网，两个导体之间由绝缘体隔开。同轴电缆支持的传输速度高达 10 Mbps 以上，具有很高的传输带宽。相比双绞线，同轴电缆的价格也比较高，而且随着双绞线技术的改进和传输速度的大幅提高，同轴电缆在局域网中的应用越来越少，现在基本上已经被双绞线和光纤所取代。

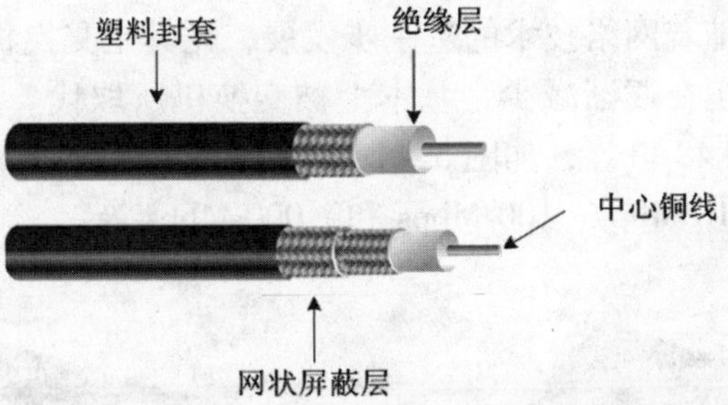

图 5－11　同轴电缆

③ 光纤（Fiber-optic Cable）。光缆由细玻璃丝制成，传输的是脉动光束，而不是电流（如图 5－12 所示）。光缆的数据传输速度可以超过每秒钟十亿位，经过改进传输硬件，速度甚至可以接近 100 Gbps。光缆不会像铜导线那样受到电磁干扰的影响，所以光缆不仅传输速度非常快，可以同时传输大量消息，还是一种非常安全的传输介质。

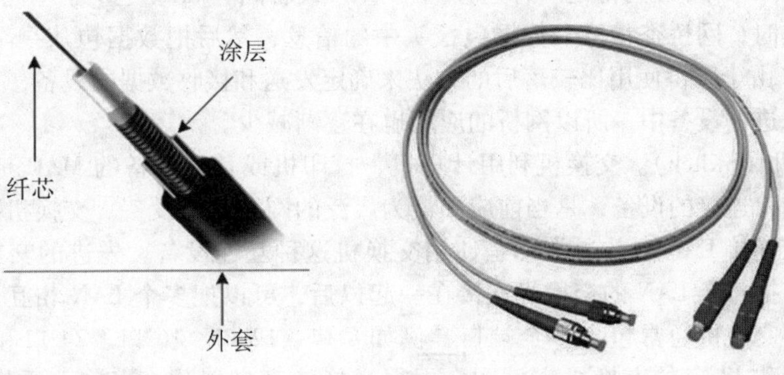

图 5－12　光纤

④ 无线网络（Wireless Network）。使用通过真空传播的无线电或红外线信号来传输数据。办公室 LAN 可以使用无线局域网技术（Wi-Fi）在一幢建筑物内的节点之间传输数据；利用配备移动蜂窝网调制解调器（如中国电信天翼 3G 网卡）的笔记本电脑，用户在出差时可以在户外连接到互联网上；覆盖范围大的 WAN 通常使用卫星和微波技术进行网络互连。

（4）网络互连设备。

在构建计算机网络时，必须使用某种机制把两台计算机互相连接起来。在简单的网络中，可以使用一种称为交叉线的特殊电缆连接两台计算机，但是要添加更多网络设备时，则必须使用其他链接机制。在现代局域网组网中，网络互连设备通常由五类双绞线电缆相互连接，然后通过电缆把计算机、打印机或者其他网络化设备连接到网络互连设备的相应端口上。下面介绍各种网络互连设备。

① 集线器（Hub）。集线器是计算机网络中把不同网络设备连接在一起的连接点。集线器的基本工作原理是把接收到的数据包广播到与其端口连接的所有节点，所以集线器的

连接速度通常不够快。随着网络技术的进一步发展，尤其是交换机的出现和其价格的进一步降低，集线器的应用正在逐渐减少，基本上被交换机所取代。集线器通常有多个端口，如 8 口、16 口、24 口和 48 口等，如图 5 - 13 所示。根据网络速率的不同，可以采用不同带宽的集线器，主要有 10 Mbps、100 Mbps 和 1 000 Mbps 等。

4 口集线器

24 口集线器

图 5 - 13　集线器

② 网桥（Bridge）。网桥是一种连接两个 LAN 或者同一 LAN 上两个不同网段的网络互连设备。工作时，网桥查看每个数据包报头中的信息，然后把数据包从一个 LAN 转发到另一个 LAN。由于网桥使用比较落后的方法来确定发送和接收数据的设备，而且其功能已经集成到更先进的设备中，所以网桥的应用也在逐渐减少。

③ 交换机（Switch）。交换机利用计算机、打印机或其他设备的 MAC 地址或者 IP 地址确定与其端口连接的设备，是当前应用最为广泛的网络互连设备。交换机减少了广播通信量，所以在连接 LAN 时，通常都是使用交换机这种互连设备。先进的交换机甚至可以充当路由器，把每个 LAN 的交换机连接在一起以后，可以把多个 LAN 相互连接起来。同集线器类似，交换机通常包含多个端口，例如 8 口、12 口、16 口、24 口和 48 口等，图 5 - 14是 24 口和 48 口的交换机实例图。根据交换速度来划分，当前主要的交换机有 10 Mbps 交换机、100 Mbps 交换机、1 000 Mbps 交换机和 10Gbps 交换机，另外还有 10/100 Mbps、100/1 000 Mbps，10/100/1 000 Mbps 自适应交换机，所谓自适应交换机是指这些交换机可以根据被连接网络设备的 NIC 速度来自动适应，例如 10/100 Mbps 自适应交换机可以连接 10 Mbps 的网络设备以及 100 Mbps 的网络设备。

24 口 10/100 Mbps 自适应交换机

48 口 10/100 Mbps 自适应交换机

图 5 - 14　交换机

④ 路由器（Router）。路由器是一种存储网络路由信息和转发网络分组的复杂设备（如图 5 - 15 所示）。路由器通过检查每个数据包的报头来确定数据包到达目的设备的最佳路径，所以数据包中必须包含明确的目的设备地址，这样才能通过路由器进行转发。路由

器一般被安装在不同网络的连接处，而且至少和两个网络连接，例如连接两个 LAN 或者把一个 LAN 与其 ISP 的网络连接起来。现在，可以把路由器功能内置到交换机中，这样不仅允许小型网络或内部网上的计算机共享文件，而且不必购买多个互连设备。路由器还可以提供防火墙防护措施，如利用 NAT（网络地址转换）表在 Internet 上隐藏公司内部节点的 IP 地址。通常，作为 Internet 连接端口的路由器包含一个 WAN 端口和多个 LAN 端口，WAN 端口和 ISP 网络相连，需要 ISP 向公司或家庭用户提供合法的 IP 地址。

普通有线路由器　　无线路由器　　骨干网核心路由器

图 5－15　路由器

2. 局域网软件

局域网中所用到的网络软件主要包含以下三类：

（1）网络协议软件。

网络协议软件负责保证网络中的通信正常进行。目前，局域网上最常用的网络协议是 TCP/IP 协议。TCP/IP 协议最初用于 Internet，目前在局域网中也被广泛应用。不同的网络应用可能需要不同的网络协议，其他常见的网络协议有 HTTP（超文本传输协议）、RIP（路由信息协议）、SMTP（简单邮件传输协议）、TFTP（简单文件传输协议）、FTP（文件传输协议）和 IGRP（内部网关路由协议）等。

（2）网络操作系统。

网络操作系统是具有网络功能的操作系统，主要用于管理网络中的所有资源，并为用户提供各种网络服务。网络操作系统一般都内置了多种网络协议软件。目前常用的网络操作系统主要有 Windows Server 2008、Unix 和 Linux 等。

（3）网络应用软件。

网络应用软件是各式各样的，目的都是为网络用户提供各种服务。例如，浏览网页的工具 Internet Explorer、Mozilla Firefox，下载文件用的工具迅雷，即时通信软件如腾讯 QQ、MSN 等。

（五）以太网

以太网是最常用的局域网技术。在图 5－16 所示的以太网中，数据包能向所有的网络设备进行广播，但只有被寻址的设备（数据包目的方设备）才能接收包。

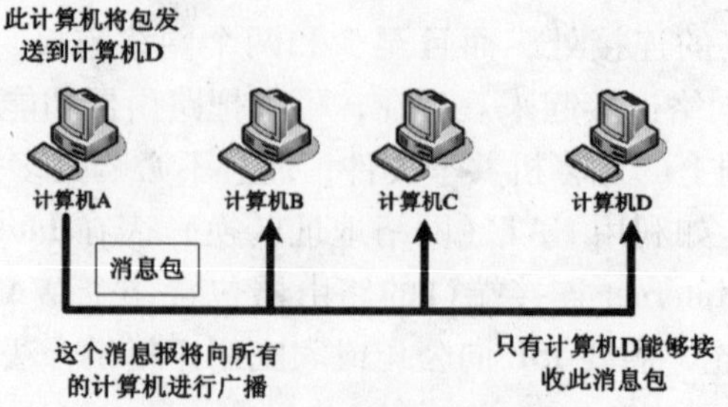

图 5 - 16　以太网包传输机制

以太网技术的核心技术是 CSMA/CD 协议（Carrier Sense Multiple Access with Collision Detection，带冲突检测的载波侦听多路访问）。CSMA/CD 可负责处理两个网络设备试图同时发送包的情况。当两个信号同时传输时，“冲突”就会发生并且信号不能到达其目的地，CSMA/CD 协议能够检测这种冲突，移除有冲突的信号以及重置网络并准备重传数据。两个设备在重新传输前，可以等待一个随机的时间来避免冲突再次发生。

最初的以太网标准能够通过同轴电缆总线型拓扑结构以 10 Mbps 的速度传输数据。现在，以太网包括一系列局域网技术，它们可以通过按总线型或星型拓扑结构分布的电缆提供多种数据传输速度。表 5 - 1 所示表示以太网的各种变体，其中 100 Mbps 的以太网技术被称为快速以太网，是现今最流行的中小型局域网组网方式，在家庭和中小型企业网络中较为常见。千兆以太网（速度 1 000 Mbps）随着设备价格的下降也变得越来越流行。

表 5 - 1　以太网标准

以太网标准	IEEE 标准	速　度
10 BaseT 以太网	IEEE802. 3	10 Mbps
快速以太网	IEEE802. 3u	100 Mbps
千兆以太网	IEEE802. 3z	1 Gbps
万兆以太网	IEEE802. 3ae	10 Gbps

不同阶段的以太网都开发了使用不同传输媒体的组网方式，当前采用较多的是 100 Base-TX（命名有一定语法，如图 5 - 17 所示）。采用 100 Base-TX 组建的以太网可以使用 100 Base - TX 集线器或交换机连接成星型、树型或者网状局域网，每台入网操作的网络设备首先具有 1 00 Mbps 网卡，然后通过五类 UTP 连接到集线器或者交换机上。

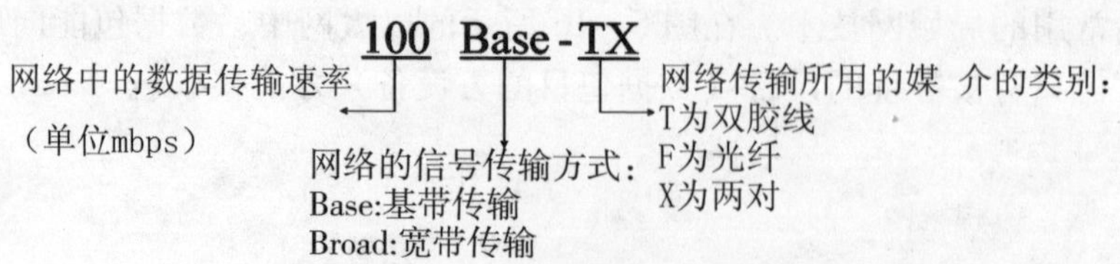

图 5 - 17　以太网标准的命名规则

（六）无线网络

无线网络可以不通过电缆将数据从一个设备传输到另一个设备，其方便性使得无线网络近年来得到迅猛发展。无线网络的规模各异，从个人区域网到局域网和广域网，都能使用无线技术，如通过无线电信号、微波或红外线。

无线电波：无线设备可以通过无线电、微波或红外线信号传输数据。多数无线网络可以通过射频信号（Radio Frequency Signal，RF Signal）传输数据。射频信号（通常叫做无线电波或电磁波）是由带有天线的无线电收发器（发射机和接收器的结合体）来发送和接收的。前面所描述的网络设备只要装上无线电收发器就可以发送和接收无线网络上的数据。

微波：像无线电波那样，微波也是电磁信号，但它们的表现是不同的。微波可以精确地指向一个方向，与无线电波相比，有更大的传输容量。但微波不能穿透金属物体，因此，在发射机和接收器之间没有障碍时微波传输效果最好。微波装置通常会用于大公司网络的远距离、大容量数据传输。

红外线：现在多数人已经习惯在看电视时用发射红外线光束的遥控器来换频道。红外线其实也能传输数据信号，但只能在较短距离内进行传输，并且从发射机到接收器的路线上不能有障碍。红外线最常见的应用是个人区域网中的设备之间的数据传输，如面向个人笔记本电脑的红外线鼠标、手机之间通过红外线进行数据交换等。

相对于有线网络而言，无线网络最显著的优点是其可移动性。无线设备不受网络电缆的束缚，因此由电池提供电源的工作站可以很方便地从一个房间移动到另一个房间，甚至是室外。过去，无线网络设备比同等性能的有线设备要贵很多。但近年来随着无线技术的高速发展，现在它们的价格差距已经很小。与有线网络相比，无线网络主要的缺点体现在速度、覆盖范围以及安全等方面。因为无线网络是在自由空间中通过电磁波的传播来传输数据的，很容易受到周边环境的干扰，所以一般来说传输速率很难达到很高，同时存在容易遭到窃听等安全方面的问题。无线信号的覆盖范围受到诸多因素的限制，如信号类型、发射机功率以及物理环境等。就像广播电台的信号会随着听众远离广播信号发射塔而逐渐减弱，数据信号也会随着网络设备之间距离的增加而减弱。尽管会受干扰，无线网络对于大多数应用来说已经足够快了。即使是最慢的无线局域网技术，也要比大多数因特网服务快，所以无线局域网对因特网的访问速度不比有线局域网慢。

目前，最流行的无线局域网技术是 Wi-Fi。一种叫做“蓝牙”（BlueTooth）的无线技术也有一些应用。其他无线技术（如 WiMAX 和 Zigbee）近些年来已经在技术上成熟起来并得到一定的应用。本章接下来将会简要地介绍蓝牙技术，然后会更详细地介绍 Wi-Fi 网络技术。

1. 蓝牙（BlueTooth）

蓝牙，是一种无线个人局域网（Wireless PAN），最初由爱立信公司创制，后来由蓝牙技术联盟制定技术标准。要组成蓝牙网络，特定蓝牙设备会搜索覆盖范围内的其他蓝牙设备，在侦测到其他蓝牙设备时，它通常会广播设备类型，如打印机、个人计算机或移动电话等。在交换数据前，两个蓝牙设备的所有者需要交换密钥或个人身份识别号，一旦密钥交换成功，两个蓝牙设备就会形成一个可信赖配对，以后在这两个设备之间进行通信就不再需要重新输入密钥了。蓝牙的传输速率峰值是 1 Mbps（1.2 版本）或 3 Mbps（2.0 版 + 增强数据传输速率 Enhanced Data Rate，EDR），覆盖范围大约是 1 ~ 91m。蓝牙技术一般运行在 2.4 GHz 的公用频率下，所以任何人都能建立蓝牙网络，而不需要申请频率发射许可证。蓝牙一般不用于连接一系列工作站，而是用来代替将鼠标、键盘或打印机束缚在计算机上的短连接线的。

蓝牙也能用来连接个人区域网内的设备，连接家庭娱乐系统组件，让汽车驾驶员不用手就可以操作移动电话，连接移动电话和无线耳机（如图 5 – 18 所示）以及在 PDA（Personal Digital Assistant，个人数字助理）和桌面计算机之间进行同步。一些外设也内置了蓝牙。如果想实现计算机与这些设备的通信，可以使用各种扩展卡。

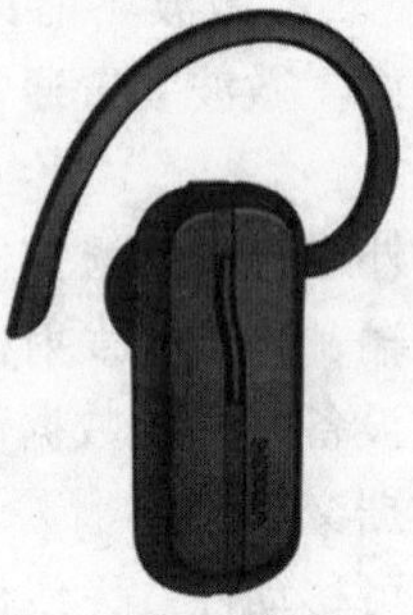

蓝牙耳机

通过蓝牙耳机通电话

图 5 – 18　蓝牙

2. Wi-Fi

Wi-Fi 是指一组在 IEEE 802.11 标准中定义的无线局域网技术，这些标准与以太网兼容。Wi-Fi 网络可以通过无线电波（频率是 2.4 GHz 或 5.8 GHz）传输数据。当人们提到无线局域网时通常指的是 Wi-Fi。

Wi-Fi 包括很多标准，以 a、b、g 和 n 等标识。其中一些标准是兼容的，这就是说，在同一个无线网络中可以使用不同的标准。如表 5 – 2 所示列出了每种 Wi-Fi 标准的规范。

表 5 – 2　Wi-Fi 标准

IEEE 标准	频率（GHz）	速度（Mbps）	覆盖范围（m）	兼容性
802.11b	2.4	11	30 ~ 90	原始标准
802.11a	5	54	8 ~ 25	与 802.11b/g/n 不兼容
802.11g	2.4	54	30 ~ 45	比 802.11b 快，且兼容
802.11n	2.4/5	200	30 ~ 45	比 802.11b 和 802.11g 快，且兼容

在有线网络中，评定的速度和覆盖范围通常与实际的应用是很接近的。但无线网络的速度和覆盖范围通常只是理论的最大值，因为信号很容易衰减。虽然 Wi-Fi 802.11n 可以达到 200 Mbps 的速度，但是在实际应用中它的平均速度可能比不上快速以太网

（100 Mbps），当然远远慢于千兆以太网。在典型的办公室环境中，Wi-Fi 的覆盖范围是大概为 8 ~25m。厚的水泥墙、钢梁和其他的环境障碍物都能明显地减少这个理论上的覆盖范围，因而信号不能可靠地传输。Wi-Fi 信号还会因为同频率电子设备（如 2.4 GHz 的无绳电话）产生的干扰而中断。

如何通过 Wi-Fi 技术架设无线局域网？通过 Wi-Fi 架设无线局域网的网络设备主要有：

（1）无线网卡：是计算机的无线网络接入设备，相当于以太网中的有线网卡。

（2）无线访问接入点（Access Point，AP）：相当于以太网中的集线器或者交换机，在 AP 覆盖范围内的无线站点可以通过它进行相互通信。

（3）无线路由器：不仅具备无线 AP 的功能，能够连接无线站点，还具备路由器的功能，能够连入 Internet 或者其他网络。

图 5－19 所示是一个典型的 Wi-Fi 局域网接入 Internet 的网络结构图。

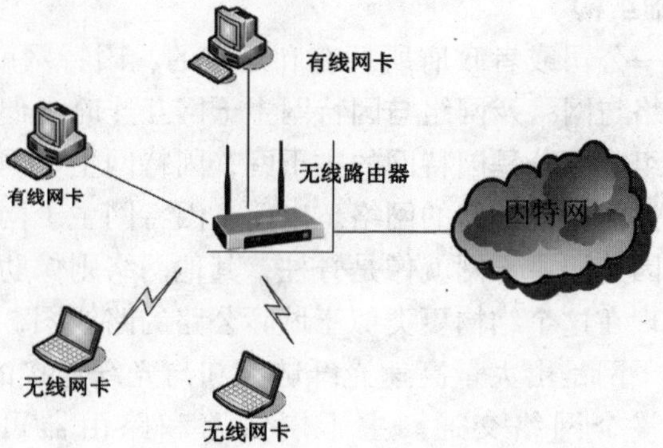

图 5－19　Wi-Fi 接入 Internet

第二节　Internet 基础

一、因特网基本技术

（一）因特网的历史

在 20 世纪 50 年代，通信研究者认识到需要允许在不同计算机用户和通信网络之间进行常规的通信，这促使了分布式网络、排队论和分组交换的研究。1960 年美国高级研究计划署（Advanced Research Projects Agency，ARPA）出于冷战考虑创建的 ARPA 网引发了技术进步并使其成为互联网发展的中心。1973 年 ARPA 网扩展成互联网，第一批接入的有英国和挪威的计算机。

ARPA 积极地参与了一个项目，这个项目可以用来帮助科学家们交流和共享有价值的计算机资源。1969 年架设的 ARPANET 连接了加州大学洛杉矶分校（UCLA）、斯坦福研究所（Stanford Research Institute）、犹他州立大学（University of Utah）和加州大学圣巴巴拉分校（University of California at Santa Barbara）四个地方的计算机。1985 年，美国国家科学基金会（National Science Foundation，NSF）使用 ARPANET 技术架设了一个类似的但更大的网络，它不再仅仅是连接几台大型机，而是连接了多个地方的所有局域网。连接两个或多个网络就形成了“互联网络”或者“互联网”，NSF 网络就是一种“互联网”（internet，小写“i”开头）。随着这种网络在世界范围内的发展，它的名字逐渐演变成为“因特网”（Internet，大写“I”开头）。

20 世纪 90 年代初期，软件开发者发明了用户界面友好的新式因特网接入工具，只要愿意按月缴纳费用，每个人都可以获得因特网账户。现在，因特网是非常庞大的，它可以连接全球的计算机，估计有 4 亿多个节点和超过 20 亿用户。确切的数字无法确定，据估计因特网每周的流量大概超过数百万亿个字节。

（二）因特网的基础结构

因特网并不是由某一公司或者政府所拥有和运作的，因特网就是一种数据通信网络。随着时间的发展，在网络与网络及网络与因特网主干网互连时，偶然地形成了因特网现在的结构。因特网的重要组成部分是因特网的主干网，因特网主干网是为因特网上的数据传输提供主路由所需的高性能通信链路的网络。以前，因特网主干网和与之连接的网络间的拓扑结构类似于这样：因特网主干网就像是脊柱，其他网络则像肋骨一样随主干网延伸的方向连接其上。然而，现在这个结构更类似于城际公路的路线图，有着许多连接点和许多冗长的路线。因特网主干网是由大量高速光纤链路和与光纤连接的高性能路由器组成的，这些路由器可以控制整个网络交通。主干网链路和路由器可以由网络服务提供商（Network Service Provider，NSP）们进行维护，如，SBC/AT&T、Sprint、Verizon's MCI 和 UUNET等公司。各个 NSP 的设备和网络都可以通过网络接入点（Network Access Point，NAP）连接到一起。

NSP 可以为大的因特网服务提供商（如中国电信、中国网通）提供因特网连接。因特网服务提供商（Internet Service Provider，ISP）是指向个人、企业和小型因特网服务提供商提供因特网接入的公司，如中国电信、中国移动、长城宽带、广电宽带等。

ISP 能够管理路由器、通信设备和其他网络设备，这些网络设备能够在物理层面上处理在用户和因特网之间进行传送与接收的数据。许多 ISP 还能够使用电子邮件服务器来处理用户传入和传出的邮件，有些 ISP 能使用 Web 服务器来维护用户的网站。ISP 也可能使用服务器将地址（如 www. google. com）通过 DNS（域名服务器）翻译成有效 IP 地址（如 209. 85. 225. 99）。ISP 也可以维护聊天组、即时消息、音乐文件共享、FTP 以及其他的文件传输服务所使用的服务器（如图 5 - 20 所示）。

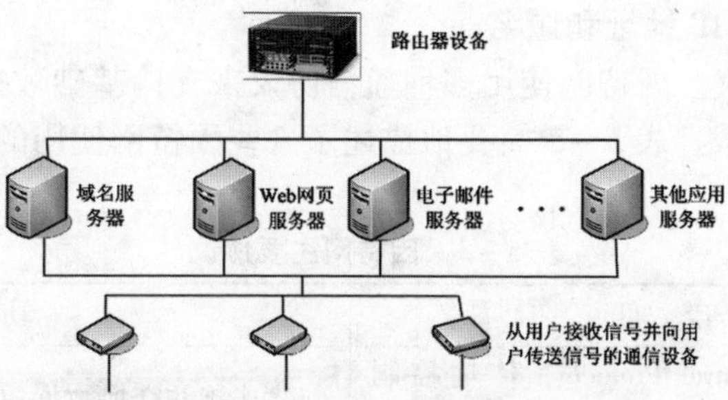

图 5－20　ISP 所架设的主要设备

要连接到 ISP，计算机需要使用一些通信设备，如调制解调器。调制解调器可以将来自计算机的数据信号转换成可以通过各种通信信道传输的信号，也能将来自通信信道的信号转换为计算机可以识别的数据信号。所要使用的调制解调器的类型取决于 ISP 所能提供的因特网服务类型（如拨号、有线电视因特网服务、卫星因特网服务或 DSL、无线 GPRS、3G 移动通信等）。

调制解调器（modem）起源于词语“调制”（modulate）和“解调”（demodulate）。在通信术语中，调制是指改变信号的特征，例如，拨号调制解调器会将数字脉冲转换成电话线上传播的模拟音频信号。解调则指将信号变回其原始状态。

独立计算机可以使用调制解调器或调制解调器与路由器的组合直接连接到 ISP。如果计算机在网络中，网络的路由器通常会处理因特网连接。图 5－21 显示了独立接入和通过局域网接入因特网之间的区别。

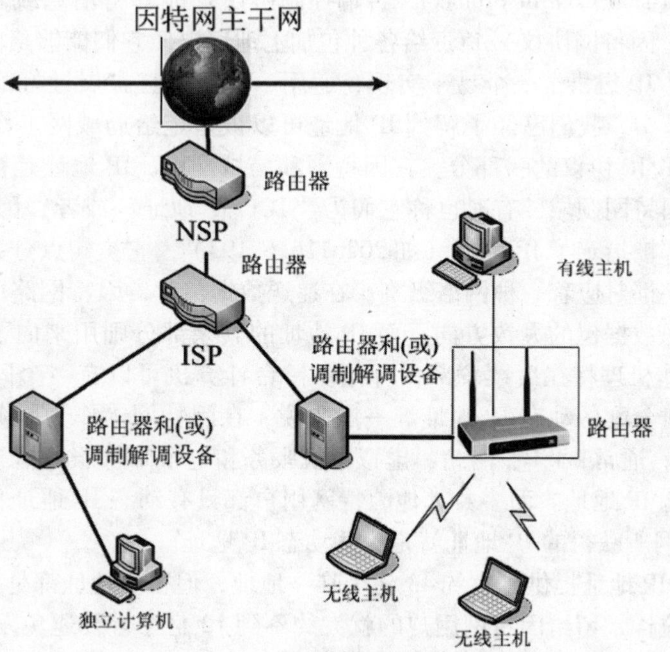

图 5－21　因特网接入举例

（三）因特网协议、IP 地址和域名

因特网使用哪些协议？因特网使用多种通信协议来支持基础数据的传输和服务，如电子邮件、Web 访问和下载。表 5－3 简要地描述了一些因特网使用的主要协议。

表 5－3　因特网主要协议

协　议	说　明	功　能
TCP	Transmission Control Protocol，传输控制协议	创建连接并交换数据包
IP	Internet Protocol，互联网协议	为设备提供唯一的地址，即 IP 地址
UDP	User Datagram Protocol，用户数据报协议	域名系统、IP 电话、在线流媒体应用等所使用的另一种不同于 TCP 的数据传输协议，是一种不需要建立连接的传输层协议
HTTP	HyperText Transfer Protocol，超文本传输协议	在 Web 网络上交换信息
FTP	File Transfer Protocol，文件传输协议	在本地计算机和远程主机之间传输文件
POP	Post Office Protocol，邮局协议	从邮件服务器向客户端收件箱传送邮件
SMTP	Simple Mail Transfer Protocol，简单邮件传输协议	将电子邮件从客户端计算机传送到邮件服务器

TCP/IP 是负责因特网上消息传输的主协议簇。协议簇是指协同工作的多个协议的组合。TCP（Transmission Control Protocol，传输控制协议）能够将消息或者文件分成包。IP（Internet Protocol，因特网协议）负责给各种包加上地址以便它们能够路由到其目的地。从实用角度看，TCP/IP 提供了一个易于实现、通用、免费并且扩展性好的因特网的协议标准。从前面的章节中，我们已经了解到 IP 地址可以被指定给局域网工作站。IP 地址起源于因特网，是 TCP/IP 协议的一部分。在因特网和局域网中，IP 地址是被用来确定计算机的唯一身份，在因特网领域，有时也称它们为“TCP/IP 地址”或者“因特网地址”。因特网上的所有设备都被指定了 IP 地址（如 202.116.6.193），它被句点分为四个八位组。每个八位组中的数字都对应着一种网络级别。在递送数据包时，因特网路由器会使用第一个八位组来确定递送数据包的大致方向。而 IP 地址的其余部分则用来向下搜索确切的目的地。IP 的详细工作机理将在后续章节中介绍。一台计算机可以有一个固定分配的静态 IP 地址或者一个临时分配的动态 IP 地址。一般来说，在因特网上作为服务器的计算机需要使用静态 IP 地址，通常，ISP、网站、虚拟主机服务和电子邮件服务器等需要一直连接因特网并且需要静态 IP 地址。而多数其他因特网用户都只有动态 IP 地址，如大部分家庭通过 DSL 接入因特网所获得的 IP 地址就是一些动态 IP 地址。

使用 32 位的 IP 地址提供了大约 43 亿个唯一地址，但很多地址都是为特定用途和特定设备所保留的，这样，留给因特网用户的就大约不到 12 亿个。要避免发生静态 IP 地址用尽的情况，在条件允许的情况下都会使用动态地址。动态 IP 地址可以在需要时进行分配，而且可以在需要时重新使用。每一个 ISP 都能够支配一组唯一的 IP 地址，分配给有需要的

用户。例如，如果用户有需要调制解调器建立电话连接的因特网连接，那么 ISP 的 DHCP 服务器会在用户的计算机连接到因特网时为其指定一个临时的 IP 地址。在用户断开连接后，这个 IP 地址就会被收回到 IP 地址组中，这样，这个地址就可以分配给登入因特网的其他用户。

尽管计算机间通信时要用到 IP 地址，但人们发现要记住这些长的数字串很困难，为此，许多因特网服务器也有一个简单易记的名字（如 jnu. edu. cn），这个名字就是域名。关于 IP 地址和域名的更详细的介绍将会出现在后续章节。

（四）因特网连接速度

在因特网中，数据以惊人的速度通过它进行传输。我们把数据从 A 点传输到 B 点，然后再传回 A 点所花费的时间称为延迟，通常，在美国范围内的平均延迟不大于 200 毫秒，其他国家的延迟会稍微大一些。如果想玩在线多人游戏，最好是有 100 毫秒以内的延迟。而高质量的 IP 电话和视频会议则需要不大于 200 毫秒的延迟。因特网中的连接速度可以通过链接到基于因特网的实用程序来进行速度测试，也可以使用一种叫做 Ping（Packet Internet Groper，因特网包探测器）的本地因特网实用程序，它可以向特定的因特网地址发信号，并等待回应。如果回应到达计算机，Ping 会报告计算机是在线的，并显示出消息往返所用的时间。Ping 还可以显示传输中是否会丢失了包。在信号受干扰或网络堵塞使因特网服务器和路由器崩溃时，包就可能丢失。丢失的数据包会导致 IP 电话和视频会议时断时续。用户在 ISP 的宣传资料上所看的连接速度是指用户的计算机和 ISP 之间的数据传输速率。连接速度一般由 Kbps（千位每秒）或 Mbps（兆位每秒）来度量。不同 ISP 所能提供的因特网连接速度是不同的。速度很慢的拨号连接的最大速度是 56 Kbps，速度达到 8 Mbps的高速连接是很平常的。高速连接可以很快地显示图形、流畅地播放流视频、处理基于网络的视频会议以及传输高质量的 IP 电话语音。

连接速度取决于连接 ISP 使用的是电话、有线电视、卫星还是无线链路。最大速度和实际速度是有区别的，因为链路会受到妨碍信号传输的噪声干扰影响，而且上行速度一般也和下行速度不同。上行速度是指由用户计算机到因特网的数据传输速率，而下行速度则是指数据到达用户计算机的速率。许多 ISP 会限制用户与因特网之间的数据交换速度，以保证所有用户能共享到相同的带宽。在很多情况下，上行速度要远小于下行速度。在上行速度与下行速度不同时，用户所使用的是非对称因我网因特网连接；而上行速度等于下行速度时，用户所使用的是对称因特网连接。非对称因特网连接会阻止用户架设可以传输大量上行数据的 Web 或电子邮件服务器。但对大多数用户来说，非对称连接就足够了，因为大部分互联网用户接入互联网的使用习惯是更多地从互联网中获取有用信息而不是提供信息。

消费者有多种选择连接到因特网。固定因特网接入是将计算机从一个固定点（如墙上的插口或屋顶天线）连接到 ISP，而便携式因特网接入允许用户随意地移动接入设备，如在停车后所部署的车载卫星天线。移动因特网接入则可以让用户在旅途中使用因特网，例如，在乘火车时使用移动电话来接收电子邮件。用户不必拘泥于一种因特网接入选择。许多消费者发现在家中使用固定因特网接入是很方便的，而在外出时则更适合使用便携式因特网接入或移动因特网接入。

二、因特网接入技术

ISP 是接入 Internet 的桥梁。无论是个人还是企业的计算机都不是直接连接到 Internet 上的，而是采用某种方式连接到 ISP 提供的某一网络设备上，再通过它接入 Internet。接入网（Access Network，AN）为用户提供接入服务，它包括骨干网到用户终端之间的所有设备，其长度一般为几百米到几千米，因而被形象地称为“最后一千米”。Internet 的接入技术非常之多，常用的主要有 DSL、有线电视接入、无线接入技术等。

（一）DSL 接入

DSL（Digital Subscriber Line，数字用户线路）是一种高速、数字化并且持续在线的因特网接入技术，是通过铜线或者本地电话网提供数字连接的一种技术。这种技术存在几种变体，包括非对称数字用户线路（Asymmetric DSL，ADSL，它的下行速率比上行速率要快）、对称数字用户线路（Symmetric DSL，SDSL，它的下行和上行速率相等）、高速数字用户线路（High-Rate DSL，HDSL）以及极高速数字用户线路（Very High Speed DSL，VDSL）等。通信界常用“xDSL”来指 DSL 技术的整个家族（包括对称 DSL、HDSL 等），而不是 DSL 技术的某一个变体。

DSL 的基本工作原理：电话系统设计之初，主要用来传送话音呼叫。出于经济的考虑，电话系统设计传送频率范围在 300 Hz 至 3.4 kHz 范围的信号。然而本地电话网到最终用户的铜缆实际上可以提供更高的带宽，至少从最低频率到 200Hz 至 800 kHz 不等，这取决于电路质量和设备的复杂度。DSL 服务通过利用电话线的附加频段成功地克服了在话音频带上传送大量数据的难题，DSL 服务通常保留 0.3 kHz 至 4 kHz 这个范围的频段给话音服务，也就是所谓的普通老式电话业务（POTS）使用的频段，使用这个范围以外的频率传送数据。它能将数字信号附加到普通电话线上未使用的频率范围中。如果 DSL 提供商允许，DSL 连接可以同时传输语音和数据。语音和数据信号可通过电话线路传输到本地电话公司的交换站，在那里，语音信号会与数据信号分离。语音信号被路由到普通的电话系统中，而数据信号被路由到 ISP，然后传输到因特网（如图 5-22 所示）。

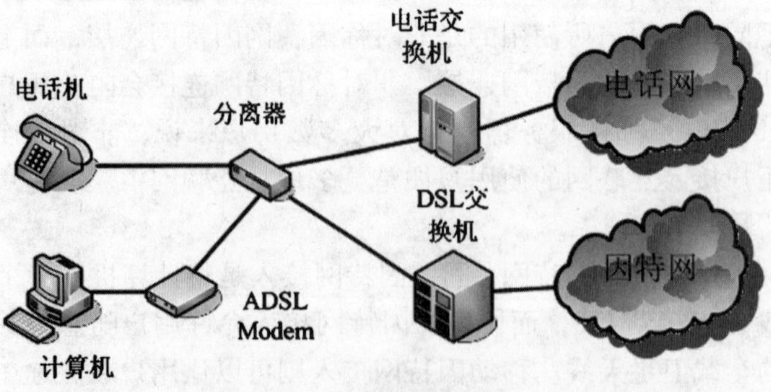

图 5-22　ADSL 接入示意图

DSL 连接的速度各有不同，影响速度的因素有电话线路的特性以及计算机与电话公司的交换站的距离等。现有的 DSL 技术在约 2 千米的距离上能以 6 Mbps 的最大下行速度传输数据，但 DSL 信号会随着距离的增加而衰减。而要使 DSL 工作，连接点到电话公司交换站的距离必须在 5 千米以内。

在许多地区，DSL 是由电话公司和 ISP 共同投资的，电话公司负责物理线路和语音传输，而 ISP 则负责数据传输，很多时候电话公司和 ISP 同属一个大的公司，如中国电信。在安装之前，需要联系本地的电话公司，以确定这个地区是否可以使用 DSL 服务，DSL 服务提供商会为用户提供安装指南。

DSL 安装通常需要调制解调器和滤波器（如图 5－23 所示）。DSL 是数字的，所以数据就不需要像使用拨号连接时那样先转换成模拟信号然后又转换回数字信号。但 DSL 信号还是要被调制，这样它们才能通过非语音频率传输。DSL 调制解调器是可将计算机连接到电话线的设备，它能将计算机的数据信号转换成适合 DSL 使用的信号。

ADSL 调制解调器

滤波器

图 5－23　ADSL 调制解调器和滤波器

（二）有线电视因特网接入

有线电视因特网服务（Cable Internet Service）是一种利用有线电视网接入 Internet 的技术。它通过 Cable 调制解调器（Cable Modem）连接有线电视网，进而连接到 Internet，也是一种宽带接入方式。有线电视的同轴电缆或光缆除了能传输数字数据外，还具有传输数百个频道电视信号的带宽。有线电视电缆可以同时为电视信号、输入数据信号和输出数据信号提供带宽。

同 DSL 接入方式类似，有线电视接入方式可以分为对称型和非对称型两种。对称型的数据上传速率和数据下载速率相同，都为 512 Kbps 至 2 Mbps；非对称型的数据上传速率为 512 Kbps 至 10 Mbps，数据下载速率为 2 Mbps 至 40 Mbps，其接入方式如图 5－24 所示。

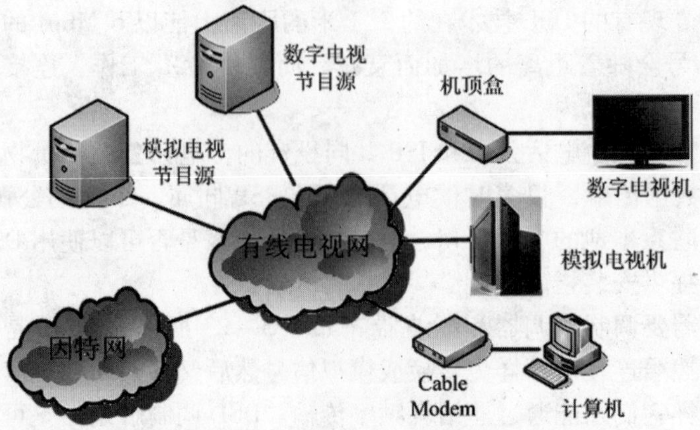

图 5－24　有线电视因特网接入

有线电视接入的主要优点有：

（1）带宽上限高。有线电视接入使用的带宽为 860 MHz 的同轴电缆，因而理论上它能达到的带宽比 ADSL 要高很多。

（2）上网、模拟电视节目和数字点播兼顾，三者互相不干扰。同轴电缆在传输信号的过程中，整个电缆带宽被分为三条“数据带”，分别用于数字信号上传（数字点播）、数字信号下传（上网）、模拟信号下传（模拟电视节目），因而数字数据和模拟数据不会发生冲突。

当然，有线电视接入方式有一些缺点，主要表现为：

（1）有线电视的接入带宽是整个有线电视社区用户共享的，一旦用户数增多，每个用户所分配的平均带宽就会迅速下降。这导致很多使用此类接入方式的用户在晚上的互联网接入体验要明显差于白天，这是由夜晚用户量激增造成的。

（2）必须对传统的有线电视网进行双向改造，未进行改造的地区就无法用这种方式接入 Internet。

（三）无线接入方式

目前，个人计算机还可以通过多种无线接入方式连入 Internet，主要有 Wi-Fi 无线局域网接入（又称 Wi-Fi 热点接入）和蜂窝移动数据网接入。

1. Wi-Fi 热点接入

在前面的章节中介绍过，Wi-Fi 是一种无线局域网技术，除了作为常用的家庭网络之外，Wi-Fi 也常用在商店、酒店、学校和市政当局所管理的公共网络中。如果用户的计算机像现在大多数笔记本电脑那样装备了 Wi-Fi 设备，那么就可以将计算机带到任何 Wi-Fi 热点附近以使用便携式因特网接入。Wi-Fi 热点是指公众可以访问的能提供因特网服务的 Wi-Fi 网络的区域。人们可以在咖啡店、酒店、社区中心和机场找到 Wi-Fi 热点。在通常情况下，可以将装有 Wi-Fi 卡的笔记本电脑在具有 Wi-Fi 热点覆盖的区域通过 Windows 操作系统上的网络实用程序自动识别 Wi-Fi 网络并建立连接，然后就可以使用任意的互联网应用。

2. 蜂窝移动数据网接入

在许多国家，蜂窝电话（也就是我们平常所说的手机）的覆盖区域非常广阔，而且这项技术真正算得上是“移动”技术，用户可以在行走或乘坐移动中的车辆时使用蜂窝电话。从一个蜂窝区域移动到另一个区域的过程信号不受干扰，真正实现了通信的无缝切换。使用蜂窝电话技术接入因特网可以提供很好的可移动性，这是当前多数有线或无线计算机网络技术所无法实现的。而且虽然过去的基于蜂窝技术的因特网接入速度比拨号接入还要慢，但现在新技术所提供的速度已经可以与其他宽带服务的速度相媲美。蜂窝数据传输的速率取决于蜂窝系统所使用的技术。蜂窝技术是按代分类的，第一代（1G）是模拟的，除了语音通信外没有提供多少功能。而由现在的蜂窝服务提供商所提供的数字的第三代（3G）技术则具有更高的语音和数据容量。而每一代技术又分为多个子类，如CDMA、GSM、GPRS、EV-DO和UTMS等。从表5-4可以看到2.5G技术提供的速度与56 Kbps的拨号调制解调器的速度相当，而3G技术的速度有望达到DSL的速度。

表5-4 蜂窝移动通信发展阶段

发展阶段	技术名称	速度峰值
1 G	APMS	无
2 G	CDMA PDC GSM	14.4 Kbps 9.6 Kbps 9.6~14.4 Kbps
2.5 G	GPRS	56~114 Kbps
3 G	UTMS EDGE EV-DO HSUPA	2 Mbps 384 Kbps 2.4 Mbps 5.76 Mbps

多数蜂窝服务提供商能提供电子邮件和因特网服务。普通的蜂窝电话可以使用WAP（Wireless Application Protocol，无线应用协议）来访问一些数目有限的经过专门设计的网站。WAP是一种专门针对蜂窝通信系统而设计的通信协议，它可以为手持设备（如蜂窝电话）提供因特网接入。具有WAP功能的设备包含一个微型浏览器，可以显示简化版的常见网站。

访问真正的因特网而不是WAP应用网站需要一种与WAP提供的方式不同的方式。蜂窝服务提供商也提供真正的因特网数据服务，有时称为移动宽带服务。宽带接入需要快速的连接、数据服务费以及移动宽带设备。当前较快的蜂窝因特网接入技术有EDGE、EV-DO和HSUPA。

EDGE（Enhanced Data Rates For GSM Evolution，GSM增强型数据速率提升）是一种3G技术，但它可以在GSM和GPRS蜂窝网络中使用。EDGE能以最大384 Kbps的速度传输数据。美国的Cingular、CellularOne和T-Mobile，中国的中国移动等公司都为用户提供基于 EDGE 技术的因特网接入服务。

EV-DOFi（Evolution Data Optimized，数据优化演进技术）是由美国 Qualcomm（高通）公司开发的一种 3G 技术，现在有 Sprint 和 Verizon 等公司在美国的主流市场中使用这项技术，中国电信的“天翼”3G 上网使用的也是 EV-DOFi 技术。EV-DOFi 为移动接入提供了平均 400 ~ 700 Kbps 的速度，峰值速度最大能达 2 Mbps。

HSUPA（High-Speed Uplink Packet Access，高速上行分组接入）是一种 3.5G 技术，它的理论速度最大可超过 5 Mbps。美国 Cingular 公司在其主要市场中正在将 EDGE 技术升级到 HSUPA 技术。多数蜂窝服务提供商会提供兼容 EDGE、EV-DOFi 或 HSUPA 技术的无线调制解调器（如图 5 - 25 所示）。这种调制解调器可以插到笔记本电脑的 PC 卡插槽中，用户可以按照生产商的说明安装这种调制解调器。在调制解调器安装完成后，用户就可以使用它连接到因特网（如图 5 - 26 所示），同时可以使用常用的工具集（包括网页浏览器和电子邮件软件）。

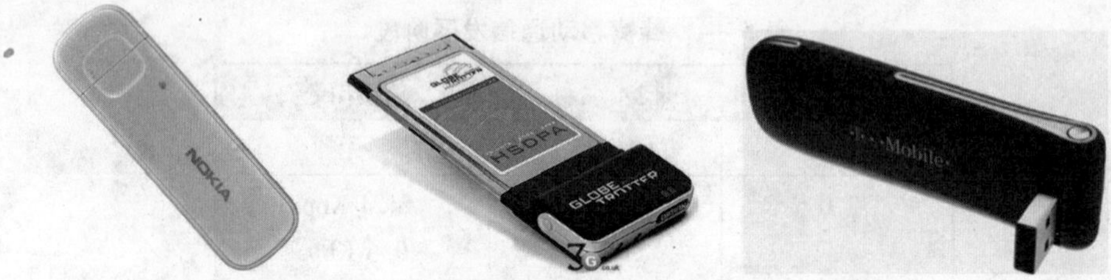

图 5 - 25　无线调制解调器（2G/3G 调制解调器）

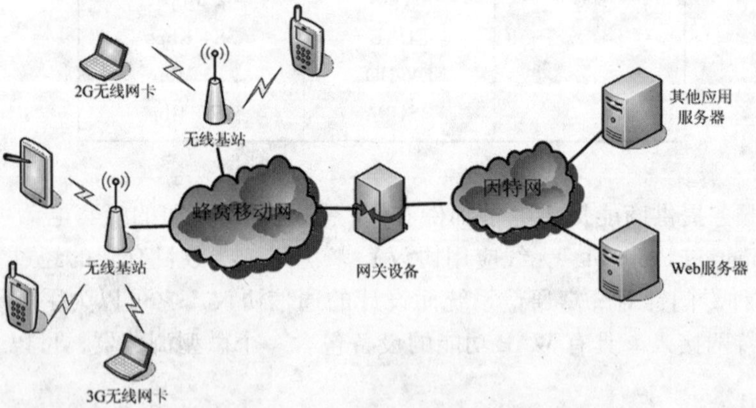

图 5 - 26　蜂窝移动通信接入因特网

就像许多笔记本电脑会内置 Wi-Fi 电路以接入无线局域网和热点那样，一些生产商也在笔记本电脑中内置了用来接入移动宽带的 EDGE、EV-DOFi 或 HSUPA 电路。现在市场上销售比较红火的“上网本”就是这样的计算机。

（四）共享接入

前面的多种接入方式都可以将一台计算机使用一个个人账号接入 Internet。如果要将一批计算机接入 Internet 而只使用一个账号，这种方式称为共享接入。共享接入通过构建局域网，将能够接入 Internet 的计算机与其他计算机连接起来，其他计算机通过共享的方式接入 Internet。常见的共享方式主要有两种：基于双网卡的共享方式和路由方式。

1. 双网卡共享方式

双网卡共享方式在能够接入 Internet 的计算机上安装两块网卡，一块用来连接Internet，另外一块用来连接局域网的其他计算机，其接入方式如图 5－27 所示。

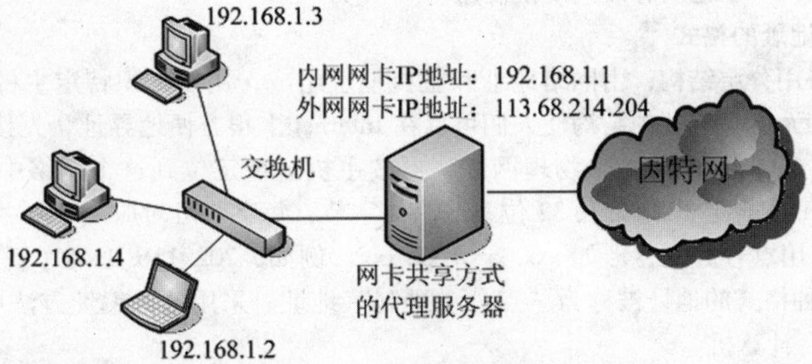

图 5－27 双网卡共享示意图

在 Windows XP 中，通过简单的设置就能共享接入 Internet 了。首先将接入 Internet 的网卡设置为共享连接，则网卡的连接属性变为共享的。其次将另外一块网卡的 IP 地址设置为 C 类保留地址 192. 168. 1. 1，其他计算机的 IP 地址设置为 192. 168. 1. x（x 为 2 ~ 254）。这样，其他计算机就能够共享接入 Internet 了。

2. 路由方式

通过路由方式接入 Internet 是一种最常用的共享接入方式。通过路由器使一批计算机接入 Internet，连接方式如图 5－28 所示。路由器一般有两种接口：WAN 端口和 LAN 端口。WAN 端口用于连接 Internet，LAN 端口连接内部局域网。WAN 端口的 IP 地址一般是 Internet 上的公有 IP 地址（可以是静态 IP 地址或者动态 IP 地址），而 LAN 端口的 IP 地址一般是为局域网保留的 IP 地址。

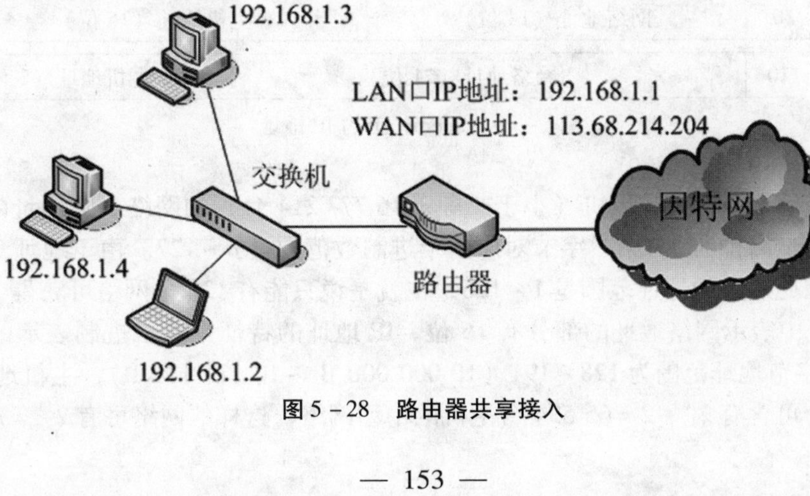

图 5－28 路由器共享接入

三、IP 地址

IP 地址是一种在 Internet 上的给主机编址的方式，也称为网际协议地址。在 Internet 上为每台计算机指定的 IP 地址是唯一的。IP 地址是一个逻辑地址，其目的是屏蔽物理网络细节，使得 Internet 从逻辑上看起来是一个整体的网络。常见的 IP 地址分为 IPv4 与 IPv6 两大类。目前，IPv6 还没有被大规模使用。

（一）IP 地址的格式

IP 地址采用分层结构，由网络地址和主机地址组成，用以标识特定主机的位置信息，如图 5－29 所示。IP 地址的结构使人们可以在 Internet 上很方便地寻址，先按 IP 地址中的网络地址找到 Internet 中的一个物理网络，再按主机地址定位到这个网络中的一台主机。TCP/IP 协议 IPv4 规定 IP 地址长 32 位，分为 4 字节，每字节可对应一个 0～255 的十进制整数，数之间用点号分隔，形如 xxx. xxx. xxx. xxx。例如，202. 116. 0. 45（暨南大学 WWW 服务器），这种格式的地址被称为“点分十进制”地址。采用这种编址方法可使Internet容纳大约 40 亿台计算机。

网络地址	主机地址

图 5－29　IP 地址格式

（二）IP 地址的类型

根据网络规模的大小，IP 地址分成 A、B、C、D、E 五类，它们的格式如图 5－30 所示。地址数据中的全 0 或全 1 有特殊含义，不能作为普通地址使用。例如，网络地址 127 专用于测试，不可作其他用途。如果某计算机发送信息给 IP 地址为 127. 0. 0. 1 的主机，则此信息将传送给该计算机自身。在 IP 地址分类中，A 类、B 类和 C 类地址为基本地址，即使用最为广泛的地址。

A 类	0	网络地址（7 位）	主机地址（24 位）
B 类	10	网络地址（14 位）	主机地址（16 位）
C 类	110	网络地址（21 位）	主机地址（8 位）

图 5－30　Internet 上的 IP 地址

A 类地址用于拥有大量主机（小于或等于 16 777 214 台）的网络。IP 地址的特征是其二进制表示的最高位为 0，第一字节对应的十进制数范围是 0～127。由于地址 0 或 127 有特殊用途，因此有效的地址范围是 1～126，也就是说只能有 126 个网络可获得 A 类地址。

B 类地址中表示网络地址的部分有 16 位，IP 地址的特征是其二进制表示的最高两位为 10，第一字节地址范围为 128～191（10 000 000 B ～10 111 111 B），主机地址也是 16 位。这是一个可含有 $2^{16}-2=65\ 534$ 台主机的中型网络，这样的网络可有 $2^{14}=16\ 384$个。

C 类地址用于主机数量不超过 254 台的小网络，IP 地址的特征是其二进制表示的最高三位为 110，第一字节地址范围为 192 ~ 223（11 000 000 B ~ 11 011 111 B）。

采用点分十进制编址方式可以很容易通过第一字节的值识别一个 IP 地址属于哪一类。例如，202. 116. 0. 45 是 C 类地址。

由于地址资源紧张，因而在 A、B、C 类 IP 地址中，按如表 5 – 5 所示的范围保留部分地址，保留的 IP 地址段不能在 Internet 上使用，但可重复地使用在各个局域网内，它们也被称为私网地址（表 5 – 5 为保留的 IP 地址段）。

表 5 – 5　保留的 IP 地址

网络类型	地址段	网络数
A 类	10. 0. 0. 0 ~ 10. 255. 255. 255	1
B 类	172. 16. 0. 0 ~ 172. 31. 255. 255	16
C 类	192. 168. 0. 0 ~ 192. 168. 255. 255	256

为了将使用这些保留地址的计算机接入 Internet，只需要在连接这个网络的路由器上设置网络地址转换（Network Address Translation，NAT）功能，就会自动将内部地址转换为合法的外部网 IP 地址。如图 5 – 31 所示，两个局域网内都有一台主机使用保留地址 192. 168. 1. 1，通过路由器分别转换为 202. 116. 6. 193 和 203. 116. 2. 3，这就相当于两个具有不同外部 IP 地址的路由器在通信。

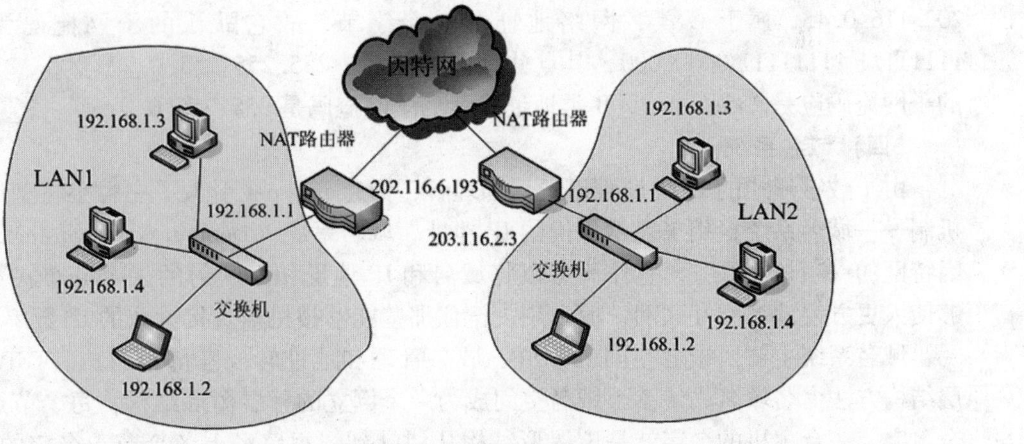

图 5 – 31　通过 NAT 路由器接入 Internet

国内中国移动、中国联通联网的时候给用户的地址是保留地址，采用 NAT 技术接入 Internet。

目前 IP 技术可能使用的 IP 地址最多可有约 42 亿个，乍看觉得很难用尽，但由于早期编码上的问题，使很多编码实际上被闲置或不能使用。加上互联网的普及，使每个家庭都至少有一台电脑，连同公司的电脑以及连接每个网络的服务器。

随着互联网的快速成长，IPv4 的 42 亿个地址最终将于 2011 年左右用尽。相应的科研组织已研究了 128 位的 IPv6，其 IP 地址数量最高可达 2^{128} 个，届时，每个人家居中的每件电器、每件对象，甚至地球上每一粒沙子都可以拥有自己的 IP 地址。未来几年是从 IPv4 网络过渡到 IPv6 网络的时期。与“点分十进制”地址类似，IPv6 采用冒号十六进制表示：每 16 位划分为一段，每段被转换成一个四位的十六进制数，并用冒号隔开。例如 FBDC：BD09：7 894：3 910：AEBF：BC67：2 956：37B57。

（三）子网掩码

子网掩码（subnet mask）又叫网络掩码、地址掩码，它是一种用来指明一个 IP 地址的哪些位标识的是主机所在的子网以及哪些位标识的是主机的位掩码，是一个 32 位的模式。当主机之间通信时，通过子网掩码与 IP 地址的“逻辑与”运算，可分离出网络地址，如果得出的结果是相同的，说明这两台计算机是处于同一个子网络上的，可以进行直接通信。

通常情况下，子网掩码的表示方法和地址本身的表示方法是一样的。在 IPv4 中，就是点分四组表示法（四个取值从 0 到 255 的数字由点隔开，比如 255. 128. 0. 0）或表示为一个八位十六进制数（如 FF. 80. 00. 00，它等同于 255. 128. 0. 0），后者用得较少。

还有一种更为简短的形式叫做无类别域间路由（Classless Inter - Domain Routing，CIDR）表示法，它给出的是一个网络号加上一个斜杠以及网络掩码的二进制表示法中“1”的位数（即网络号中和网络掩码相关的是哪些位）。例如，192. 0. 2. 96/28 表示的是一个前 28 位被用做网络号的 IP 地址（和 255. 255. 255. 240 的意思一样）。

设置子网掩码的规则是：凡 IP 地址中表示网络地址的那些位，在子网掩码对应位上设置为 1，表示主机地址的那些位设置为 0。例如，暨南大学 WWW 服务器的 IP 地址 202. 116. 0. 45，属于 C 类，网络地址共 3 个字节，故它默认的子网掩码为 11111111 11111111 11111111 00000000，其点分十进制形式是 255. 255. 255. 0。显然，A 类地址默认的子网掩码应是 255. 0. 0. 0，B 类地址默认的子网掩码是 255. 255. 0. 0。

（四）域名系统

由于数字形式的 IP 地址难以记忆和理解，为此 Internet 引入了一种字符型的主机命名机制——域名系统，用来表示主机的 IP 地址。域名系统（Domain Name System，DNS）是因特网的一项核心服务，它作为可以将域名和 IP 地址相互映射的一个分布式数据库，能够使人更方便地访问互联网，而不用去记住那些能够被机器直接读取的 IP 数串。

域名系统主要由域名空间的划分、域名管理和地址转换三部分组成。TCP/IP 采用分层结构方法命名域名，使整个域名空间成为一个倒立的分层树形结构，每个节点上都有一个名字。一台主机的名字就是该树形结构从树叶到树根路径上各个节点名字的一个序列，如图 5 - 32 所示。很显然，只要一层不重名，主机名就不会重名。

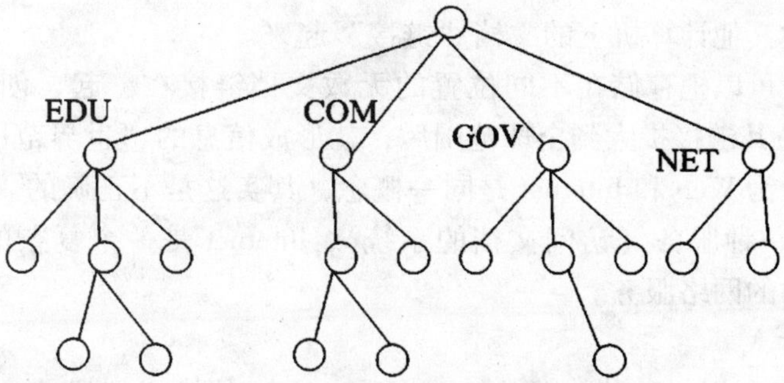

图 5 - 32 域名空间结构

域名系统本质上是一个命名系统，此系统的主要工作是把按命名规则产生的名字和对应的 IP 地址进行统一高效的管理和相互的转换。域名的写法类似于点分十进制的 IP 地址的写法，用点号将各级子域名分隔开来，域的层次次序从右到左（即由高到低或由大到小），分别称为顶级域名、二级域名、三级域名等。典型的域名结构如下：

主机名. 单位名. 机构名. 国家名

例如，域名 lib. jnu. edu. cn 表示中国（cn）教育机构（edu）暨南大学（jnu）校园网上的图书馆资源主机（lib）。

Internet 上几乎在每一个子域都设有域名服务器，服务器中包含有该子域的全体域名和 IP 地址信息。Internet 中每台主机上都有地址转换请求程序，负责域名与 IP 地址之间的转换工作。域名与 IP 地址之间的转换工作称为域名解析，整个过程是自动进行的。有了 DNS，凡域名空间中有定义的域名都可以有效地转换成 IP 地址，同样地，IP 地址也可以转换成域名。因此，用户可以等价地使用域名或 IP 地址。

四、Internet 的基本服务

网络服务在此指称所有通过网络提供的服务。随着互联网的不断发展，网络服务需求的多样化，以及硬件设施的飞速发展，网络服务也向着更多样、更复杂的方向发展。Internet是一些不同服务的载体，这些服务都有自己的特色和目的。

最常用、最基本的 Internet 服务有：①World Wide Web 信息浏览服务；②电子邮件；③电子商务；④文件传输服务；⑤即时通信；⑥IP 电话服务（VoIP）；⑦对等式服务；⑧息检索服务（包括 baidu、google、图书资料检索等）。

使用这些服务以前，计算机必须以某种方式连接到 Internet。一个需要接入 Internet 的用户可以通过前面的任意一种“因特网接入技术”接入到 Internet。

（一）World Wide Web

1989 年，研究人员在瑞士日内瓦的欧洲粒子物理实验室创建了 World Wide Web（又称 Web 或 WWW），这种技术可以把脚本、图形和交叉引用添加到在线文档中。利用 Web，可以轻松地访问存储在网络上的任何文档，而不必搜索文件的索引或目录，也不必在查看文档之前，把文档从一台计算机手动复制到另一台计算机上。利用 Web，可以把存储在一台计算机上或网络中其他计算机上的文档“链接”起来。

利用某种方法，可以把存储在不同位置的无数文档链接在一起，创建一个互连信息“网”。将文档集合及其链接扩大到全球范围后，就形成信息的“世界范围的网”，Web 也因此得名。很多人认为 Web 和 Internet 是同一概念，其实这是不正确的。实际上，Web 只是由 Internet 支持的一种服务（访问文档的系统），Internet 是一个复杂的基础网络系统，它可以支持各式各样的网络服务。

1. Web 的运行方式

由于 Web 文档是利用一种称为超文本（Hypertext）的格式创建的，所以可以链接在一起。当数据非常多，而且包含文件、图片、声音、电影等时，利用超文本系统可以轻松地管理数据。在超文本系统中，在计算机屏幕上看到一个文档时，还可以访问与其链接的所有数据。

为了支持超文本文档，Web 使用了一种称为 HTTP（HyperText Transfer Protocol，超文本传送协议）的特殊协议。超文本文档是一种使用 HTML（HyperText Markup Language，超文本标记语言）的特殊编码文件。利用这种语言编写文档时可以嵌入超文本链接，又称为超链接（Hyperlink）或简称为链接（Link）。HTTP 和 HTML 是 World Wide Web 的基础。有关 HTTP 和 HTML 更深入的介绍将出现在后续基于 DreamWeaver 的“网页制作”的章节。

超文本文档通常被称为 Web 页面（Web page）。在计算机屏幕上阅读超文本文档时，单击编写为超文本链接的单词或图片，可以马上跳转到同一个文档的不同位置，或者跳转到另一个 Web 页面上。被跳转的新页面也许和原来的页面在同一台计算机上，也许在Internet上的其他位置。在跳转到新位置时，由于不需要了解各个命令和地址，所以 World Wide Web 把杂乱无章的资源组织成一个无缝的整体。

相关 Web 页面的集合称为 Web 站点（Web site）。Web 站点驻留在 Web 服务器上，即通常存储数千个 Web 页面的 Internet 主机。把页面复制到服务器的过程称为发布（publishing）页面，又称为提交或者上传。这些在后续的基于 DreamWeaver 的“网页制作”章节中都会详细介绍。

2. Web 浏览器

科研人员一度把 Web 看成是一种有趣的工具，却并不是十分令人满意。但是当 NCSA（美国国家超级计算机应用中心）在 1993 年开发出一种点击式 Web 浏览器 Mosaic 时，这种情况发生了变化。Web 浏览器（Web browser）是一种应用程序，用于查找 Web 上的超文本文档，然后在用户的计算机上打开文档。点击式浏览器具有图形用户界面，通过单击超链接文本和图像，可以跳转到其他文档或者查看其他数据。Mosaic 和由它发展而成的 Web 浏览器改变了人们使用 Internet 的方式。现在，最流行的图形 Web 浏览器是 Microsoft 公司的 Internet Explorer 及其兼容浏览器，如 Maxthon、TheWorld 浏览器以及搜狗高速浏览器等，另外还有 Mozilla 的 FireFox、Opera 公司的 opera 浏览器以及 Google 的 Chrome 等。

3. URL

超文本传输协议（HTTP 协议）以一种称为 URL 或统一资源定位符（Uniform Resource Locator）的特殊格式使用 Internet 地址。URL 的格式：

类型：//地址/路径

在 URL 中，“类型”指定文件所在服务器的类型，“地址”是服务器的地址，“路径”是服务器文件结构内的位置。路径包括所需文件（Web 页面本身或其他一些数据）所在的文件夹列表。由于 URL 表示服务器磁盘上的特定文档，所以 URL 可能非常长，但是 World Wide Web 上的每个文档都有一个唯一的 URL。

图 5-33　URL 结构组成

4. 搜索引擎

搜索引擎是用来搜索网上资源、提供所需信息的工具，表 5-6 列出了国内常用的搜索引擎。搜索引擎通过采用分类查询方式或主题查询方式获取特定的信息。搜索引擎并不真正搜索 Internet，它搜索的是预先整理好的网页索引数据库。当用户查找某个关键词时，所有在页面内容中包含了该关键词的网页都将作为搜索结果被搜出来。在经过复杂的算法后，这些结果将按照与搜索关键词的相关度高低依次排列，呈现给用户的是到达这些网页的链接。

表 5-6　常见搜索引擎

搜索引擎名称	URL 地址	说　明
Google	http://www. google. com	全球最大的搜索引擎
百度	http://www. baidu. com	全球最大的中文搜索引擎
搜狗	http://www. sogou. com	搜狐公司推出的中文搜索引擎
Bing	http://www. bing. com/	微软推出的新一代搜索引擎
有道	http://www. youdao. com	网易自主研发的搜索引擎

各种搜索引擎的能力和偏好不同，所以搜索到的网页各不相同，排序算法也不同。使用不同搜索引擎的重要原因就是它们能分别搜索到不同的网页。而 Internet 上有更大量的网页，是搜索引擎无法抓取索引的，也是无法用搜索引擎搜索到的。搜索引擎的商务是一种新的商业模式，在中国内地还有很多人用网址大全去寻找商业平台网站的时候，搜索引擎营销的方式慢慢地兴起，越来越多的买家或卖家通过搜索引擎来寻找自己的需要。其中以 Google 最为出名，可以说是一代搜索引擎的楷模。Google 以其优秀的搜索算法和不被竞价排名所笼罩的口碑成为全世界最为出名的搜索引擎。

随着互联网的发展，网上可以搜索到的网页越来越多，而网页内容的质量亦变得良莠不齐，没有保证。所以，未来的搜索引擎将会朝着知识型搜索引擎的方向发展，以期为搜索者提供更准确、更适用的数据。一方面，网上的百科全书如雨后春笋般地发展起来；另一方面，近年来亦有不少公司尝试在搜索方面改进，力求做到更符合用户的要求。诸如 Copernic Agent 之类的搜索代理就是其中之一。

5. 文献检索

计算机文献检索经常称为机检，是文献检索的一种方式。它是通过计算机来模拟人的手工检索过程，由计算机来处理检索者的检索提问，将检索者输入检索系统的检索提问（即检索标识）按检索者预先制定的检索策略与系统文档（机读数据库）中的存贮标识进行类比、匹配运算，通过“人机对话”而检索出所需要的文献。目前计算机检索包括光盘数据库、网络数据库检索和互联网信息检索。随着 Internet 和 WWW 的迅速发展，基于 WEB 方式的文献检索正日益成为科研人员的一项必备技能。

（1）文献数据库。

为方便利用计算机进行文献检索，Internet 上建立了许多文档型的数据库，存放已经数字化的近期文献信息和动态信息，用户可以按照文献的发表年份、文献中提及的人名等内容从数据库中查找相关文献。普通用户可在网上检索数据库，并免费获取书目、文摘，还可获得期刊全文。各高校的图书馆陆续引进了一些大型文献数据库，如国外的 IEEE、ACM 和国内的中国学术期刊网、万方数据库等，这些电子资源以镜像主机站点的形式链接在校园网上供校内师生使用，各学校的网络管理部门通常采用 IP 地址控制访问权限，在校园网内登录时无须账号和密码。常用的文献数据库如表 5－7 所示。

表 5－7　常用文献数据库

数据库名称	说　明
IEEE/IEE（IEL）数据库	提供美国电气电子工程师学会（IEEE）和英国电气工程师学会（IEE）出版的期刊、会议、标准的全文信息
ACM Digital Library 数据库	美国计算机协会全文数据库。ACM 是世界上最早和最大的计算机教育和科研协会，它创立于 1947 年，目前提供的服务遍及 100 余个国家，会员人数达 8 万多人。该数据库收录计算机科学技术及其相关学科的文献数据。每篇文献著录的内容包括：书目信息（包括题名、作者、出版者、卷、期、页码）、索引（以文章关键词和 ACM 计算机分类系统编排）、文摘、评论和全文
万方数据库	建立在因特网上的大型科技、商务信息平台，内容涉及理、工、农、医、人文等自然科学和社会科学的各个专业领域，包含 2 500 多种核心期刊，实现全文上网
中国学术期刊 CNKI	收录国内 1994 年至今的 6 600 种核心与专业特色中英文期刊的全文。覆盖理、工、农、医以及社会科学各专业。积累全文文献 1 500 多万篇，题录 1 500 多万条，分九大专辑、126 个专题文献数据库，提供《中国期刊网专题全文数据库》、《中国学术期刊（光盘版）》和《中国学术期刊专题全文数据库光盘》三种形式的产品

（续上表）

数据库名称	说 明
中国生物医学文献数据库 CBM	收录了1978年以来1 600多种中国生物医学期刊，以及汇编、会议论文的 文献题录，年增长量约40余万篇，数据总量达350余万篇。涉及基础医学、临床医学、预防医学、药学、口腔医学、中医学及中药学等生物医学 的各个领域
PQDD 学位论文全文数据库	美国 ProQuest 公司（原名 UMI 公司）出版的博硕士论文数据库。它收录了欧美1 000余所大学的170万篇学位论文，论文内容涉及文、理、工、农、医等领域，是目前世界上最大和使用最广泛的学位论文数据库

（2）文献检索方法。

利用 Google 学术搜索（http：//scholar. google. com），可在 Internet 上快速地查找文献。Google 学术搜索的使用方法与 Google 搜索相同。另外，利用“学术高级搜索”中的选项还可以按照文献的作者、关键词、刊物名称、出版日期等进行内容搜索，图 5－34 所示为一个使用 Google 学术搜索查找论文的实例。

针对专业的文献数据库，登入图书馆文献网站进行检索，如图 5－35 所示。在Internet上检索到的文献，很多是需要付费下载的，所以可以将以上两种手段结合起来使用，首先通过 Google 学术搜索，查找到文献的出处，然后再通过学校图书馆的相应数据库检索并下载文献的全文。

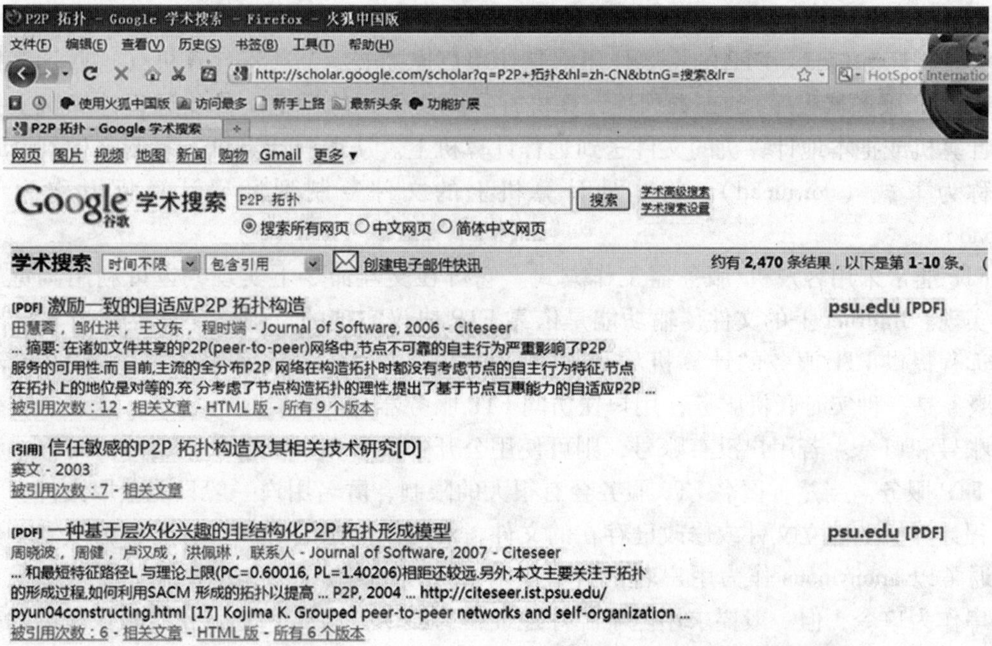

图 5－34 通过 http：//scholar. google. com/ 进行学术论文的检索

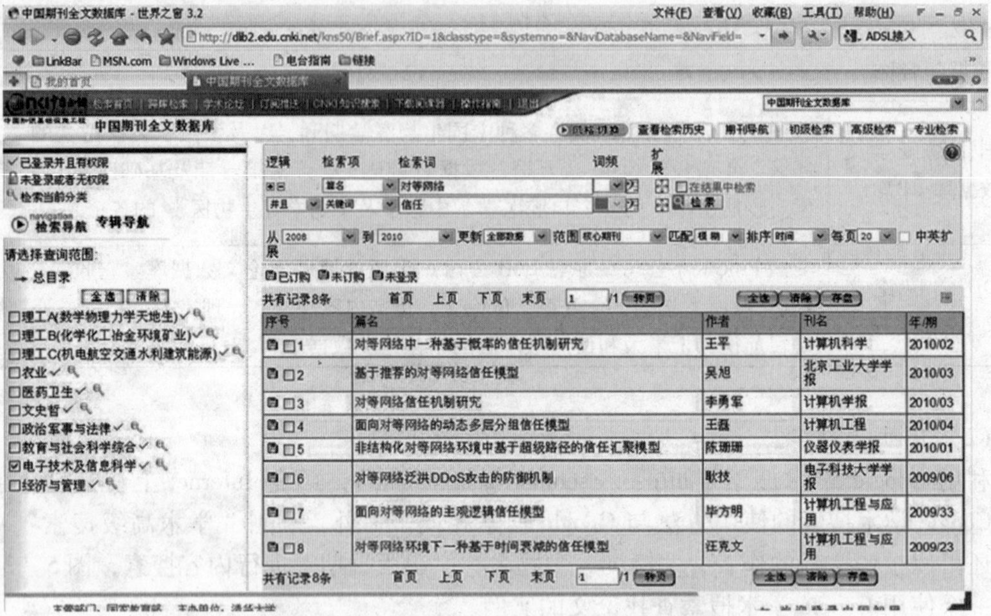

图 5－35 通过文献数据库进行文献检索

（二）FTP 服务

FTP 是 File Transfer Protocol（文件传输协议）的英文简称，而中文简称为“文传协议”，用于 Internet 上控制文件的双向传输。同时，它也是一个应用程序（application）。用户可以通过它把自己的 PC 机与世界各地所有运行 FTP 协议的服务器相连接，访问服务器上的大量程序和信息。FTP 的主要作用就是让用户连接上一个远程计算机（这些计算机上运行着 FTP 服务器程序），查看远程计算机有哪些文件，然后把文件从远程计算机上拷到本地计算机或把本地计算机的文件送到远程计算机上。从远程计算机上复制文件到本地计算机称为下载（download），将本地计算机上的文件复制到远程计算机上称为上传（upload）。

FTP 通常采用客户机/服务器工作方式。它可在交互命令下实现，也可利用浏览器工具来实现。Internet 上的文件传输功能是依靠 FTP 协议实现的。用户计算机称为 FTP 客户机，远程提供 FTP 服务的计算机称为 FTP 服务器，它通常是信息服务提供者的计算机。FTP 服务是一种实时联机服务，用户在访问 FTP 服务器之前需要进行登录，登录时将验证用户账号和口令。若用户没有账号，则可使用公开的账号和口令登录，这种访问方式称为匿名 FTP 服务。当然，匿名 FTP 服务会有很大的限制，匿名用户一般只能获取文件，不能在远程计算机上建立文件或修改已存在的文件，对可以复制的文件也有严格的限制。匿名 FTP 通常以 anonymous 作为用户名，当用户以 anonymous 登录后，FTP 服务器可接受任何字符串作为口令，但一般要求用电子邮件地址作为口令，这样 FTP 服务器的管理员就能知道谁在登录，当需要时可及时联系。

在实现文件传输时，需要使用 FTP 程序。目前，常用的 FTP 程序有两种类型：浏览器与 FTP 下载工具。在 Windows 系统中，浏览器都带有 FTP 程序模块，可在浏览器窗口的地址栏中直接输入 FTP 服务器的 IP 地址或域名，浏览器将自动调用 FTP 程序完成连接。例如，要访问 IP 地址为 172.16.100.200 的 FTP 服务器，可在 IE 地址栏中输入 ftp://172.16.100.200。当连接成功后，浏览器窗口显示出该服务器上的文件夹和文件名列表。

为提高从 FTP 服务器下载文件的速度，可使用 FTP 下载工具。FTP 下载工具可以在网络连接意外中断后，通过断点续传功能继续进行剩余部分的传输。FTP 下载工具中较有名的共享软件是 CuteFTP，可从很多提供共享软件的网站获得，它功能强大，支持断点续传、上传、文件拖放等。另外，开源的 FileZilla 也非常实用。

（三）电子邮件

电子邮件是指通过互联网进行书写、发送和接收的信件。电子邮件是互联网上最受欢迎且最常用到的功能之一，有时会被简称为电邮或邮件。电子邮件是 Internet 提供的一项基本服务。每个 Internet 用户经过申请，都可以成为电子邮件系统的用户，他们都有一个属于自己的电子邮箱。网上的所有用户均可向此邮箱发送电子邮件，但只有邮箱的所有者才能检查、阅读或删除该邮箱中的电子邮件。

每个电子邮箱都有唯一的邮件地址，其形式为：邮箱名@邮箱服务器主机域名。如，abc@126.com 是一个邮件地址，它表示邮箱的名字是 abc，邮箱所在的主机是 126.com。

电子邮件与普通的邮件相似，它也有固定的格式。电子邮件由三部分组成，即信头、正文和附件。邮件信头主要包含发件人的地址、收件人的地址和邮件的主题等。在邮件的信头上最重要的就是收件人的地址，发送邮件的计算机使用邮件地址中“@”后面的部分来确定电子邮件应该送达的计算机，收到电子邮件的计算机则使用邮件地址中“@”前面的部分来选择邮箱，并将电子邮件放进去。电子邮件的正文就是信件的内容。电子邮件的附件中可以包含一组文件，文件类型任意。为了让用户能使用任意的编码书写邮件正文，邮件系统都使用 MIME（Multipurpose Internet Mail Extensions，多用途因特网邮件扩充）协议。它在邮件头部和正文中都增加了一些说明信息，说明邮件正文使用的数据类型和编码，邮件接收方则根据这些说明来解释正文的内容。MIME 还允许发送方将正文的信息分成几个部分，每个部分可以指定不同的编码方法。这样，用户就可以在同一信件正文中既发送普通文本又附加图像。

使用电子邮件的用户通常需要安装一个电子邮件程序，如 Outlook Express、Foxmail 等，但是随着 Web 技术和电子邮箱技术的发展，越来越多的用户直接通过浏览器以 Web 的方式收发电子邮件。

类似 FTP 服务，电子邮件系统的工作过程遵循客户机/服务器模式，它分为邮件服务器端与邮件客户端两部分。邮件服务器分为接收邮件服务器和发送邮件服务器两类。接收邮件服务器中包含了众多用户的电子信箱。电子信箱实质上是邮件服务提供机构在服务器的硬盘上为用户开辟的一个专用存储空间。当发送方发出一份电子邮件时，邮件传送程序与远程的邮件服务器建立 TCP 连接，并按照简单邮件传输协议（Simple Mail Transfer Protocol，SMTP）传输电子邮件，经过多次存储转发，最终将该电子邮件存入收件人的邮箱。

当收件人将自己的计算机连接到邮件服务器并发出接收指令后，邮件服务器按照邮局协议（Post Office Protocol Version 3，POP3）鉴别邮件用户的身份，对收件人邮箱的存取进行控制，让用户端读取电子信箱内的邮件。

（四）基于 WEB 的聊天和即时通信服务

IRC（Internet Relay Chat，Internet 中继聊天）是 Internet 用户之间实时通信的一种方法。实时通信意味着可以马上和其他用户通信，发送和接收消息之间没有等待期间，这和电子邮件不一样。聊天室是在 Web 站点上添加的另一种聊天方式，用户可以直接在 Web 浏览器窗口中参加聊天会话，而不必安装或运行特殊的聊天软件。

由于在线的用户都可以看到聊天内容，所以公共聊天室无法保证隐私。为了解决这个问题，IM（Instant Messaging，即时通信）软件应运而生，这是一种限制特定用户参与聊天的聊天软件。目前流行的 IM 服务包括腾讯 QQ（如见图 5－36 所示）、微软的 Windows Live Messager、Google 的 GTalk 等。

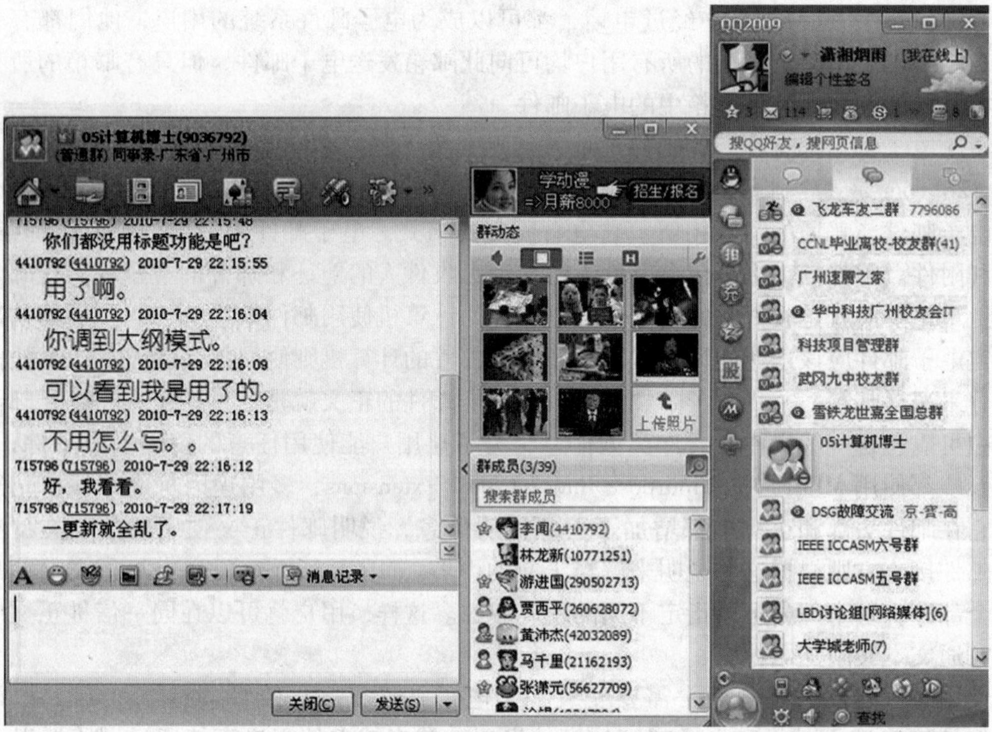

图 5－36　用腾讯 QQ 进行即时通信

利用这些程序，可以创建好友列表，添加需要聊天的用户。在联机状态下启动 IM 程序时，可以知道“好友”是否在线。

（五）VoIP

VoIP（Voice over Internet Protocol，IP 电话）是一种使用宽带因特网连接代替普通电话系统进行语音通话的技术。在 VoIP 中，打电话的人和接电话的人都需要在计算机上连接麦克风以及耳机或扬声器。而且只有在对方也使用相同的 VoIP 软件并且同时在网上时，才能给对方打电话。这些早期的 VoIP 系统的工作方式更像是带语音功能的即时消息，而不是像传统的电话通话那样工作。用户可以使用 VoIP 从一台计算机向另一台计算机拨打电话，但现在的 VoIP 系统还允许用户使用标准电话机听筒来打电话或接电话。它们也可以让用户将普通电话机收到的电话转接到标准电话机上。

IP 电话服务是如何工作的呢？现在的 VoIP 系统会将语音通信转换成数据包。IP 地址被附加在每个包上，例如，如果用户正在通过基于计算机的 VoIP 给朋友打电话，那么朋友的 IP 地址就会被附加在数据包上。如果通话对象使用的是固定电话或是其他没有 IP 地址的电话，那么 VoIP 包上附加的地址就是可将数据包通过所需的固定电话线路路由到其目的地的服务器 IP 地址。许多即时通信软件，如腾讯 QQ、GTalk、MSN 等都提供 VoIP 的功能。

如果需要给固定电话的用户打电话，而不仅仅是给其他计算机用户打电话，就需要注册诸如 UUCall 和 Skype 之类的 VoIP 服务，其中 Skype 是业界最著名的 VoIP 系统（如图 5－37 所示），可以以很低廉的价格拨打全球固定电话和移动电话。

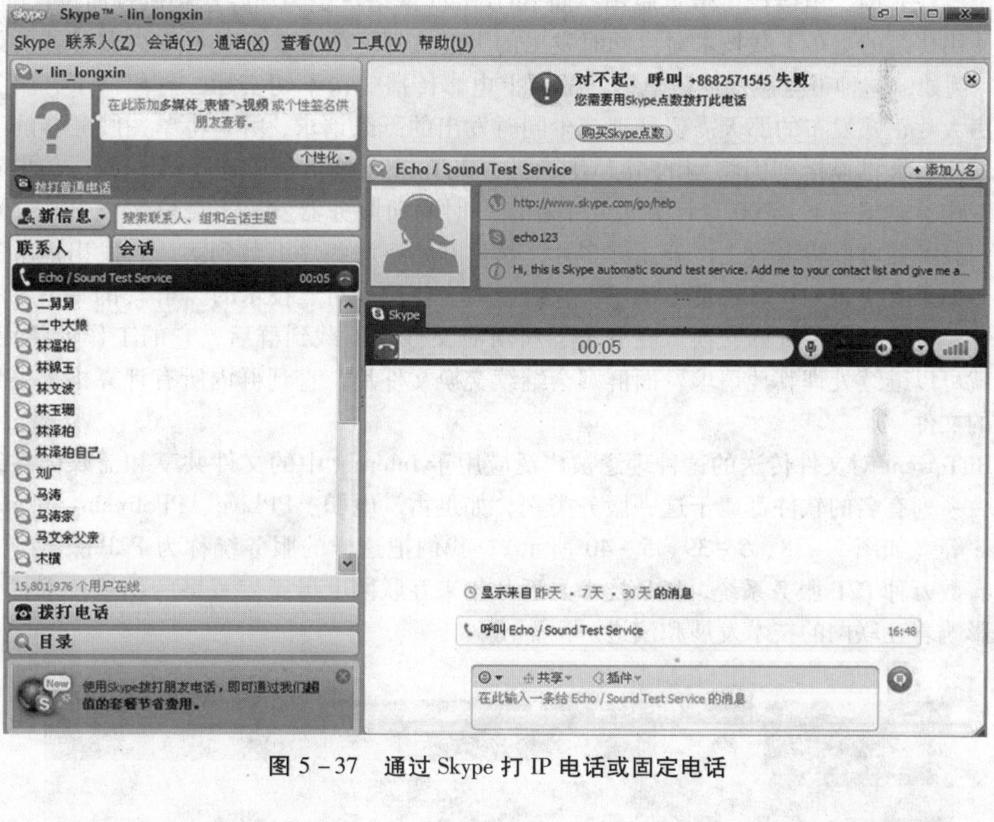

图 5－37 通过 Skype 打 IP 电话或固定电话

VoIP 服务是一种新的技术，它与传统电话服务相比具有很多显著的优点。在美国、加拿大、多数欧洲国家以及其他一些国家，用户在缴纳月费或年费后，就可以不受限制地使用 VoIP 服务拨打本地或长途电话。这就是说，没有时间的限制，没有漫游费，没有额外的长途费用（即便是国际长途电话）。在国内，运营 VoIP 服务的企业很多，如上面所描述的 UUCall、Tom-Skype 等。

（六）文件共享与 P2P 服务（对等服务）

P2P（peer-to-peer service，对等式服务）是不需要使用中央服务器（如 Web 服务器）

管理文件的分布式网络。利用这种服务创建的专门软件，一台计算机可以直接与另一台计算机通信，甚至可以访问这台计算机上的信息。前面介绍的即时通信就是 P2P 服务的一个示例。文件共享服务是 P2P 服务的另一种类型。利用 BitTorrent、酷狗、eMule、汉魅等 P2P 服务，用户可以通过 Internet 相互搜索对方计算机上的文件，需要在线共享或交换音乐文件的用户经常使用这些文件共享系统。对等式服务之所以广受欢迎，在于利用对等软件，可以直接通过对等连接共享各种类型的文件。许多公司已经在传输信息时采用了 P2P 技术，这样就不需要把所有信息都存储在一个中心位置。

BitTorrent 是一种可以将文件服务器的工作分配给一系列分散的计算机的文件共享协议。在某种意义上，可以把 BitTorrent 看做分布式计算的一种衍生物，分布式计算是分布在各地的大量个人计算机通过因特网协同工作，以完成通常由单个服务器或超级计算机所处理的任务。当许多人尝试下载同一个非常大的文件（如长篇电影、应用软件或计算机互动三维游戏）时，就会产生带宽瓶颈，而 BitTorrent 网络正是为消除这种瓶颈而设计的。

使用传统的上传下载技术时，同时发出的大型文件下载请求会耗尽中央服务器的处理能力。例如，这种带宽瓶颈使得全国性的网上电影传播变得不切实际，想象一下，服务器在票房大片正式发布的那天需要处理多少同时发出的下载请求，由于将单一服务器的工作量转移给一大批连接到因特网的个人计算机，BitTorrent 技术消除了下载瓶颈。BitTorrent 如何工作？设想一下，200 台计算机几乎在同一时间向服务器发出下载电影《叶问 2》的请求，服务器可以将电影文件分成许多片，然后开始将那些片下载到第一台发出请求的计算机。如果有更多的计算机发出请求，它们就成为使用点对点技术的“群”的一员，能与其他计算机进行文件片的交换。在服务器将所有文件片下载到群后，它的工作就结束了，然后就可以继续处理其他请求。而群则会继续交换文件片，直到群内所有计算机都得到了完整的文件。

BitTorrent 对文件传送的这种理念被广泛应用于 Internet 中的文件共享和流媒体在线播放，一系列有名的软件都属于这一服务类别，如迅雷、电驴、PPLive、PPStream、Skype 和 UUSee 等（如图 5－38、5－39、5－40 所示）。我们把这样的服务统称为 P2P 服务，互联网中有数万种 P2P 服务系统，P2P 技术是近几年来互联网上毋庸置疑的明星技术，它深刻地影响着互联网的技术发展和演进。

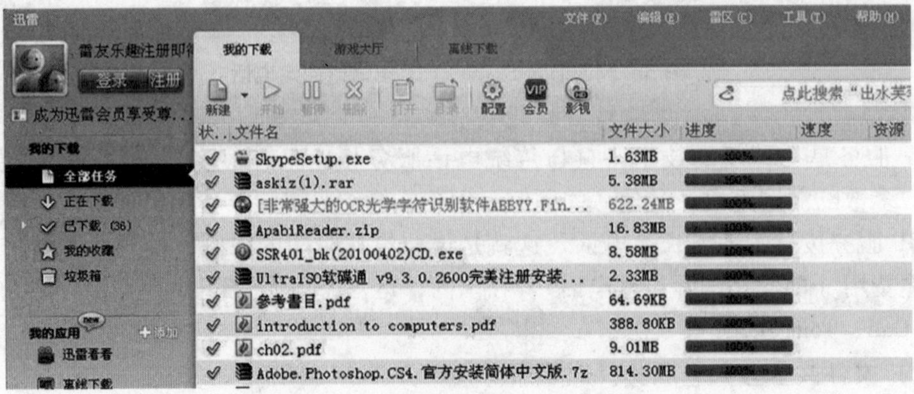

图 5－38　通过迅雷进行文件下载

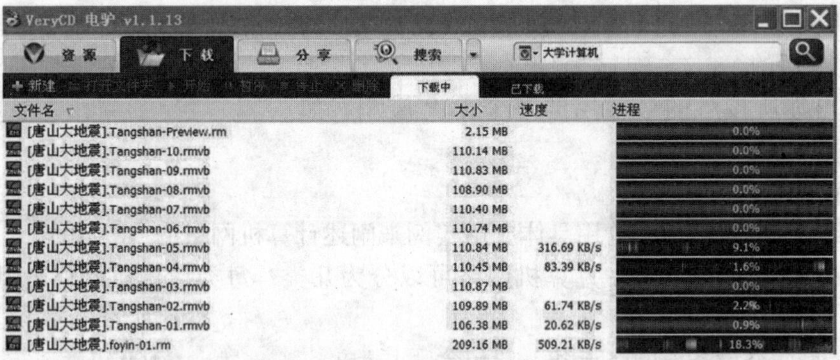

图 5－39　通过电驴进行文件下载

图 5－40　通过 UUSee 看在线电视

思考与练习

一、填空题

1. 计算机网络具有广泛的用途，其中最重要的三个功能是__________、__________和__________。

2. 计算机网络按其覆盖的地理范围来划分，可以分为__________、__________、__________和互联网四类。

3. 计算机网络中的“网络设备”主要包括__________、__________和__________三类。

4. 局域网中网络设备的排列方式被称为物理拓扑结构，常见的局域网拓扑结构有__________、__________、__________、__________和树型网络拓扑结构。

5. 常用的网络传输媒介主要有__________、__________、__________和无线电波。

6. 常见的网络互联设备有集线器、网桥、__________和__________。

7. 以太网工作原理中针对媒体访问的核心技术是__________。

8. 常见的因特网接入技术有__________、__________、__________和共享接入。

9. 202.116.0.188 是__________类 IP 地址。

10. WEB 是使用__________协议来完成网页文件的传输，使用__________语言来实现网页文件的编码的。

11. 举出你所接触的最常用的三个 P2P 应用，如______________、______________和__________。

二、简答题

1. 什么叫计算机网络？请用具体应用实例来阐述计算机网络的主要功能。

2. 按照地理范围来划分，计算机网络可以分为几类？每类计算机网络的基本特性是什么？

3. 什么是网络设备？网络设备一般包含哪几类？

4. 说明基于服务器的网络、客户/服务器网络、对等网络三种网络架构之间的区别。

5. 什么是局域网的拓扑结构？通过图形说明常用的局域网拓扑结构。

6. 什么叫网络通信链路？什么是带宽？

7. 什么是通信协议？互联网的主要通信协议是什么？

8. 局域网是由网络硬件与网络软件组成的，主要由哪些硬件和哪些软件组成？详细描述这些软、硬件的主要特点和功能。

9. 简述以太网中的 CSMA/CD（带冲突检测的载波侦听多路访问）技术的基本原理。

10. Wi-Fi 中的 802.11b、802.11a、802.11g 和 802.11n 所对应的最大传输速率分别是多少？

11. 简述因特网的发展历史。

12. 互联网会被单一的联网技术所取代吗？为什么会或者为什么不会？

13. 常用的因特网接入技术有哪些？这些接入技术各自的原理与特点是什么？

14. 迄今为止，蜂窝技术的发展可以分为几代？简述各代技术的技术特点和数据传输速率。

15. 为什么需要 NAT（网络地址转换）设备？简述 NAT 设备的基本原理与功能。

16. 简述 IP 地址中 A、B、C 类地址的划分规则并分别举出对应类别的 IP 地址。

17. P2P 计算通常和什么应用联系在一起？尽可能多地列出你所接触到的 P2P 应用实例。

18. 如果进行学术研究，经常需要检索全文学术论文，请简述如何通过搜索引擎和专业文献数据库来检索相应的学术论文。

19. DNS（域名服务）的功能是什么？简述 DNS 系统的组成和基本原理。

第六章　Dreamweaver 8 网页设计

第一节　Dreamweaver 8 网页设计基础

Dreamweaver 8 是 Micromedia 公司推出的一款网页制作工具，集网页制作和网站管理于一身，将“所见即所得”的网页设计方式与源代码编辑完美结合，在网站设计制作领域应用得非常广泛。

一、Dreamweaver 8 的工作环境及设置

Dreamweaver 8 是一个集成的环境，进入 Dreamweaver 8，所有的窗口和面板都被集成到一个大的应用程序窗口中，如图 6－1 所示。

图 6－1　Dreamweaver 8 集成环境

（一）【插入工具栏】

【插入工具栏】提供了常用、布局、表单、文本、HTML、应用程序、Flash 元素、收藏夹等工具组合，每一组工具适应于不同的编辑环境，在使用时根据不同的需要进行选择。例如，在进行一般的编辑时，可选择常用工具组；而在进行页面布局时，可切换至布局工具组。

（二）【文档工具栏】

【文档工具栏】的标签上显示正在编辑的文件名，下方可选择文档编辑的视图方式、【代码】、【拆分】、【设计】。当选择【代码】方式时，在窗口出现的是网页文档的代码，用于直接编写 HTML、JavaScript 等；当选择【设计】方式时，出现的是可视化的页面布局、可视化编辑和快速开发环境；当选择【拆分】方式时，将编辑窗口拆分为上下两个关联的部分，上方是代码窗口，下方是设计窗口。

（三）【样式呈现工具栏】

如果文档中使用了依赖于媒体的样式表，通过该工具栏可以查看设计在不同媒体类型中的呈现方式。只有在文档使用依赖于媒体的样式表时，此工具栏才有用。

（四）【标准工具栏】

【标准工具栏】中包含【文件】和【编辑】菜单中一般操作的按钮："新建"、"打开"、"保存"、"全部保存"、"剪切"、"复制"、"粘贴"、"撤销"和"重做"。

（五）【标签选择器】

在标签选择器中显示当前内容的标签层次结构，单击该层次结构中的任何标签，可以在不退出设计视图的情况下编辑或删除标签。

（六）【属性面板】

用于检查和编辑当前选定页面元素（如文本和插入的对象）的最常用属性。属性检查器自动与选定的元素关联，当选择不同的元素时，会自动显示该元素对应的属性。

（七）【面板组】

Dreamweaver 8 将各面板集成到面板组中，同一组面板组中选定的面板显示为一个选项卡，各面板组可以折叠和展开，不同面板组中的各面板还可重新组合。

（八）【文件面板】

文件面板是一个常用的面板，与资源面板和代码片断面板一起组合在文件面板组中。文件面板类似于 Windows 的资源管理器，以树状结构形式列出当前站点中的文件夹及文件，使得文件的使用、建立、编辑、链接等操作十分方便。

二、设计一个网页

（一）网页基础知识

什么是网页？在 Internet 上有众多的网站，每个网站都有大量的信息，这些信息包含有文字、图形、图像、动画、表格等元素，它们往往以"页"的形式出现。当上网浏览时，是一页一页地浏览的，这些就是所谓的网页。一般每一个网站都有个首页或称主页（Home Page）。进入网站时首先进入其主页，然后通过主页的链接进入其他相关的页面。

制作网页的工具有很多，譬如最常用的 Word。实际上就连 Windows 系统中自带的附件工具——记事本也可以用来制作网页，但由于这些工具并非专门用于设计网页的，所以在使用方面不够简单、直观。

记事本是一个纯粹的文本编辑器，在记事本上只能输入文本，如何能够显示网站众多的信息，如图像、声音等呢？实际上，网页设计主要采用的是 HTML 语言。HTML 的英文是 Hypertext Markup Language，即超文本链接标记语言，它通过使用众多的标记来引用各种信息。例如：

<imp src =“美丽的校园 . jpg” width =“252” height =“120” / >

表示在页面中插入“美丽的校园 . jpg”图像文件。

其中的 <img src = …… > 就是引用图像文件的标记，而 width 和 height 则是其属性，分别表示图像的宽度和高度。

直接使用 HTML 标记制作网页，设计人员必须记忆大量的标记、属性等，制作难度较高，而使用所见即所得的可视化网页制作工具软件，使得制作网页变得轻松多了。目前这类专门用于制作网页的工具软件有很多，如 Office 中的 Micorsoft FrontPage 以及 Macromedia 公司的 Dreamweaver，这些工具软件大都具有可视化、集成化的功能，因此被广泛使用。

（二）制作网页的基本步骤

为了了解制作网页的基本步骤，我们现在着手制作一个网页，用于显示一张校园风景图，并加上简单的文字。

（1）准备工作。建立一个文件夹，为方便起见，我们在 E 盘建立一个名为“2011”的文件夹，并在该文件夹中建立名为“Images”的二级文件夹，将一张准备在网页中展示的风景图片“美丽的校园 . jpg”复制到该文件夹中。

（2）进入 Dreamweaver 8，在起始页的创建新项目栏选择 HTML，意即创建一个 HTML 文件，这时会出现一个空白的编辑区域。

（3）在【文档】工具栏，修改标题为“美丽的校园”。

（4）在空白编辑区域输入文字“美丽的校园”，在属性面板设置对齐方式为居中。

（5）执行菜单【插入】|【图像】，选择“E:\2011\Images\”文件夹中的风景图片文件“美丽的校园 . jpg”。选择插入的图像，注意观察属性面板的变化，在属性面板设置对齐方式为居中。

（6）执行【文件】|【保存】，出现保存文件对话框，选择“E:\2011”文件夹，输入文件名“美丽的校园 . html”，单击【保存】按钮，保存文件。

（7）按下 F12 键，预览网页，如图 6 - 2 所示。

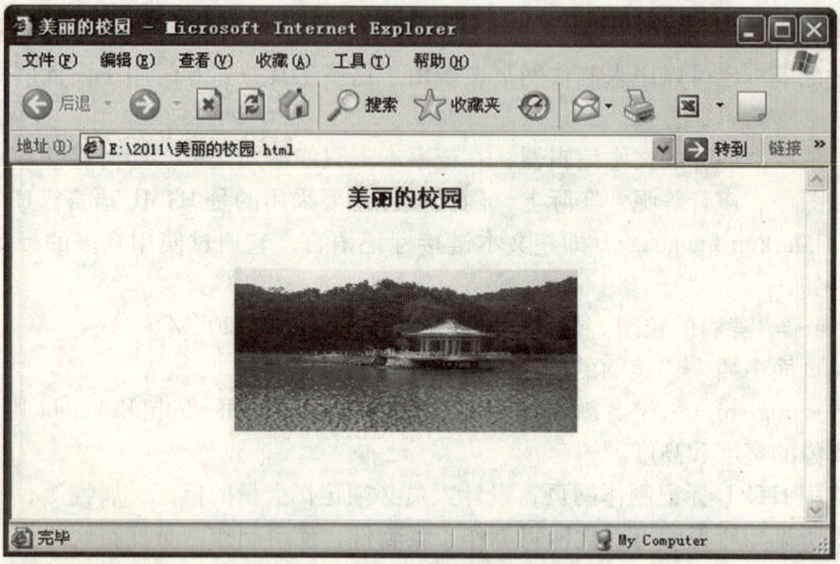

图 6-2　在浏览器中预览网页

三、页面编辑

（一）创建新页面

创建新页面的方法很多。上一节介绍的是一种方法，除此以外，还有以下两种方法：

方法一：执行菜单上【文件】|【新建】，弹出【新建文档】对话框，如图 6-3 所示。

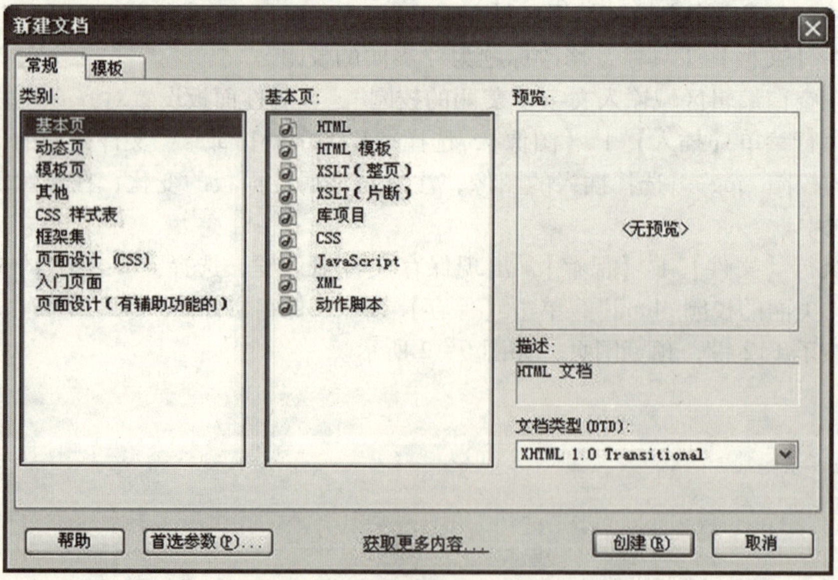

图 6-3　“新建文档”对话框

在【常规】页的“类别”栏选择基本页 HTML，按下【创建】按钮，即可进入新建页面的编辑界面。新建的文档命名为“Untitled-1”，意为暂未命名。

方法二：在文件面板中选择目标文件夹，右击鼠标，在出现的快捷菜单中选择“新建文件”，即可以指定文件夹建立一个新的文档，命名为“Untitled. html”，双击该文件名即可进入编辑界面。

（二）网页标题

网页的标题作为浏览时窗口的标题，缺省设置则为“无标题文档”，一般需要根据网页的内容来设置。

（三）页面属性

当光标置于网页编辑窗口内时，属性面板将出现【页面属性】按钮，按下该按钮，即可进入页面属性对话框。也可以通过菜单【修改】|【页面属性】进入页面属性对话框，如图 6-4 所示。

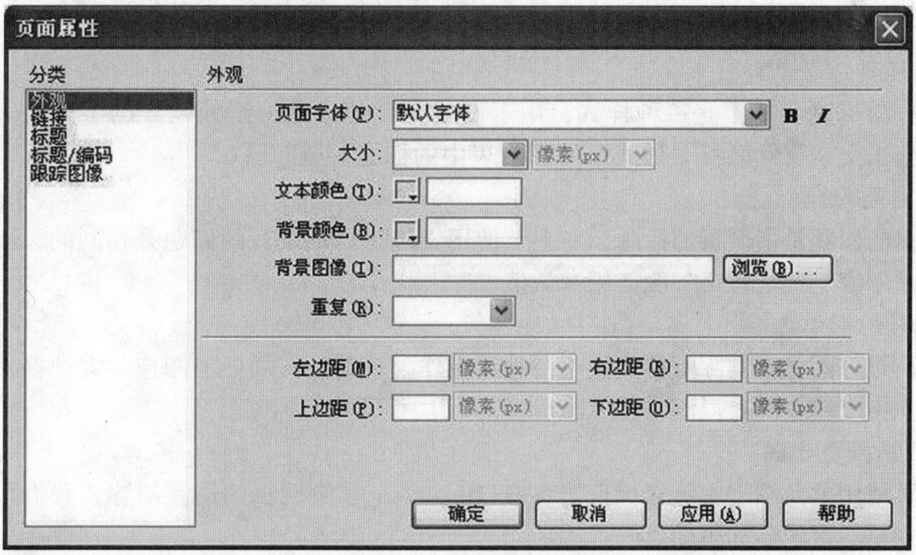

图 6-4 页面属性面板

1. 外观

可以设置页面的字体、大小、颜色、背景色、背景图像、边距等。

2. 链接

可以设置页面链接的有关属性，如链接字体、链接颜色、已访问链接、活动链接、变换图像链接以及下划线样式等，如图 6-5 所示。

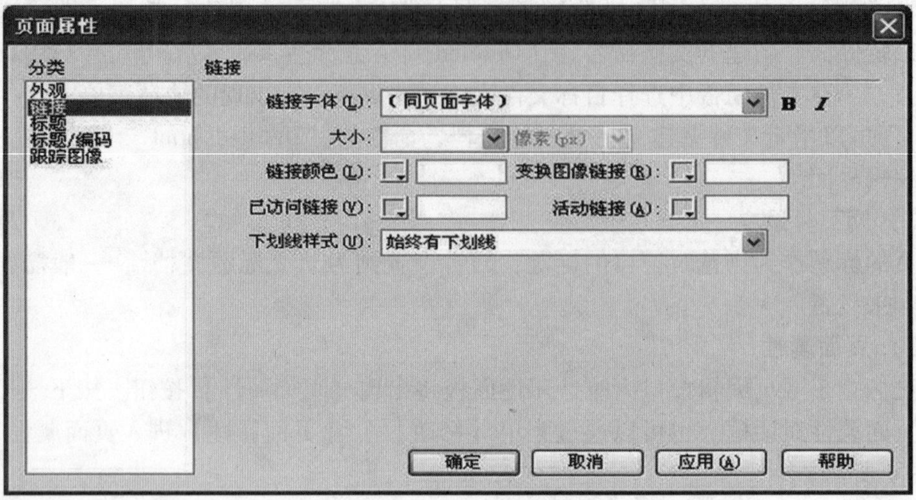

图 6－5　设置页面链接属性

3. 标题

这里的标题实际上是一种样式，用于设置文字的标题 1 至标题 6 的字体大小、颜色等，对应于文本属性面板“格式”下拉列表中的标题 1 至标题 6。

4. 标题/编码

这里的标题是指网页的标题，与上节使用文档工具栏设置的标题是相同的，而编码则是选择采用哪一种规范，一般使用默认值。

5. 跟踪图像

所谓跟踪图像，实际上就是使用一种图像作为辅助的布局参考图像，方便在设计网页时进行文字及图像的布局。

（四）网页代码

网页使用的是超文本链接标记语言 HTML，为了了解网页的语言描述，我们可以切换到代码窗口，可看到如下的代码：

```
<! DOCTYPE html PUBLIC“ -//W3C//DTD XHTML 1.0 Transitional//EN”“http://www.w3.org/TR/xhtml1/DTD/xhtml1-transitional.dtd”>
<html xmlns =“http://www.w3.org/1999/xhtml”>
<head>
<meta http-equiv =“Content-Type” content =“text/html;charset = gb2312”/>
<title>美丽的校园</title>
<style type =“text/css”>
<! --
.STYLE1 {
font-size: 16px;
font-weight: bold;
}
```

```
-->
</style>
</head>
<body>
<div align="center" class="STYLE1">
<p>美丽的校园</p>
</div>
<div align="center"><br />
<img src="Images/美丽的校园.jpg" width="252" height="120" /></div>
</body>
</html>
```

代码中的第一行起文件类型说明作用，说明该文件的类型是HTML，采用W3C的标准来建立。

第二行的<html……>是HTML网页的开始标记，在最后有相应的</html>作为HTML网页的结束标记。

在网页的代码中使用了大量的标记，标记一般都是成对出现的，如<head>和</head>、<title>和</title>、<body>和</body>等。每对标记都可以嵌套，但不可以交叉。在HTML中使用了很多的标记，类似的还有<div>和</div>、<p>和</p>等。我们只对其中的部分标记作介绍，有关标记更详细的用途及用法，读者可查阅相关书籍。

（1）<title>……</title>，标题的成对标记，中间的内容即为网页的标题。

（2）<style>……</style>为页面属性设置标记，其中的font-size即为字体的大小，color则为字的颜色。

（3）<head>……</head>为文件头说明标记，其中可嵌套<title>和</title>、<style>和</style>等成对的标记。

（4）<body>……</body>为网页主体的标记，网页中所有的内容将出现在这对标记内部，包括网页的文字、图像、表格、动画、流媒体等。

第二节　站点管理

一、站点规划

网页是指某一个页面，一个网站是由很多个页面组成的，用于向浏览者传递一个较完整的信息。如一个学校网站，一般应包括学校概况、校园展示、招生信息、招聘信息、联系方式等内容，这些内容如何进行组织，才能更方便访问者获取信息呢？这就要进行网站的规划了。

以一个“资讯科技”的课程学习网站为例，可采用自上而下的树形目录结构进行网站的规划。在该网站中要涉及课程学习的各项内容，设计第一级目录结构包含课程公告、课程指南、课程内容、范例学习、学习交流、作业提交、在线测试等模块，每一个一级目录下均可有二级目录、三级目录等子目录。例如，学习交流模块下面可分为教师教案精选和学生习作展示等二级目录，而学生习作展示又可分为多媒体设计、数据库设计、网页设计等三级目录，依此类推，如图 6 - 6 所示。但一般不宜层次过多。

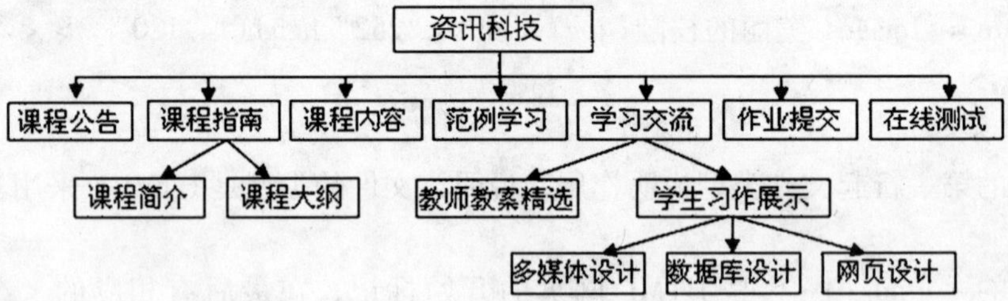

图 6 - 6　网站规划图示例

规划的站点，其每个最低级模块均对应于一个网页，而每个网页均可包含相应的文字、图片、动画、图标、按钮、链接等元素，因此对应网站的规划，也要规划文件的存放方式。采用的方式是每个一级模块（当然如果文件较多，也可以到二级、三级模块等）对应于一个文件夹，每个文件夹下均设立相应的图片、动画等文件夹，用于保存该页面所使用的图片及动画等。而对于整个网站每个网页都共同使用的部分，也建立一个文件夹，用于分门别类地存放共用的部分。

站点的文件夹及文件的命名应该简洁、直观并易于理解，一般可用英文、拼音或数字等方便理解的组合来命名。

二、站点的建立

（一）建立站点

所谓建立站点，就是将规划好的站点文件夹告知 Dreamweaver 软件，使得以后可用该站点来管理该网站的各页面及元素。

建立站点通常有两种方法：一是使用向导；两是使用高级设置。二者除了操作上不同外，实质上没有什么区别。下面介绍高级设置。步骤如下：

（1）选择【站点】|【新建站点】，出现【管理定义】对话框。

（2）单击【高级】标签，出现高级选项卡，如图 6 - 7 所示。

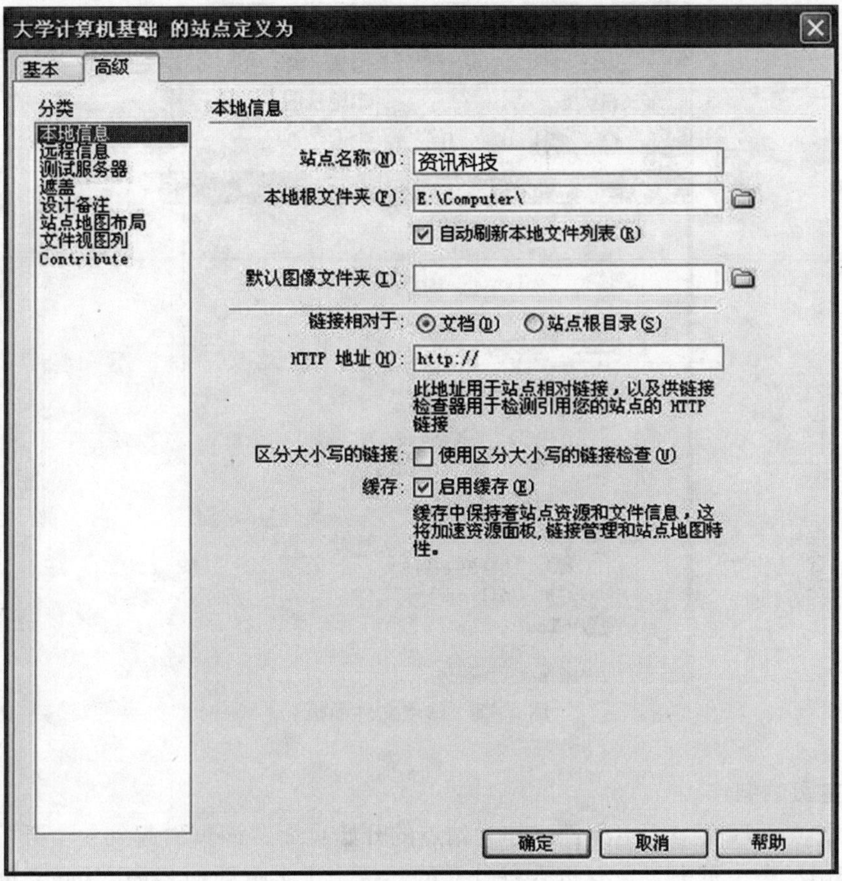

图6-7　定义站点

(1) 设置本地信息。

站点名称：输入站点的名称，可以是中文名，如“资讯科技”。

本地根文件夹：输入在本地计算机中保存站点的路径，如“E:\Computer。”

自动刷新本地文件列表：是一个复选框，选择后，将自动刷新网站中的文件和文件夹。

默认图像文件夹：设置默认的保存网站图片的文件夹。

(2) 远程信息。

用于对网站上传到服务器或使用网络存储进行设置。

(3) 测试服务器。

在开发动态页面时，需要进一步设置。

……

对于静态的网页，在此只需要设置其本地信息，指明将要设计的站点使用本地计算机中哪一个文件夹，其余均可按默认值。

按下确定后，在 Dreamweaver 的文件面板出现该站点的文件夹结构，如图6-8所示。

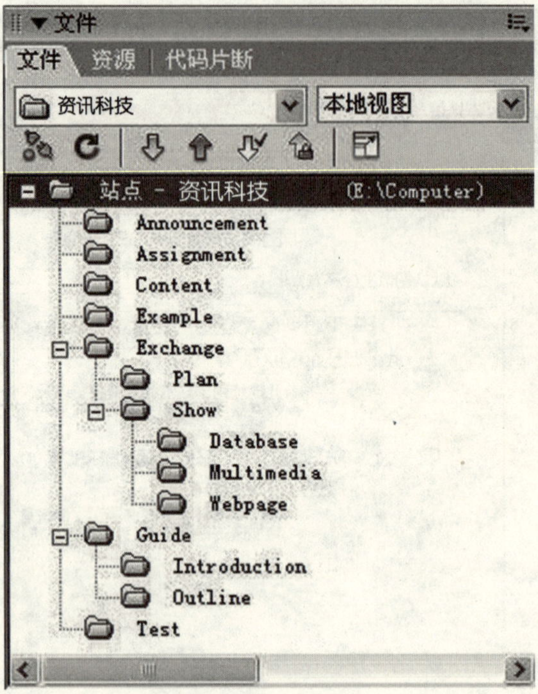

图6－8　站点文件面板

（二）主页的制作

每一个站点一般有一个主页面，作为站点的开始页面，该页面起到一个开门见山、总览全局的作用，在主页中包含有进入各分支的链接。主页一般命名为“index. htm”、“index. html”、“index. asp”等。

（1）建立好站点后，在站点文件面板的根文件夹（如图6－8的“E:\Computer”）按鼠标右键，在出现的菜单中选择“新建文件”，结果出现一个新文件名“untitled. html”。

（2）将该文件名重新命名为“index. html”，双击即可进入编辑状态。

其他页面的制作与此类似，在文件面板中展开各文件夹后，新建文件，即可在对应文件夹建立新的页面文件。

（3）右击“index. html”，在弹出的菜单中选择“设为主页”。

第三节　文本

一、使用文本

（一）插入文本

在 Dreamweaver 8 的网页制作中可以直接输入文本，也可从其他编辑器（如 Word）中复制粘贴而来。在输入文本时，段落开头一般要缩进两格，通常可输入两个空格，但在

Dreamweaver 8 缺省的设置中，无法在段落开头直接输入两个空格，需要通过以下方法输入：方法一，在汉字输入状态下，输入全角空格；方法二，执行菜单【编辑】|【首选参数】|【常规】，复选其中的“允许多个连续的空格”即可。

（二）设置文本属性

文本的属性与 Word 类似，包括字体、字体大小、颜色、对齐、样式（编号、项目列表）、缩进等。

当在页面输入文字时，自动使用在页面属性中设置的默认字体，当然也可以重新设置其属性。设置文本属性较简单的方法是通过文本属性面板设置。

直接使用该面板，可设置：

格式：可使用段落格式或缺省的标题1、标题2……标题6 等。

字体：可选用 Dreamweaver 8 设置的所有可用字体。

样式：可使用样式表中定义的各种样式。

大小：可设置字体的大小，单位可选像素、厘米等。

颜色：可设置字体的颜色。要设置字体的颜色时，按下属性面板的“颜色”列表按钮，此时会弹出一个调色板。可直接在调色板中选取列出的颜色块，也可直接在颜色按钮旁边的输入框中输入颜色的十六进制数值（如#FF3300）或颜色的单词（如 red 表示红色）。Dreamweaver 8 的调色板对于颜色的选取是十分方便的，除了在色板上直接选取外，还可以按下调色板右上方的彩色圆形按钮，选取更丰富的颜色，甚至还可以在编辑窗口中选取已有颜色。

段落格式：包含了文字的对齐、缩进、编号、项目列表等。

链接栏：用于设置超级链接及链接目标等。

二、编辑字体列表

在缺省设置状态，可以通过文本属性栏设计文本的字体，但可选用的字体较少。在设计中往往要使用更多的字体，可通过以下步骤添加可选字体：

（1）通过菜单【文本】|【字体】|【编辑字体列表】或选择文本属性面板的【字体】下拉列表，选择【编辑字体列表】，弹出编辑字体列表对话框，如图 6－9 所示。

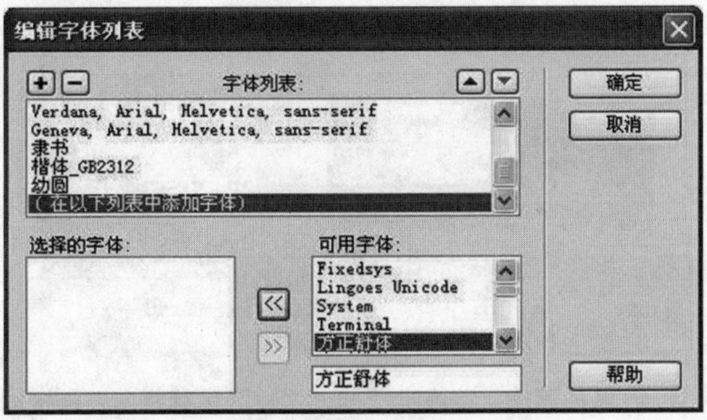

图 6－9　编辑字体列表对话框

（2）对话框中列出了字体列表（即当前网页编辑可选用字体）、可用字体（即本机已安装的字体），从可用字体栏中选择需使用的字体，按下“＜＜”键，将可用字体增加到选择的字体中即可增加字体列表中可选字体。如果在同一行字体列表中选择了多种字体，如“隶书，楷体_GB2312，方正舒体”，则在编辑网页时一般只有“隶书”生效，仅在缺少隶书时楷体_GB2312才生效；同理，缺少楷体_GB2312时，方正舒体才生效。因此，如果需要增加多种字体，必须先单击左上角的“+”，增加列表后，再逐一选择可用字体。

第四节　超级链接

一、超级链接

（一）超级链接及其分类

超级链接是Internet的核心技术，通过超级链接将各个独立的网页文件及其他资源链接起来，形成一个网络。根据链接到的对象不同，可分为页面超链接，即链接到某个页面文件；也可以是链接到某个网站，可称为站点链接；也可以链接到其他非页面文件，如提供下载或直接播放运行等，可称为下载链接；还可以是空链接。

（二）超级链接的创建

在Dreamweaver 8中创建超级链接十分简单，首先要确定链接点，链接点可以是文字、图像或其他对象。选定链接点后，可用以下方法设置链接：

方法一：直接在属性面板的链接栏输入要链接对象的URL。比如，要链接到百度站点，则在链接栏输入百度的站点http：//www. baidu. com即可。

方法二：如果要链接在本站点的其他文件，可以通过单击链接栏旁边的文件夹图标，使用浏览方式找到要链接的页面文件。

方法三：如果要链接本站点的其他文件，还可以通过拖动属性面板链接栏的“指向文件”图标，直接指向要链接的文件（如图6－10所示）。这种方法显得更加形象、直观。

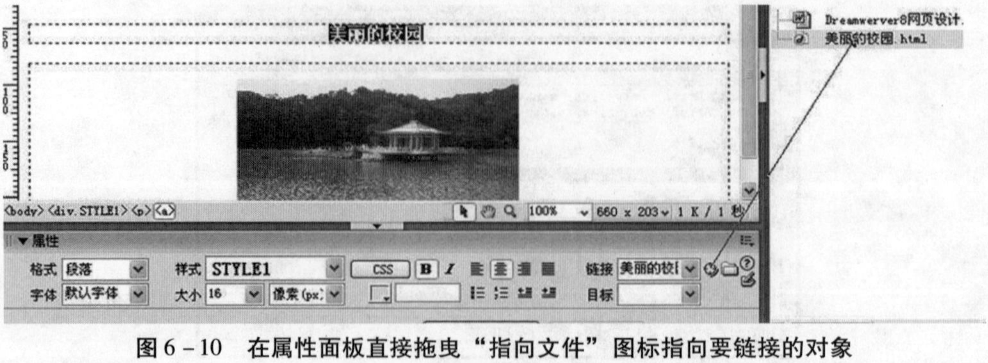

图6－10　在属性面板直接拖曳“指向文件”图标指向要链接的对象

(三) 超级链接的设置

超级链接的设置主要是对链接目标显示方式的设置。设置链接后在属性面板“目标”栏可选择链接的目标对象的显示方式，包含有以下四项：

(1) _blank：表示链接的对象将在一个新的窗口中打开。

(2) _parent：表示链接的对象在父窗口打开。

(3) _self：表示链接的对象在当前窗口打开。

(4) _top：表示链接的对象在顶层窗口打开。

默认情况下是在当前窗口打开链接的页面。

(四) 锚记链接

通常情况下，在浏览一个页面时，是从头开始显示这个页面，如果该页面内容很长，则可以通过窗口的垂直滚动条向下浏览。但如果页面太长，如何能快速定位到要浏览的位置呢？那就是利用锚记链接。

锚记，其中的“锚”字与航海的“锚”字同义，锚记则为一个停靠点。这个锚记可以被插入到网页的任何一个位置。

1. 插入“锚记”

选中需设置“锚记”的位置，执行菜单【插入】|【命名锚记】，弹出命名锚记对话框，输入锚记名称。锚记名称可以是字母、数字等。

例如，一个包含一章书的页面，可以在每一节的开头插入一个锚记，如1、2、3……

2. 锚记链接

锚记链接，即链接到网页的锚记。选中链接点，按一般链接方法设置链接的网页文件，如“jucc. htm”。在属性面板的链接栏即出现链接的文件“jucc. htm”，在后面加入“#”和锚记名称即可，如“jucc. htm#1”。当打开链接的网页时，自动跳转到“jucc. htm”网页的锚记为“1”的位置。

(五) 邮箱链接

所谓邮箱链接，即直接设置链接点指向邮箱，方便浏览者直接发送邮件到指定邮箱。

插入邮箱链接，方法一是选中链接点（如“与我联系”），然后直接使用属性面板，在链接栏输入“mailtoa 具体的邮箱名”即可，如“mailto：jucc@ qq. com”；方法二是使用菜单【插入】|【电子邮件链接】，在出现的对话框中输入文本和邮箱地址，再点击“确定”按钮即可。

(六) 下载文件链接

在设计网页时，有时要提供一些文件供浏览者下载，则要设置下载文件链接。下载文件链接的设置十分简单，按一般的链接方法设置指向要链接的下载文件即可，如“myphoto. rar”，当然这种设置是针对非网页类文件，如果网页类文件也要提供下载，不妨将其做成压缩包的形式。

(七) 空链接

所谓空链接，就是在属性面板的链接栏输入“#”，这种链接仅具有链接的属性，但不指向任何对象。空链接一般在调试时使用，预留以后修改为要链接的对象。

二、使用页面属性设置链接的字体属性

为了区分链接文字与一般文字，一般可以通过页面属性中设置链接的字体属性来实现。

（一）设置链接文字属性

在编辑状态下，按属性面板的【页面属性】按钮，进入【页面属性】设置对话框，选择左边分类的【链接】，可以设置链接字体大小、链接颜色、交换图像链接颜色、已访问链接颜色、活动链接颜色、下划线样等。

（二）链接文字的属性代码

在设置链接文字属性后，打开代码视图，可看到在<head>…</head>之间增加了以下代码：

```
<style type="text/css">
<!--
a{
    font-size: 14 px;
    color: #FFFFFF;
font-family: 黑体;
}
a:link{
    text-decoration: none;
}
a:visited{
    text-decoration: none;
    color: #FFFF99;
}
a:hover{
    text-decoration: underline;
    color: #33FF00;
}
a:active{
    text-decoration: none;
    color: #CCCCCC;
}
-->
</style>
```

其中的“a”即为超级链接标记，a:link、a:visited、a:hover、a:active 分别对应为链接、已访问链接、鼠标经过链接、活动链接，大括号{}内设置相应的链接属性。例如：

```
a:hover{
text-decoration:underline;
    color:#33FF00;
}
```

设置鼠标经过链接文字时，显示下划线 underline，颜色变为#33FF00（亮绿色）。

前面的 a {……}，则对应为设置链接字体大小 font-size、颜色 color、字体 font-family。实际上也可以将字体、字体大小、颜色等代码放入各种链接中，这样可以使各种链接使用不同的字体大小。例如：

```
a:link {
    text-decoration:none;
    font-size:14 px;
}
a:hover {
    text-decoration:underline;
    color:#33FF00;
font-size:16 px;
}
```

这样，当鼠标经过链接文字时，字体大小就由 14 px 变成了 16 px。

（三）设置多种链接属性

当一个页面包含多级链接栏目时，一般会采用多种链接属性以作区分，如一级栏目的链接采用稍大些的字、二级栏目采用较小的字等，如何实现这种效果呢?

实际上，通过上面的代码视图可看出，所有的链接属性都是通过标记 a 来设置的。如果要设置多种样式，我们可以将上述的 a，改为 a. x，例如：

```
a. x:link {
    text-decoration:none;
color:#FFFFFF;
}
a. x:hover {
    text-decoration:underline;
    color:#33FF00;
}
```

则定义了一种链接样式 x。同样复制该段代码，将 x 改为 y，并重新调整其中的设置参数，则定义了另一种链接样式 y。参考如下：

```
a. x:link {
text-decoration:none;
color:#FFFFFF;
font-size:14 px
}
```

```
a. x:hover {
        text-decoration:underline;
        color:#33FF00;
font-size:14 px
}
a. y:link {
text-decoration:none;
color:#FFFFFF;
font-size:12 px
}
a. y:hover {
        text-decoration:underline;
        color:#33FF00;
font-size:12 px
}
```

（四）使用多种链接样式

要使用定义好的多种链接样式（如以上定义的 x 和 y），可先按一般情况设置好链接后，再按以下方法实现。

方法一：直接在属性面板样式栏中选用；

方法二：右击标签栏的链接标记 <a>，选择设置类（x 或 y），如图 6－11 所示。

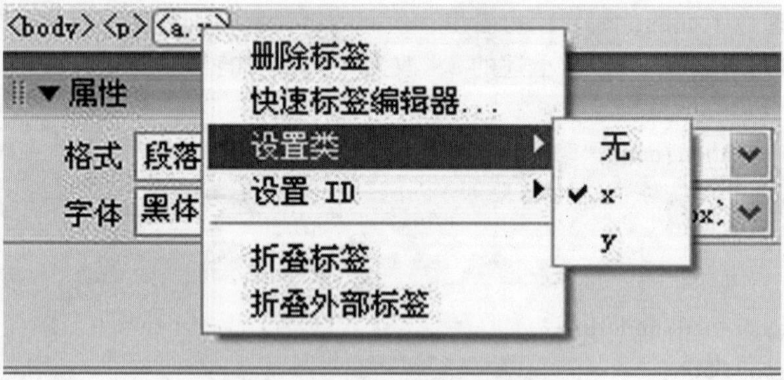

图 6－11　使用标签栏设置链接样式

第五节 图像

一、插入图像及设置图像属性

（一）插入图像

在网页中插入图像的操作十分简单，既可以使用工具栏的【图像】按钮再找到要插入的图片文件，也可以使用菜单【插入】|【图像】，还可以直接从文件面板中拖动图像文件到正在编辑的页面上。

将图像插入网页时，Dreamweaver 8 会自动在 HTML 源代码中生成对该文件的引用，打开代码视窗可看到类似如下的代码：

<img src = “Images/美丽的校园 . jpg” / >

上述代码表示的即为引用 Images 文件夹中的图像文件“美丽的校园 . jpg”。

在网页制作中，为了确保文件引用的正确性，图像文件必须位于当前站点文件夹中，如果图像文件不在当前站点文件夹中，系统会提问是否要将此文件复制到当前站点文件夹，此时应回答“是”，否则当站点上传后会找不到该图像文件。

（二）设置图像属性

选中插入的图像，属性面板为图像的属性面板，如图 6 - 12 所示，使用该面板可对插入的图像进行设置。

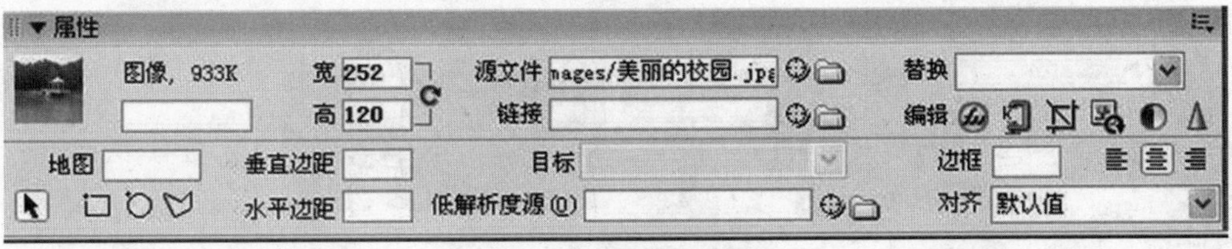

图 6 - 12 图像属性面板

（1）宽、高：设置图像的当前尺寸，如果插入后更改过图像的大小，则宽、高旁边的“重设大小”按钮变成可选。

（2）垂直边距、水平边距：是指图像与其他对象（如文字等）之间的距离。

（3）源文件：即插入到网页中的文件全名，包含了图像文件的路径和文件名。

（4）替换：在该文本框中可以输入图像的替换文字。这样，当图像没有被显示时，相应区域会显示替换文字以提示浏览者这里将显示的内容。在 IE 浏览器中，当鼠标移到图像上方时，该文本也会显示出来。

（5）低解析度源：可使用分辨率较低的图片，在浏览时先出现低解析度的图像，然后再显示源文件图像。

（6）地图：是一个文本框，当图像作为影像地图时可给该图像设置一个唯一的名称。
（7）边框：在图像周围显示边框。
（8）对齐：设置图像的对齐方式（居中、左对齐、右对齐）。

二、影像地图

利用文字、按钮、图像作为超级链接点，是网页创建链接的主要方式之一，实际上也可以利用图像的一部分区域作为链接点。例如，在网页中放置一个地图，地图上划分有若干个行政区域，点击则可以转入到介绍该行政区域的页面，这就是影像地图。

影像地图是一幅被划分为多个“热点区域”的图像，单击“热点区域”即可进入相应页面。

插入影像地图和插入一般图像是相同的，不同的是插入后。利用图像属性面板左下角的热点工具划分热点，这些工具包含矩形工具、圆形工具和任意多边形工具，使得对热点区域的划分变得随心所欲。如果在同一页面使用多个影像地图，则应给每个影像地图在属性面板的地图文本框中设置一个唯一的名称。

三、轮换图像

轮换图像，也称鼠标经过图像。在显示时是一幅图像，当鼠标经过其上面时，自动切换成另一幅图像来显示，鼠标离开时又恢复原图像。由此可看出，轮换图像实际上是两幅图像。通常用于轮换的图像应大小相同，否则当图像切换时会影响版面布局。在轮换图像上一般可以根据需要设置链接。

（1）准备好两幅一样大小的图像，如图6－13所示。

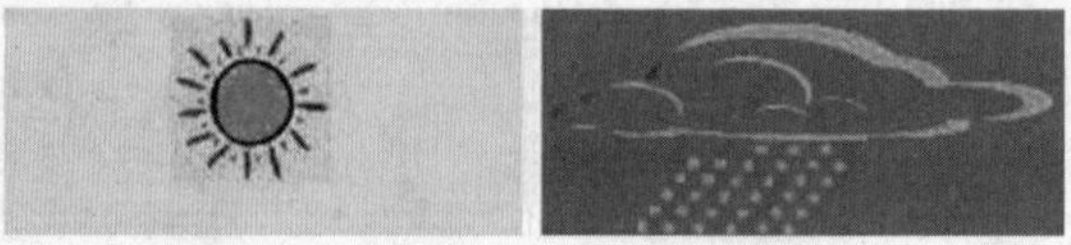

图6－13　用于制作轮换图像的两幅图像应大小一致

（2）执行菜单【插入】｜【图像对象】｜【鼠标经过图像】，出现如图6－14的对话框。

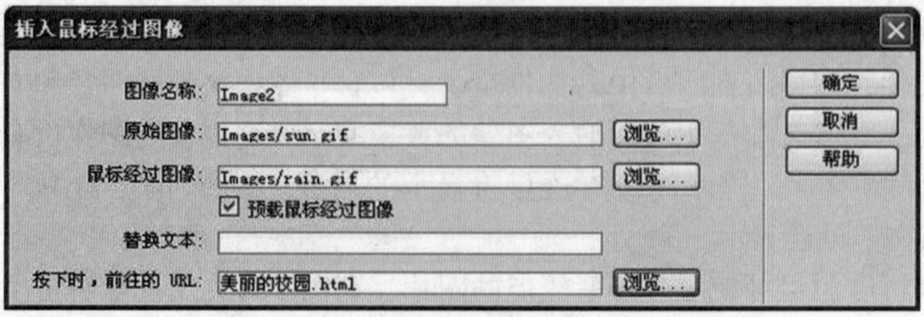

图6－14　“插入鼠标经过图像”对话框

单击【浏览】按钮后选择“原始图像”、“鼠标经过图像”，并设置“按下时，前往的URL”（即超级链接）即可。

四、导航条

导航条对浏览者而言起到了一个导航的作用，使浏览者可以方便地找到要浏览的内容。对网页设计者而言，是组织、规划网站内容的一个手段，通过导航条，连接到其他页面。

导航条有多种形式，从位置上来说，有顶部导航、左侧导航、右侧导航、底部导航等，一般以顶部导航和左侧导航居多。从使用的链接对象来看，可以是文字、图像、动画等。

在 Dreamweaver 8 中提供了插入导航条的功能，如果要制作出导航条呈轮换图像的动态效果，采用这个方法是最简便的。

（1）预先准备好各导航按钮的原始图像和轮换图像。

（2）执行菜单【插入】|【图像对象】|【导航条】，出现如图 6－15 所示的“插入导航条”对话框。

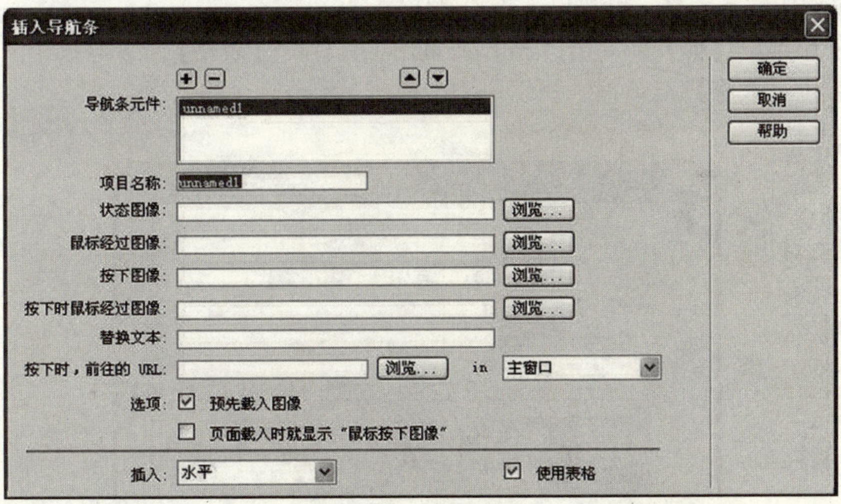

图 6－15　插入导航条

进行以下设置：

① 项目名称：用于给导航按钮命名，一般以字母开头，也可不填，此时 Dreamweaver 8 会自动命名。

② 状态图像、鼠标经过图像、前往的 URL 等，与前面的轮换图像类似。

③ 按下图像、按下时鼠标经过图像、替换文本等均可省略。

④ 选项：预先载入图像，表示在浏览时，导航条所用到的按钮图像将在页面下载的同时全部下载。这样，虽然整个页面打开的速度会稍微慢些，但按钮的不同图像间切换无须再等待，会显得更加流畅。页面载入时就显示“鼠标按下图像”选项，则表示在页面载

入时先显示鼠标经过图像，否则显示状态图像。

⑤ 插入：有“水平”、“垂直”两个选项，即导航条的显示方式。

第六节 表格、层、行为、时间轴

一、表格

表格在网页中是一种用途非常广泛的工具，这不仅表现在它可以有序地排列数据，还表现在它可以精确地定位文本、图像及其他网页中的元素，使这些元素的水平位置、垂直位置发生细小变化，这在网页版面布局方面是非常重要的。对于网页的排版布局来说，表格是不可或缺的工具。作为一名网页设计人员，表格运用得熟练与否直接影响作品外观的好坏，因此掌握网页表格是十分重要的。

（一）表格的插入

要在页面中插入表格，可按以下步骤操作：

（1）使用菜单【插入】|【表格】或常用工具栏的【表格】工具。

（2）弹出【表格】对话框，如图 6－16 所示。

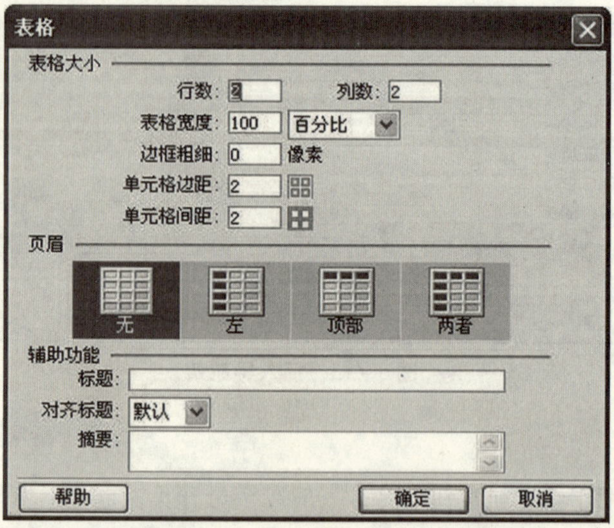

图 6－16 “表格”对话框

行数：设置表格的行数。

列数：设置表格的列数。

表格宽度：设置表格的宽度，可使用“像素值”为单位，也可以使用“百分比”作为单位。

边框粗细：设置表格线宽度，单位是像素（px）。

单元格边距：设置表格单元格内部和表格线的距离。

单元格间距：设置单元格之间的距离。

（3）其他可使用默认设置，单击【确定】按钮后，在页面出现插入的表格。

（二）设置表格属性

选中表格后，属性面板变为表格的属性面板，可以在属性面板中直接设置表格的各项属性，如图6－17所示。

图6－17 表格属性面板

（1）表格ID：设置表格的ID号，一般可不输入。

（2）行、列：设置表格行数、列数。

（3）宽、高：设置表格的宽度、高度，有百分比和像素值两种单位可选。

（4）填充、间距：填充栏用于设置单元格内部对象和表格线的距离，间距栏用于设置单元格之间的距离，单位是像素（px）。

（5）对齐：设置表格的对齐方式，有左对齐、居中对齐、右对齐，默认方式为左对齐。

（6）边框：设置边框的宽度，单位是像素（px）。

（7）列宽控制、行高控制按钮组：上行包含有清除表格宽度、将宽度转换为像素值、将宽度转换为百分比三个按钮。下行包含有清除表格行高、将行高转换为像素值、将行高转换为百分比三个按钮。

（8）背景颜色、背景图像：用于设置表格的背景。

（9）边框颜色：用于设置表格边框的颜色。

（三）设置单元格属性

当选中表格的单元格时，有关该单元格属性设置显示在属性面板下方，如图6－18所示。

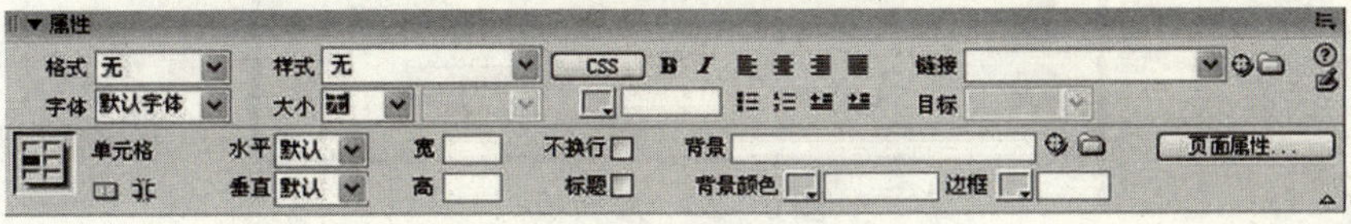

图6－18 单元格属性面板

（1）合并单元格、拆分单元格：用于合并选定的单元格或拆分单元格。

（2）对齐方式：设置单元格内的水平对齐方式（左对齐、居中对齐、右对齐）、垂直对齐方式（顶端对齐、居中对齐、底部对齐、基线对齐），默认均为居中对齐。

（3）宽、高：设置单元格的宽度和高度。

（4）背景、背景颜色、边框：设置所选单元格的背景颜色、背景图像及边框颜色。

二、层

可以把“层”比做一张透明的纸，网页的元素可以画在这张纸上，当将多张这样的纸重叠在一起，上层有元素的地方就会遮住下层，下层的元素可以透过上层透明的地方显示出来。

层的上下顺序通过设置“Z”轴的数值来设定，数值大的在上层，数值小的在下层。

（一）插入层

插入层，可使用布局工具栏的【绘制层】工具，在编辑的页面“画”出一个层，也可以使用菜单【插入】|【布局对象】|【层】。

图6－19　使用布局工具“绘制层”

如果要连续绘制多个层，只需按住 Ctrl 键，就可以使用“绘制层”工具，“画”出多个层，这在使用层进行布局时是十分有用的。

（二）层面板

执行菜单【窗口】|【层】，显示出层面板，如图6－20所示。

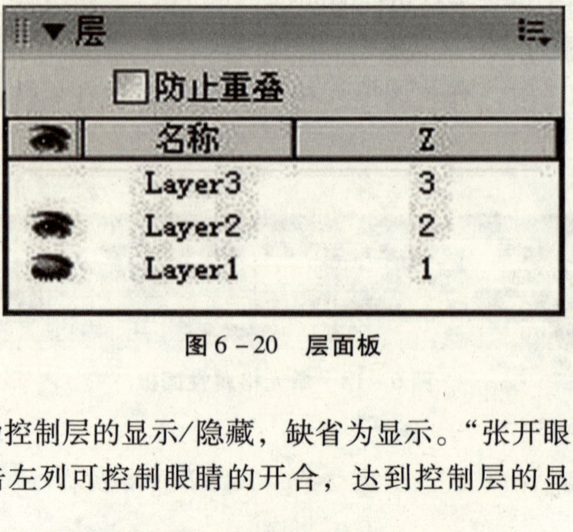

图6－20　层面板

左边（小眼睛）为控制层的显示/隐藏，缺省为显示。“张开眼睛”图标为显示，“合上眼睛”为隐藏。单击左列可控制眼睛的开合，达到控制层的显示/隐藏的目的。名称

Layer1、Layer2……为层的名称，右边显示的是层的 Z 轴数值，通过 Z 轴数值的调整可控制层重叠的顺序。

（三）嵌套层

层与层之间可以嵌套，被嵌套层称为子层，嵌套层称为父层。当父层移动时，子层随之移动，反之，子层的移动不影响父层的位置。

1. 插入嵌套层

当光标位于层里面时，执行菜单【插入】｜【布局对象】｜【层】，则插入的新层成为嵌套层。在层面板中可看到如图 6－21 所示的嵌套关系。

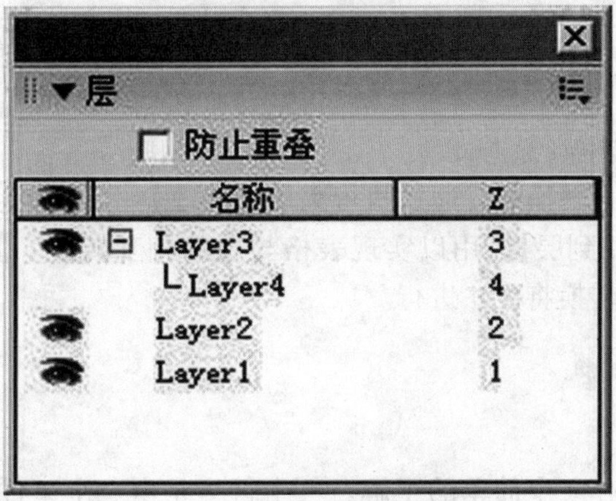

图 6－21　在层面板中的嵌套关系

2. 撤销嵌套关系

在层面板中，将子层拖出，即可撤销嵌套关系。

（四）层的属性设置

在属性面板中，可以直接设置层的一般属性，如层编号（名称）、背景、可见性、溢出、剪辑等，如图 6－22 所示。

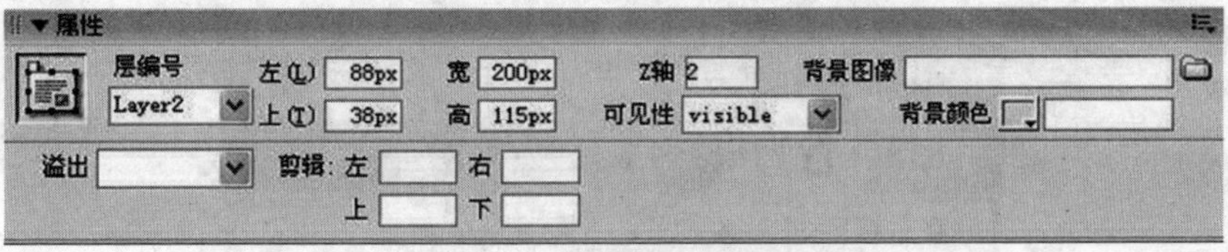

图 6－22　层属性面板

（1）溢出：溢出选项共有四个，当层内部的内容过多时，进行设置。

① Visible：使超出部分显示。

② Hidden：将超出部分隐藏。

③ Scroll：无论是否超出，均显示滚动条。

④ Auto：自动，当超出时，显示滚动条，如图 6－23 所示。

图 6 – 23　当图像超出层的大小时，显示滚动条

（2）剪辑。当层内的对象（如图片）尺寸大于层的大小时，使用剪辑设置其显示的区域。

（五）层与表格的转换

层与表格是可以相互转换的，通过执行菜单【修改】|【转换】，可以选择【层到表格】，也可以选择【表格到层】，用以实现表格与层的相互转换。但层转为表格时，不能存在重叠、嵌套，否则转换将无法进行。

三、行为

首先，我们对行为作一个简单的了解。一个行为是由一个事件触发一个动作组成的，因此行为由两个基本元素构成：事件和动作。事件是访问者对网页的某个对象所做的事情，比如把鼠标移动到一个链接上，这就产生一个鼠标经过的事件，这个事件触发浏览器去执行一段 JavaScript 代码，这就是动作，然后产生了相应的效果，可能是显示信息，也可能是打开窗口等，这就是行为。

（一）行为面板

执行菜单【窗口】|【行为】或使用 Shift + F4 键可以打开行为面板，如图 6 – 24 所示。

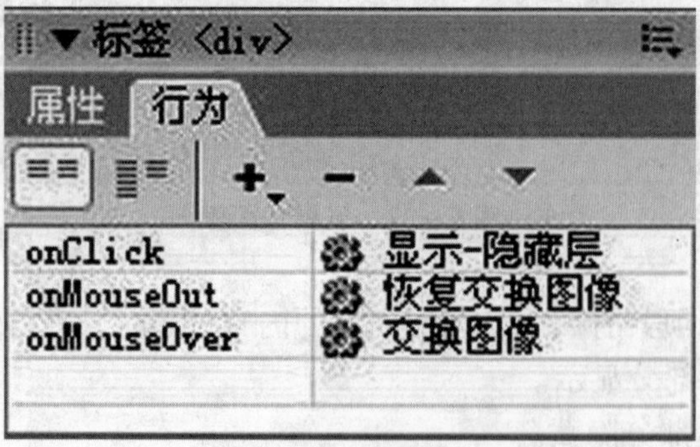

图 6 – 24　行为面板

（1）窗口上方显示行为面板对象操作按钮，包括：

① 显示设置事件：仅显示所设计的事件。

② 显示所有事件：显示浏览器支持的所有事件。

③ 添加行为：添加一个行为。

④ 删除行为：删除选定的行为。

⑤ 上移行为/下移行为：调整行为触发的顺序。

（2）面板左边显示页面对象可响应的事件，如 onClick、onMouseOut 等。

（3）面板右边显示选用的行为（或动作），如弹出信息、交换图像等。用于响应（2）中所选择的事件。

（二）事件

触发行为的对象可以是文字、图像、表格，甚至是整个页面等。根据触发源的不同，可以有不同的事件，常用的事件有：

（1）OnLoad：当图像或页面结束载入时产生。

（2）OnUnload：当访问者离开页面时产生。

（3）OnClick：当访问者单击指定的元素（比如一个链接、按钮或图像）时产生，单击直到访问者释放鼠标按键时才完成。

（4）OnDblClick：当访问者双击指定的元素时产生（双击是指向元素时迅速按下及释放鼠标按键）。

（5）OnMouseDown：当访问者按下鼠标按键时产生（访问者不必释放鼠标按键以产生这个事件）。

（6）OnMouseMove：当访问者在指向一个特定元素并移动鼠标时产生（指光标停留在元素的边界以内）。

（7）OnMouseOut：当光标从特定的元素（该特定元素通常是一个图像或一个附加于图像的链接）移走时产生。这个事件经常被用来和“恢复交换图像”动作关联，当访问者不再指向一个图像时，把它恢复到其原始状态。

（8）OnMouseOver：当鼠标首次指向特定元素时产生（指当光标从不是指向该元素到指向该元素），该特定元素通常是一个链接。

（9）OnMouseUp：当一个被按下的鼠标按键被释放时产生。

（10）OnSelect：当访问者在一个文本区域内选择文本时产生。

（三）动作

当在【行为面板】上按下“＋”按钮添加行为时，弹出可选用的各种动作，如图6－25所示。

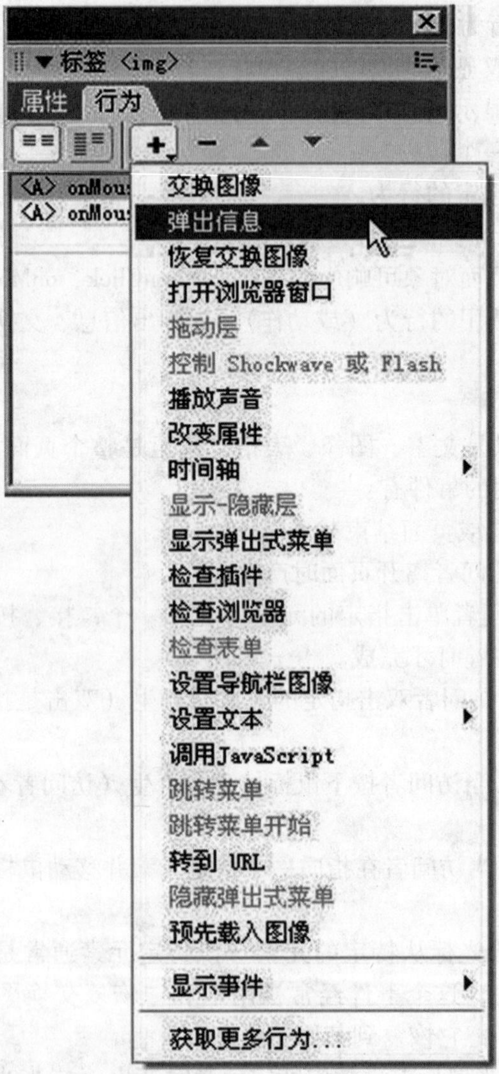

图 6－25　行为面板

（四）行为应用示例——网页菜单的制作

较多页面的网站常使用菜单导航。菜单的制作方法很多，使用行为中的“显示弹出式菜单”制作菜单是一种较简单的方法，下面介绍使用“显示弹出式菜单”制作网页菜单的步骤：

（1）新建网页“menu. html”，插入 1 行 7 列表格（边框线粗细 0、边距 0、间距 0），输入一级菜单文字，并设置各一级菜单文字链接到“#”，即空链接，如表 6－1 所示。

表 6－1　一级菜单

课程公告	课程指南	课程内容	范例学习	学习交流	作业提交	在线测试

(2) 作为示例，选中“学习交流”，在【行为】面板中按下“ + ”添加“显示弹出式菜单”行为，进入如图 6 – 26 所示的菜单编辑面板。

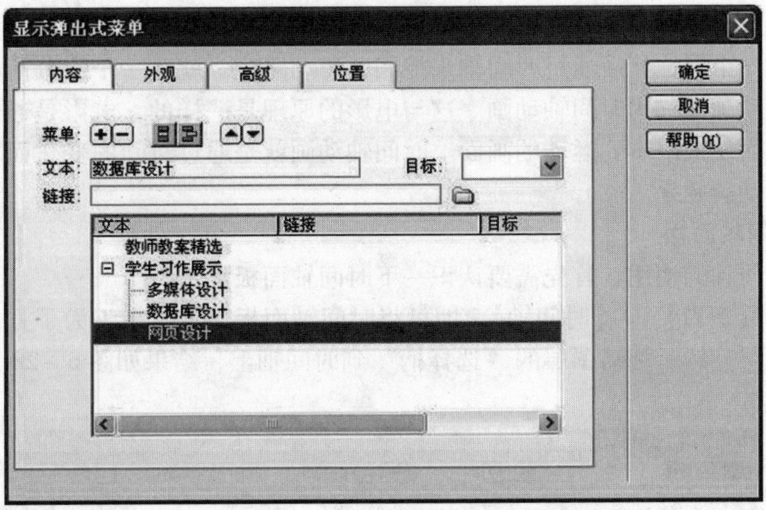

图 6 – 26　弹出式菜单内容选项面板

在【内容】选项中，提供有相关操作按钮，依次为增加项、删除项、左缩进项、缩进项、上移项、下移项。

在文本中逐条输入菜单项文字，并设置链接文件及目标。通过缩进调整按钮，可设置次级菜单项，图 6 – 26 所示的学生习作展示下分为“多媒体设计”、“数据库设计”、“网页设计”等，作为“学生习作展示”下的三个次级菜单。

在【外观】选项中，可设置菜单的放置方式“垂直菜单” / “水平菜单”以及文字的大小、颜色等属性。

在【高级】选项中，可设置边框、单元格高度及间距等。

在【位置】选项中，可设置弹出式菜单的具体位置。

制作完毕，按下“确定”按钮，完成一个弹出式菜单制作。

(3) 重复步骤 (2) 设置其他菜单文字对应的二级菜单项。

(4) 如果需要修改，则打开行为面板，选中【onMouseOver】|【显示弹出式菜单】行为，双击即可进行修改。

(5) 制作完毕，预览。效果如图 6 – 27 所示。

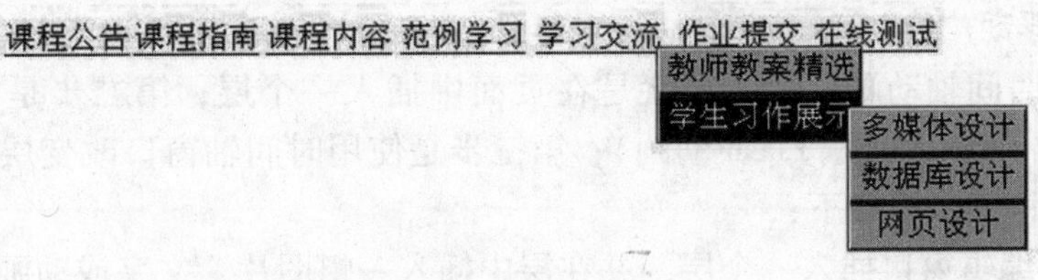

图 6 – 27　弹出式菜单示例

四、时间轴

在浏览网页时，常常会看到有些小广告在页面上随意游动，这是如何实现的呢？将浮动的广告作为一个层，然后通过时间轴来控制其游动路线，就是一个十分简单的方法，这种方法创建的动画又称为时间轴动画。这与电影的原理是一样的，电影是通过连续放映不同的图像，从而使人眼看到运动的画面。时间轴动画就是通过时间的变化而不断改变层的位置所产生的动画效果。

（一）时间轴面板

要了解时间轴的使用，首先需要认识一下时间轴面板。

执行菜单【窗口】|【时间轴】，即可将时间轴面板显示出来。为了方便起见，我们先建立一个图层，然后拖动图层的“选择柄”到时间轴上，结果如图 6－28 所示。

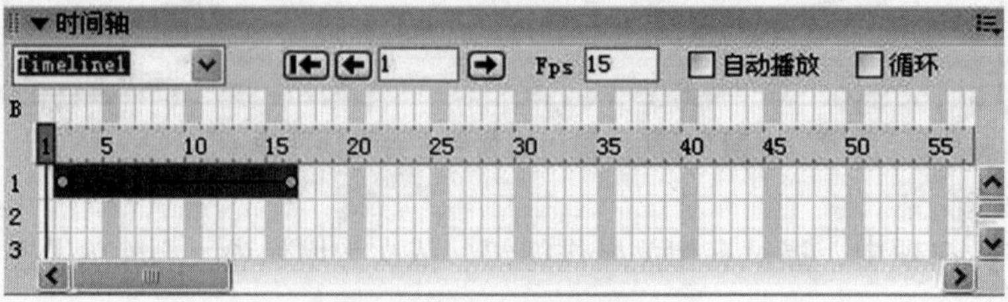

图 6－28　时间轴面板

下面介绍时间轴面板各控件的功能：

（1）播放开始：显示当前页面上的当前层是从时间轴的哪一帧开始播放。

（2）时间轴下拉菜单：指定当前显示在“时间轴”面板中的是文档的哪一条时间轴。

（3）动画条：显示每个对象的动画持续时间。一行可包含多个代表不同对象的动画条，不同的动画条不能控制同一帧中的同一对象。

（4）当前帧：表示当前帧的序列号。

（5）播放速度：即每秒钟播放的帧数，通常默认设置是每秒钟播放 15 帧，这对于运行在 Windows 系统上的大多数浏览器来说是一个较好的平均速率。速率并不是越快越好，太快的速率不一定能提高性能，高于浏览器可管理速率的帧速率将被忽略。

（6）自动播放：选中后，在浏览器打开页面，动画就自动播放。

（7）循环播放：选中后在浏览器中会无限循环播放，在行为通道中可以看到循环的标签，双击标签可以修改行为的参数和循环次数。

（二）创建浮动广告

要创建一个时间轴动画，第一步就是在页面中插入一个层；第二步是在层中插入图像、文字或动画（GIF 动画、Flash 动画）；第三步是使用时间轴窗口改变层的位置，创建时间轴动画。其详细步骤如下：

（1）在网页编辑窗口插入一个层，并在层中插入一幅图片、文字或动画，并设置相应的链接，如图 6－29 所示。

图 6－29　图层

（2）执行菜单【窗口】｜【时间轴】，显示出【时间轴】面板。

（3）拖动图层左上角的选择柄到时间轴第 1 行第 1 帧上，结果在时间轴上形成了动画条，共有 15 帧。

（4）在时间轴面板上拖动动画条的结束帧至第 60 帧位置。按缺省的 15 fps 的速度，则共有 4 秒钟的动画。

（5）在时间轴面板第 1 帧上单击，然后在网页上拖动图层到设定的初始位置。

（6）在时间轴面板最后一帧（即第 60 帧）上单击，然后在网页上拖动图层到设定的结束位置。可看到在网页上形成一条从初始位置到结束位置的直线，表示此时图层将做直线运动。

（7）在时间轴面板的第 10 帧上右击，在弹出的菜单中选择“增加关键帧”，然后在网页上拖动图层到另一个位置，可看到原来的直线轨迹发生了变化，如图 6－30 所示。

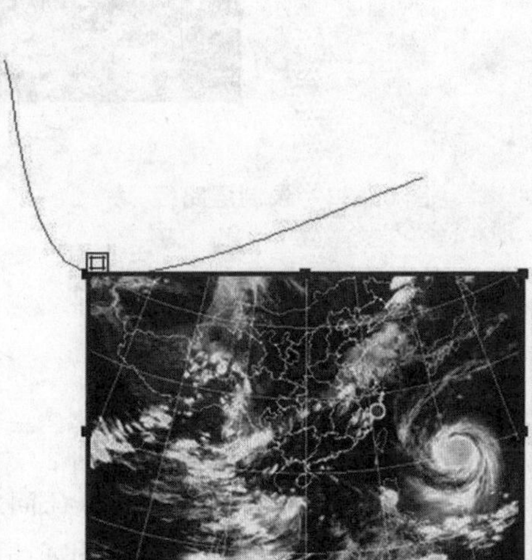

图 6－30　增加了关键帧的图层轨迹

（8）根据需要可重复步骤（7），分别在第 20、30、40、50 帧位置增加关键帧，并改变图层的位置，结果可得到一个曲线运动的轨迹线，如图 6－31 所示。

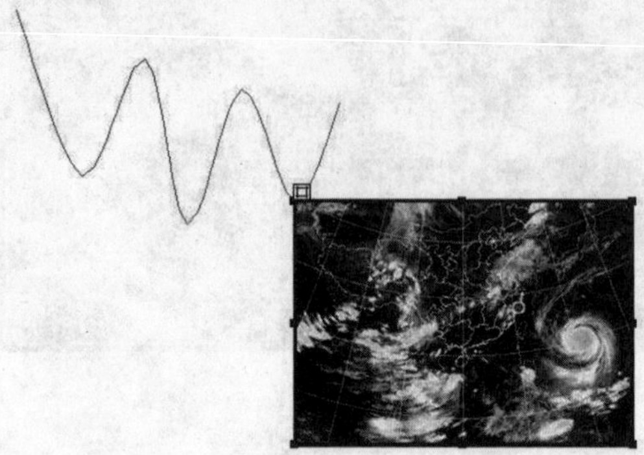

图 6－31　增加了多个关键帧后的图层运动轨迹线

（9）勾选时间轴上的“自动播放”、“循环”，按下 F12 键进行预览，可看到图层在页面上循环游动。

实际上，还有更简单快捷的办法，就是在拖动图层到时间轴后，右击时间轴，在弹出的菜单中选择“录制层路径”，然后在页面中拖动图层随意游动，此时会将游动的路径自动记录下来，如图 6－32 所示。在预览时可看到图层按照记录好的路径“游动”。

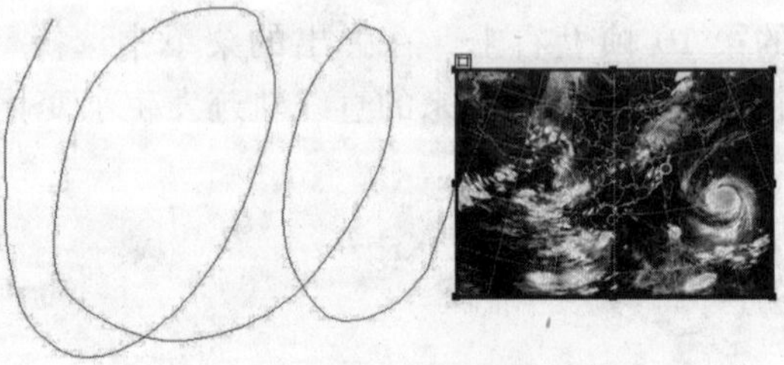

图 6－32　录制层路径

第七节　页面布局

网页设计既是一门技术，也是一门艺术。这是因为网页在向浏览者传递信息时，既要考虑用户获取信息时的方便，也要考虑人们阅读时的感觉和心情。网页包括文字、图形、动画等元素，在网页版面布局方面必须综合考虑，以实现良好的视觉效果。

在 Dreamweaver 8 中实现网页页面布局的设计技术有很多，本节主要介绍常用的表格布局、布局面板、层、框架等。

一、运用表格进行布局

表格是一个很好的布局工具，表格上可以有很多的单元格，网页页面的各元素放置在不同的单元格中，实现布局效果。

图 6 – 33 所示是某个学校主页的页面布局图，要制作这样一种布局图，可考虑按图把主页分成 LOGO、内容和版权区三大板块。其中内容区又分为文字导航区、校训展示区、动态新闻区和重点内容导航区四个板块。

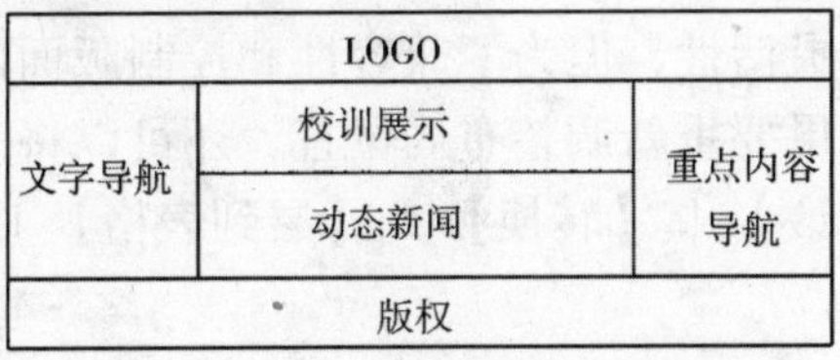

图 6 – 33　使用表格划分版面布局

作为示例，下面介绍左边的文字导航区的制作步骤：

（1）在左边导航区插入 2 行 1 列的表格，设置它的宽度为 100%，在第一行填入“网站导航”，并注意设置其高度。

（2）在第二行单元格中插入 8 行 1 列的表格，填入学校各部处的名称，并设置相应的链接，结果如图 6 – 34 所示。

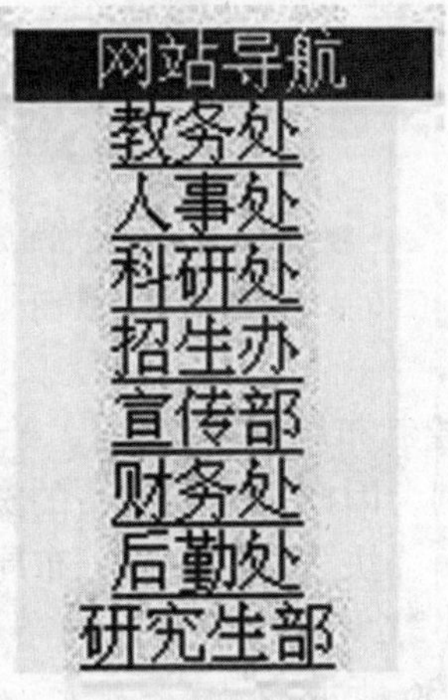

图 6 – 34　使用表格制作导航

二、使用层

使用表格进行页面布局是一个传统有效的方法，但要在页面中随意移动表格是不可以的，因此，使用表格进行布局，必须预先进行严谨的规划。利用“层”的可移动性，就可以很好地解决这个问题。层是一个可以随意移动、可以重叠、可以嵌套的对象，可以较为灵活地进行布局。

（一）使用层进行布局

使用层进行布局，就是在页面中插入多个层，直接在层上放置网页对象就可以了。以图 6－33 所示的页面为例，要制作这个版面，可直接使用“绘制层”工具，在页面上“画”各个板块。为方便控制层的位置，可以将参考的网格线显示出来并设置靠齐到网格（菜单【查看】｜【网格】｜【显示网格】｜【靠齐网格】）。

（二）层与表格布局的转换

层在布局中具有较好的灵活性，但为了兼容性和控制版面的精确性，在制作好以后可将层转化为表格。反之，如果要重新调整布局位置，还可以将表格再转换为层进行移动等操作。方法是执行菜单【修改】｜【转换】｜【层到表格】｜【表格到层】。

三、使用布局视图

Dreamweaver 8 中提供了布局视图，是一个很有效的布局设计方法。在布局视图中，布局是以表格为基础的，并且表格是可以移动的，既有表格规范，又融入了层可灵活移动的优点，因此，布局视图可称为设计网页布局的利器。

使用布局视图，需要在页面中绘制布局表格、布局单元格。

（1）选择【插入工具栏上】上的【布局】，如图 6－35 所示。

（2）单击【布局模式】，切换到布局视图。

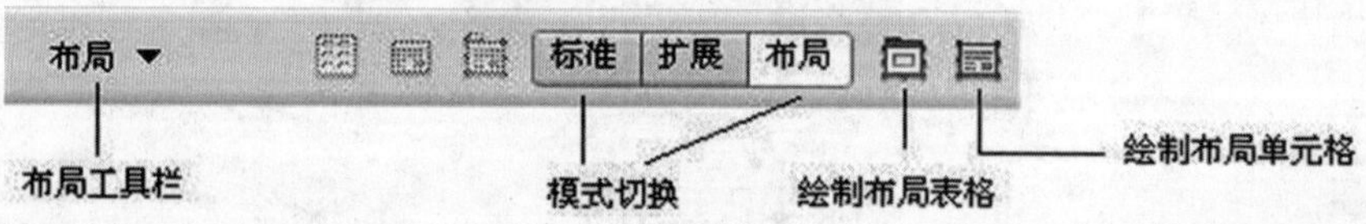

图 6－35　使用布局视图

（3）按照分块原则，使用【绘制布局表格工具】，绘制出布局表格。由于绘制了布局表格后它的并排位置不可以再绘制，因此，布局表格的宽度应与预定的页面总宽度相同。在布局表格的下方可继续画出下一“块”布局表格，布局表格在页面中呈灰色。

（4）使用【绘制布局单元格】工具，在绘制好的布局表格内绘制布局单元格，以便对页面进行进一步划分，如图 6－36 所示。

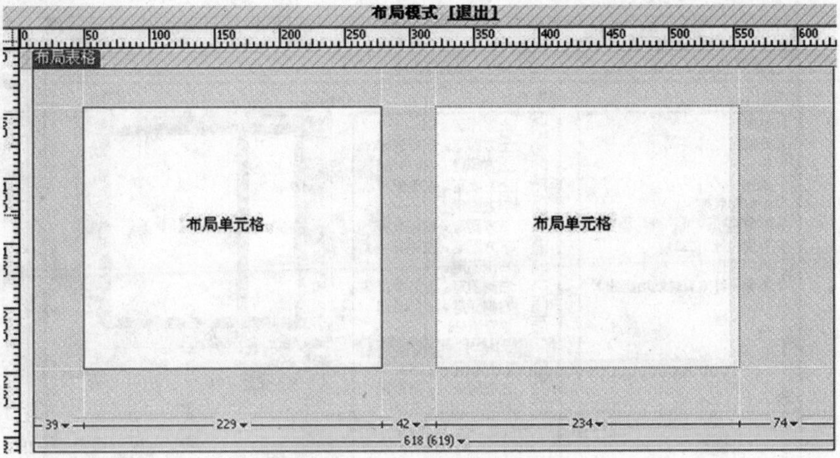

图6-36　绘制布局单元格

（5）在布局单元格中添加网页内容。绘制好布局单元格后，可以像使用表格定位一样在布局单元格中添加网页内容（文本、图像、动画等），布局表格中不是布局单元格的部分（灰色部分）是不可以添加内容的。

（6）调整布局表格、布局单元格的大小。方法之一是直接拖动其边框线的控制点，方法之二是通过属性面板直接输入数值。

（7）调整布局单元格位置。要调整布局单元格的位置，可移动鼠标到其边线上，直接拖动即可。正是由于单元格的可移动性，使得布局视图具有层的优点。

（8）布局完毕，退出布局模式，切换回标准模式，此时布局视图呈现为表格。所有表格区域均可添加网页内容。反之，从标准模式切换到布局模式，所有添加有网页内容的单元格均自动转为布局单元格。

四、使用框架

框架可以方便地将窗口划分为多个子窗口，每个窗口分别显示不同的网页文件。即使某个子窗口中的内容发生改变，仍能保持其他子窗口内容和整个页面布局不变，这样就很容易创建使用相同布局的多种网页了。

框架由两部分组成：一个是框架集；另一个就是单个框架文件。框架集是用于定义一组框架结构的一个 HTML 文档，单个框架文件就是定义在框架某个区域内的单个网页文件。

（一）创建框架页面

创建框架页面可用多种方法，可以直接执行菜单【文件】|【创建】，选择【框架集】类别，再选择需要的框架，单击【创建】按钮即可，如图6-37所示。

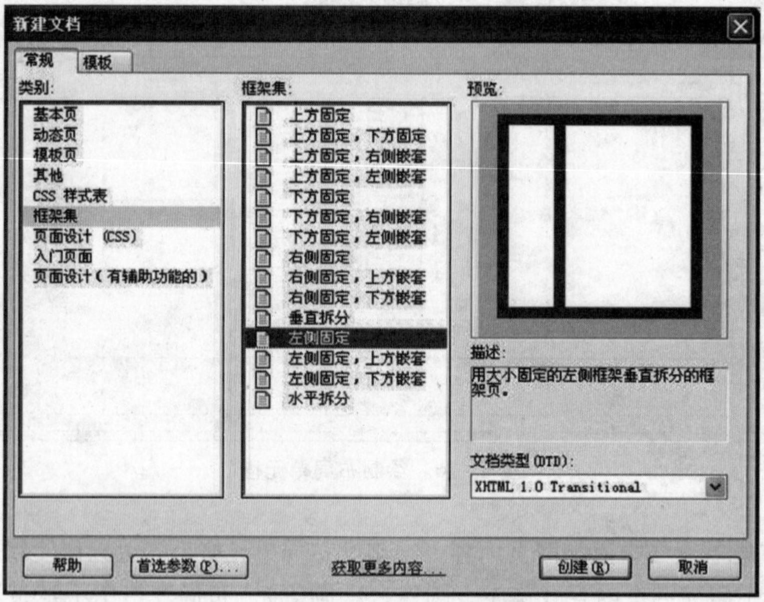

图 6 – 37　创建框架集

也可以从创建空白页开始，再使用布局工具栏的【框架】工具插入预定义框架集。

（二）保存框架页面

框架页面包含了框架集和单个框架，因此在菜单【文件】下包含了几个子菜单项：

“保存框架集”：仅保存框架集；

“保存框架页”：仅保存光标所在页面；

“保存全部”：保存框架集及所有页面。

以“左侧固定”的框架集为例，选择“保存全部”，结果弹出一个“另存为”对话框，此时看到整个框架被一个粗虚线框包围，表示现在要保存的是整个框架集，如图 6 – 38所示。

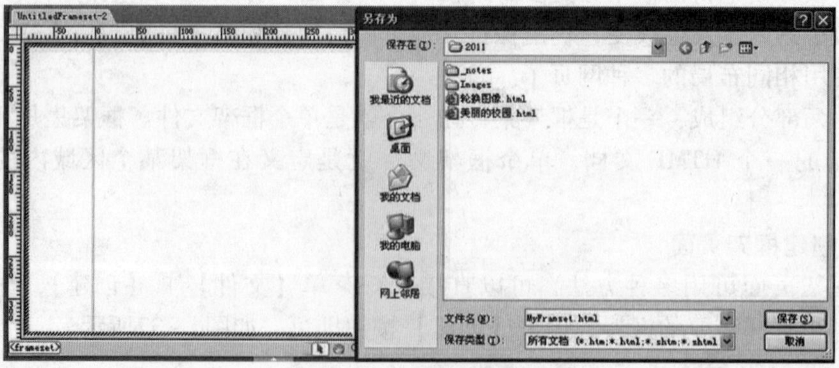

图 6 – 38　保存框架集

输入文件名（如“Myframeset. html”），按下“保存”后，继续弹出“另存为”对话框，此时可看到粗虚线围着右侧的区域，表示要保存右侧的框架页。输入文件名（如“main. html”），单击“保存”按钮后，继续出现保存左侧区域对话框，作为例子，将其命名为“left. html”。经过这一步骤，一个包含两个框架页的框架总共保存了三个文件：

Myframeset. html：所有框架集；

main. html：右的框架页；

left. html：左侧的框架页。

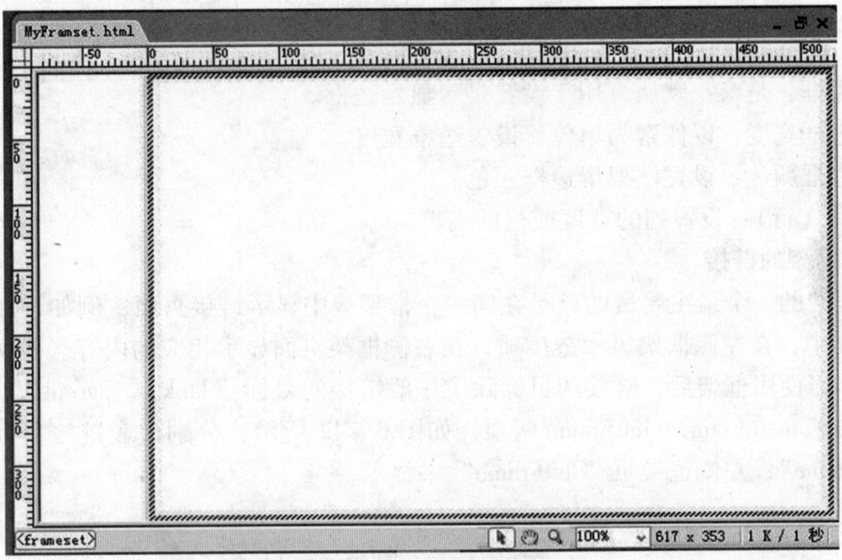

图6－39 保存框架页

每个框架页都相当于一个单独的网页，每个框架页都有各自独立的页面属性（如背景、字体、链接样式等），各框架页通过框架集融为一体，尽管可单独打开“main. html”和“left. html”两个框架页来进行编辑，但一般应打开“Myframeset. html”这个框架集，以保证各框架页在布局上的统一。

（三）框架页的属性与框架集的属性

按住Alt键单击一个框架页内部或使用框架面板，可选中该框架，出现该框架的属性面板，如图6－40所示。

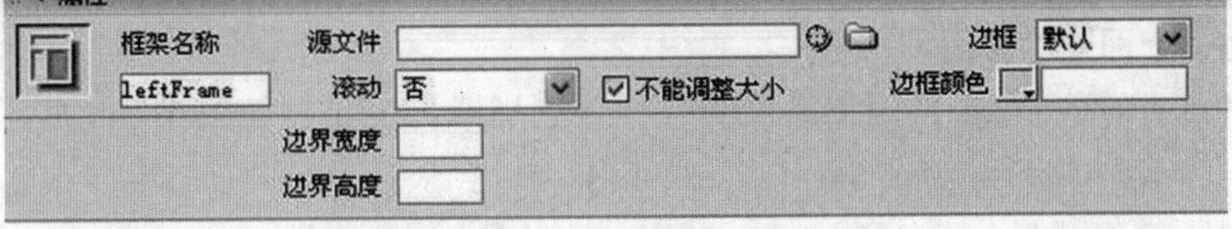

图6－40 框架页属性面板

（1）滚动：设置该框架页是否显示滚动条。

（2）边框：设置该框架是否显示边框。

（3）边界宽度、边界高度：设置框架边框与内容之间的间距。

单击框架的边框，出现框架集的属性面板，如图 6－41 所示。

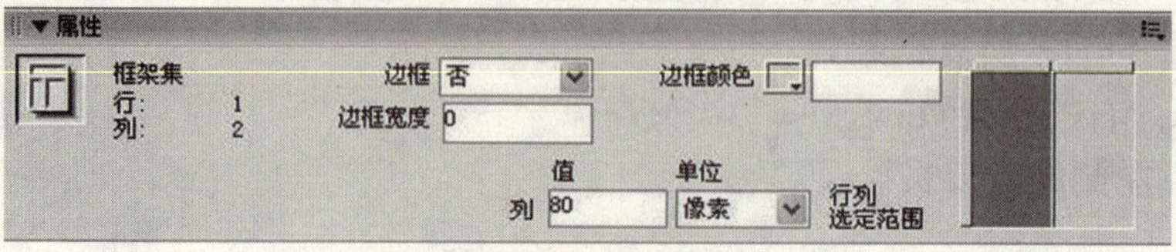

图 6－41　框架集属性面板

（1）边框：是/否/默认，用于设置是否显示边框。

（2）边框宽度：以像素为单位，设置边框宽度。

（3）边框颜色：设置框架集边框颜色。

（4）列（行）：设置列的宽度或行的高度。

（四）框架的链接

应用框架的一个最主要目的就是在同一个框架集中显示链接页面，例如，在“左侧固定”框架集中，在左侧框架显示链接项，在右侧框架页面显示相应的内容。要实现这种链接并不难，当使用框架后，链接的目标除了一般链接的目标_blank、_parent、_self、_top外，还增加了 mainFrame、leftFrame 两项，如图 6－42 所示，分别代表链接目标在主框架页“mainFrame”、左侧框架页“leftFrame”中显示。

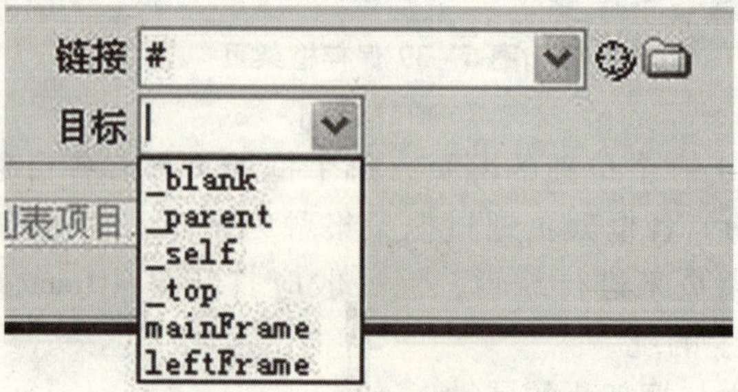

图 6－42　框架链接目标

（五）使用 iframe 标记

iframe 标记又称“嵌入式框架”，它可以将另外一个独立的网页文件甚至是外部站点文件嵌入到一个网页中显示。

（1）插入 iframe。单击常用工具栏的【标签选择器】工具，如图 6－43 所示。

图 6－43　“标签选择器”工具

（2）弹出【标签选择器】对话框，选择【HTML 标签】|【页元素】|【iframe】，如图 6－44 所示。

图 6－44 “标签选择器”对话框

（3）单击【插入】，进入【标签编辑器－iframe】，如图 6－45 所示。

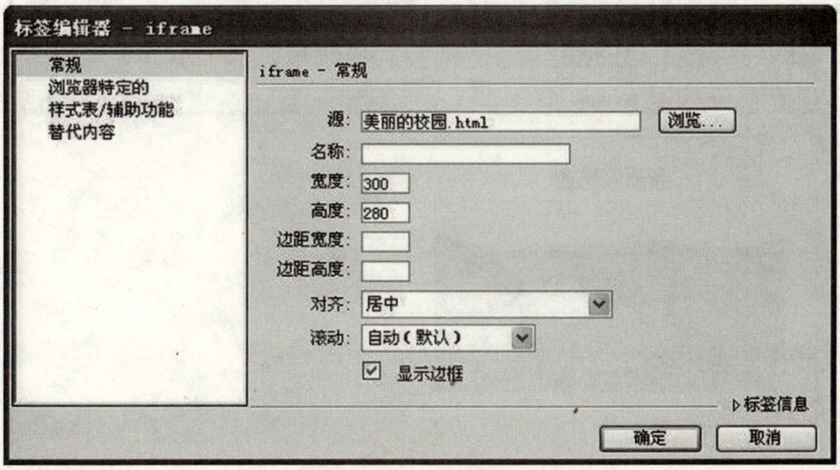

图 6－45 标签编辑器

其【常规】设置包含以下内容：

① 源：要在 iframe 框架中显示的网页文件，可以单击“浏览”按钮后选择。

② 名称：iframe 框架的标识，其他链接如果要在这个 iframe 框架中打开，则要在目标栏中输入其中的标识。

③ 宽度、高度：iframe 框架的大小。

④ 边距宽度、边距高度：iframe 框架与外围标签的边距。

⑤ 对齐：设置 iframe 框架的对齐方式。

⑥ 滚动：当内容超过框架大小时，是否显示滚动条。

【浏览器特定的】设置，可以选择“允许透明”，使 iframe 框架内容与网页背景相同，如图 6－46 所示。

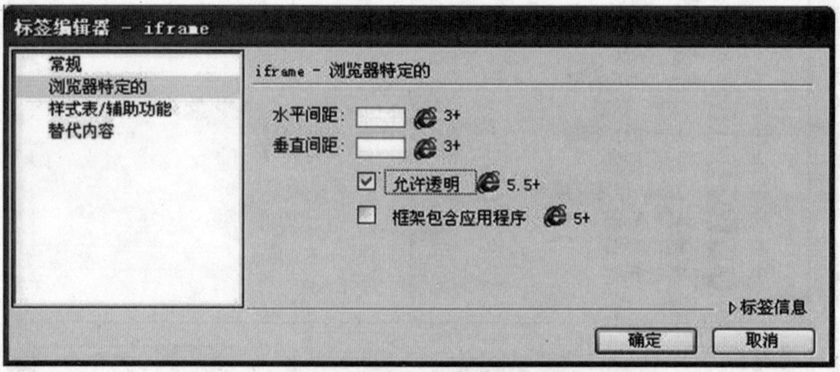

图 6－46　标签编辑器“浏览器特定的”选项

(4) 单击“确定”，即完成 iframe 框架的插入操作，浏览效果如图 6－47 所示。

图 6－47　使用 iframe 效果

（5）进一步了解嵌入式框架。

打开代码视图，可看到插入了如下代码：

<iframe src = “美丽的校园 . html” width = “300” height = “280” scrolling = “auto” allowtransparency = “true” > </iframe>

代码对应着插入标签时的各项设置。

（6）进一步使用嵌入式框架。

对于页面其他的链接，如果要放入该嵌入式框架中，只需在链接目标栏中输入嵌入式框架的名称即可。

第八节 CSS 样式表

一、CSS 样式表

（一）了解 CSS 样式

CSS（Cascading Style Sheets），层叠样式表。CSS 使用一系列规范的格式来设置一些规则，称为样式，并通过样式来控制 Web 页面内容的外观及特效。

CSS 中的样式由两部分组成：选择器和声明。选择器是标识已设置格式元素（如 P、H1、类名称或 ID）的术语，并按规定以“.”开头，而声明则用于定义样式元素使用的规则。在下面的示例中，txt14 是选择器，介于大括号（{}）之间的所有内容都是声明：

```
. txt14 {font-family:"宋体";
      font-size:14 px;
      line-height:20 px;
      color:#FF0000;
}
```

不难看出，声明本身也是由两部分组成：属性（如 font-family）和值（如“宋体”）。上述示例创建了样式 txt14，使用的规则是：字体 = 宋体、字号 = 14 像素，行距 = 20 像素，颜色 = #FF0000（红色）。

所谓“层叠”是指对同一个元素或 Web 页面应用多个样式的能力。例如，可以创建一个 CSS 规则来定义颜色，创建另一个规则来定义边距，然后将两者应用于一个页面中的同一文本。所定义的样式“层叠”到 Web 页面上的元素，并最终创建理想的设计。

CSS 很显著的优点就是容易更新，只要对 CSS 规则中定义的样式进行修改，则应用该样式的所有文档都可以自动更新。举个例子，假设一个网站的正文文字要由原来的 14 px 改为 12 px，如果不使用 CSS，则要逐个打开站点的页面进行修改。一个站点有可能包含十几个页面，有些多达几十个页面，这时的工作量是难以想象的。如果应用了 CSS，则只需要在 CSS 文件中修改相应的样式，这十几个乃至几十个页面均可自动更新，真正达到事半功倍的效果。

（二）内部样式表和外部样式表

样式表就是样式定义的集合，即把多个样式的定义以列表的方式集合在一起。下面就是一个样式表的例子：

```
.nh1 {font-family:"隶书";font-size:36 px;color:#FF0000;}
.nh2 {font-family:"黑体";font-size:16 px;}
.txt14 {font-family:"宋体";font-size:14 px;line-height:24 px;}
.txt12 {font-family:"宋体";font-size:12 px;line-height:16 px;}
```

在上述样式表中，定义了 nh1、nh2、txt14、txt12 四种样式，每种样式设定了字体、字号及颜色、行距等属性。

如果将样式表的内容插入 HTML 文档中（一般是在 <head>与</head>之间），则称为内部样式表。形式如下：

```
<head>
<meta http-equiv="Content-Type" content="text/html;charset=gb2312"/>
<title>美丽的校园</title>
<style type="text/css">
<!--
.nh1 {font-family:"隶书";font-size:36 px;color:#FF0000;}
.nh2 {font-family:"黑体";font-size:16 px;}
.txt14 {font-family:"宋体";font-size:14 px;line-height:24 px;color:#666666}
.txt12 {font-family:"宋体";font-size:12 px;line-height:16 px;}
-->
</style>
</head>
```

如果把样式表内容单独保存为一个文件，后缀名为“.css”，如“MyStyle.css”，则称为外部样式表。

二、CSS 样式表面板

Dreamweaver 8 中的 CSS 样式面板内容丰富且功能强大，既列出了定义的样式及属性，又可以通过面板直接编辑和添加新的属性，对样式的建立和修改十分便捷。

执行菜单【窗口】|【CSS 样式】，显示出 CSS 样式表面板，如图 6－48 所示。

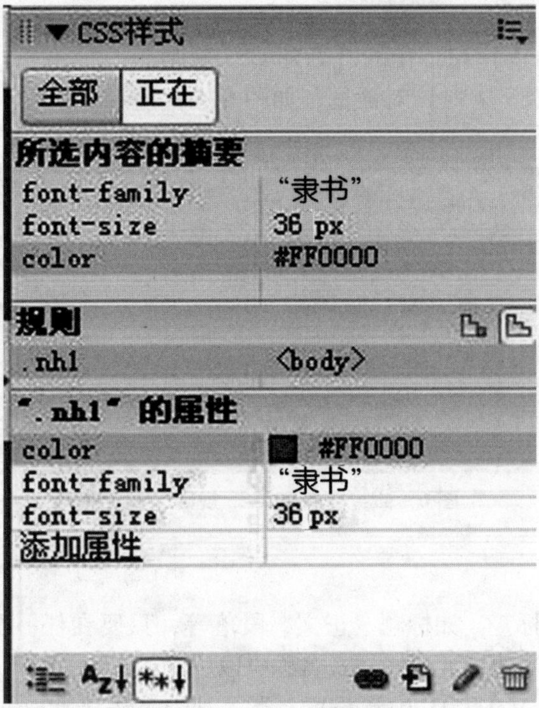

图6-48 CSS样式表面板

选择【全部】，将显示当前页面可使用的所有样式，选择【正在】，则显示正在使用的样式。面板的构成包含以下三个部分：

（1）规则列表：位于面板上方，显示规则（选择器）名称。

（2）属性列表：位于面板下方，显示对应的属性及属性值。

（3）控制按钮：位于面板右下角，包含附加样式表、新建CSS规则、编辑样式、删除CSS属性四个按钮。通过这四个按钮，可完成有关样式的主要操作。

样式表面板提供了对样式表文件及样式的一个集成编辑及管理环境，在样式表面板上可直接新建样式表、修改样式、排序样式等。样式表窗口上方显示了定义的所有样式规则，下方显示了对应的属性及属性值，如图6-48所示，规则窗口选择了“.nh1”，下方显示了其color、font-family等值性及属性值。

（1）通过单击属性值，可从其下拉菜单中直接重设其属性值。

（2）通过单击下方的“添加属性”，可以增加该规则的属性设置。

（3）通过单击右下角的“编辑样式”按钮，可进入样式的编辑窗口，添加属性或修改属性。

三、CSS样式的建立

（一）创建CSS样式

CSS样式的创建方法很多，下面介绍使用CSS面板的【新建CSS规则】按钮创建样式的步骤：

（1）按下【CSS 面板】左下角的【新建 CSS 规则】。

（2）弹出【新建 CSS 规则】对话框，如图 6－49 所示。

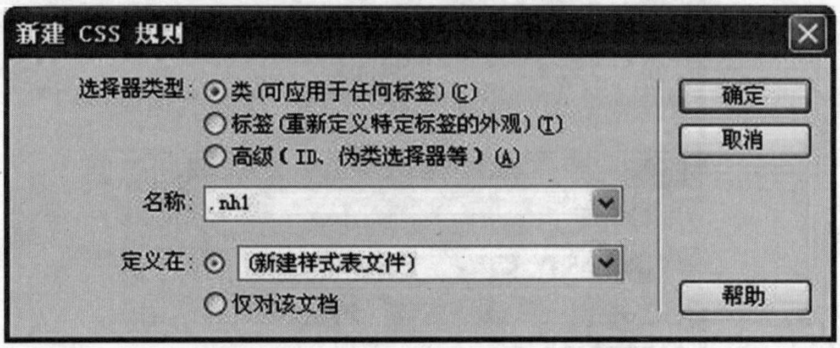

图 6－49 “新建 CSS 规则”对话框

1）选择器类型：

类：可应用于任何标签，如标题、正文、段落等，只要在任一页面元素中设置 class 属性，即可套用该样式。当选择类后，样式名称应以“.”开头。如“.txt14”、“.nh1”等。

标签：用于重新定义 HTML 中预设的标签，如 a—链接、body—网页主体、div—层、table—表格等。

高级 ID：用于定义超级链接等，包含 a：link、a：visited、a：hover、a：active 等。

2）定义在：新建样式表文件/仅对该文档。如果选择“仅对该文档”，则所建立的样式是以内部样式表的形式，插入 HTML 文档的 <head> </head> 之间。如果选择“新建样式表文件”，则为外部样式表，单击“确定”按钮后，要选择保存的文件夹及输入文件名(.css)，如“F:\2011\MyStyle.css”。以后新建的样式，则可直接定义在“MyStyle.css”中。

（二）CSS 样式中规则的定义

在创建 CSS 规则名称后，进入【CSS 规则定义】对话框，如图 6－50 所示。在 CSS 规则定义中，可设置以下规则：

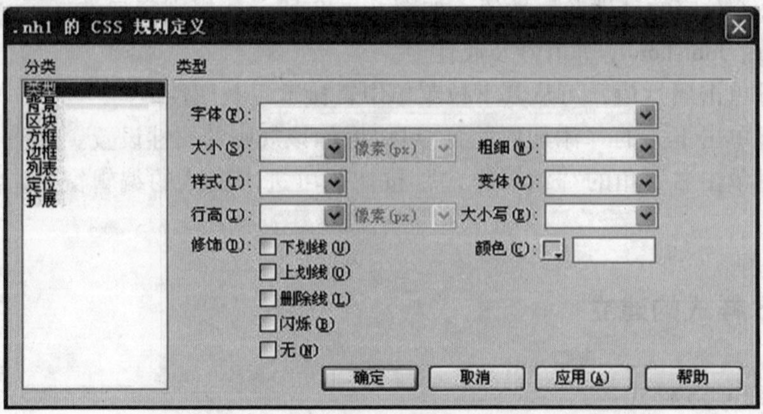

图 6－50 CSS 规则定义

（1）类型：定义字体、大小、颜色、行高等。

（2）背景：定义可使用颜色、背景图像等。

（3）区块：定义单词间距、字母间距、对齐方式等。

（4）方框：定义宽度、高度，填充左右上下的间距等。

（5）边框：定义边框样式，包括点线、虚线、实线等。

（6）列表：定义列表符号、位置等。

（7）定位：定义定位的类型、宽度、高度等。

（8）扩展：定义鼠标类型、使用滤镜等。

（三）使用样式设置页面文字样式

1. 设置页面文字字体、字距、行距、首行缩进、背景颜色等

（1）新建 CSS 规则，在弹出的 CSS 规则中选择"类"并输入名称，如". nh1"表示标题 1、txt12表示大小为 12 的文本等，并设置定义在 MyStyle. css 文档中。

（2）进入"CSS 规则定义"对话框，在"类型"分类中设置标题 1 字体为"黑体"、大小为 16 px、颜色为#FFFFFF，行高为 24 px，在"背景"中设置背景色为#333333。

（3）重复定义文字样式 txt12，在"类型"中设置字体为"宋体"，大小为 14 px，颜色为#FF0000，行高为 20 px，"区块"分类中设置字母间距 2 px，文字缩进 20 px。

2. 有关字体样式的代码

打开"MyStyle. css"文件后，可发现以下代码：

```
. nh1 {
    font-family:"黑体";
    font-size:16 px;
    color:#FFFFFF;
    line-height:24 px;
    background-color:#333333;
}
. txt14 {
    font-family:"宋体";
    font-size:14 px;
    line-height:20 px;
    color:#FF0000;
    letter-spacing:2 px;
    text-indent:20 px;
}
```

其中 font-family 表示字体属性，font-size 表示字体大小，line-height 表示行距，color 表示字体颜色，background-color 表示背景颜色，letter-spacing 表示字母间距，text-indent表示文本缩进。

（四）使用样式设置链接样式

1. 设置链接的样式

在网页设计中，默认的链接下面都有一条下划线，并且文字在鼠标经过时没有什么变

化。通过设置链接样式，可使链接更富于变化。其设置步骤如下：

（1）新建 CSS 规则，在【选择器类型】中选择【高级】，在选择器中有四项选择，分别是 a：link、a：visited、a：hover、a：active，分别代表链接常态、已访问过的链接、变换链接、活动链接等，如图 6－51 所示。

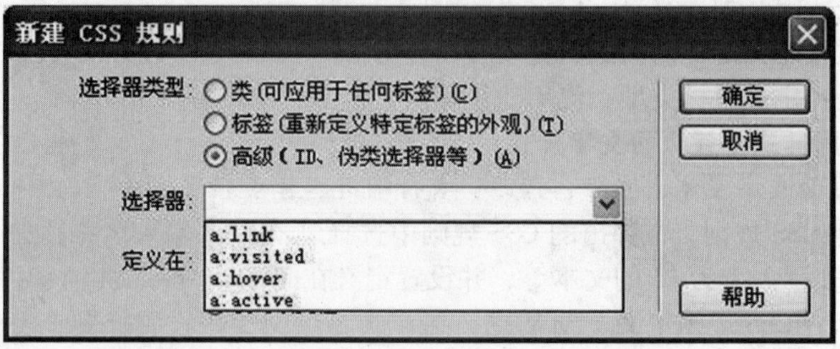

图 6－51　设置链接样式

（2）作为示例，仍将其定义在“MyStyle. css”中，并按以下值进行设置：

选择 a:link，设置字体大小为 14 px，颜色为#CC0000，无下划线；

选择 a:visited，设置字体大小为 14 px，颜色为#666666，无下划线；

选择 a:hover，设置字体大小为 14 px，颜色为#FFCC00，下划线；

选择 a:active，设置字体大小为 14 px，颜色为#0000FF。

（3）编辑一网页，设置链接，检查链接样式的使用效果。把鼠标移上去时，链接文字会出现下划线，并且颜色变为黄色。

2. 打开“MyStyle. css”文件，可看到对应的 CSS 代码

```
a:link {
    color:#CC0000;
    text-decoration:none;
}
a:visited {
    color:#666666;
    text-decoration:none;
}
a:hover {
    color:#FFCC00;
    text-decoration:underline;
}
a:active {
    color:#0000FF;
}
```

3. 设计并使用多种链接样式

在一个页面中经常会用到多级链接，对不同级别的链接应使用不同的样式以示区别。如何实现呢？

为此，将上述的 a：link、a：visited……相应地改为 a. x：link、a. x：visited……即定义了一个标记为 x 的链接样式。再重复建立链接样式的步骤，并将代码中的 a：link、a：visited 改为 a. y：link、a. y：visited 等，则得到一个标记为 y 的链接样式。以此类推，可定义多种链接样式，形式如下：

```
a. x:link {                  //定义链接样式 x
    font-size:14 px;
    color:#CC0000;
    text-decoration:none;
}
……
a. y:link {                  //定义链接样式 y
    font-size:12 px;
    color:#0000FF;
    text-decoration:none;
}
……
```

要使用多种链接样式，先按一般的步骤设置链接，设置后，在【标签选择器】栏找到链接标签 <a>右击，在弹出的下拉菜单中选择【设置类】，然后选择使用的链接类 x 或 y 即可，如图 6－52 所示。

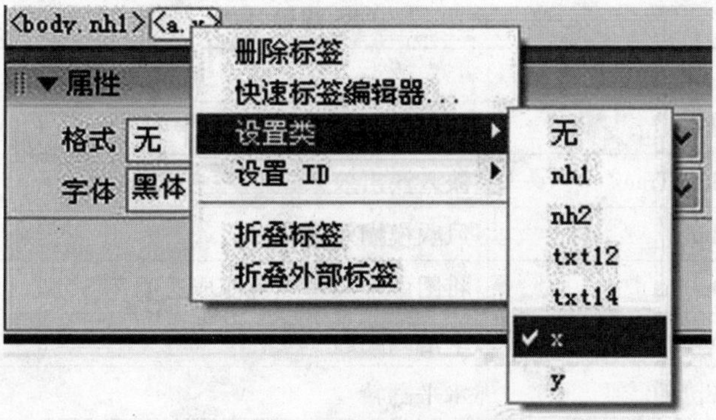

图 6－52　设置不同的链接类

打开 HTML 代码，不难发现，在 <a>中增加了代码 class = “y”，即表示使用链接类 y。例如：

<a href =“#” class =“y”>美丽的校园 </a>

四、CSS 特效滤镜

在 CSS 规则定义中选择“扩展”分类，提供了特效滤镜，如阴影、翻转、透明度等，可以对图像、单元格等重新定义属性以实现特殊效果。扩展定义面板如图 6－53 所示。

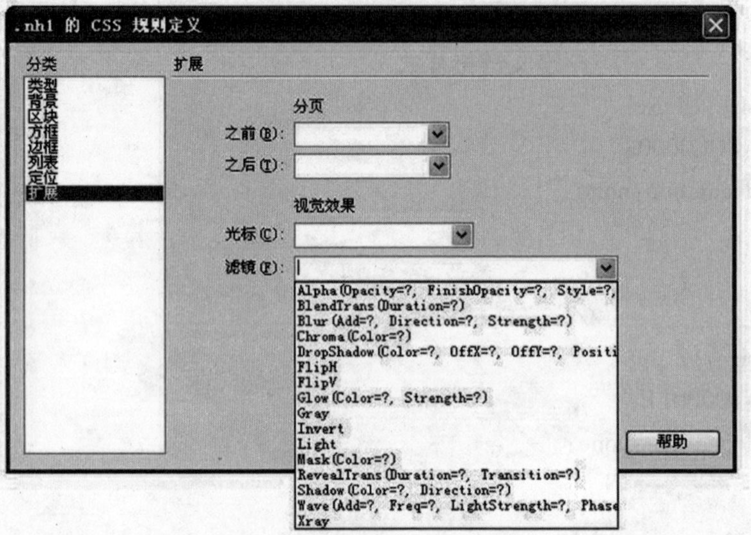

图 6－53　滤镜的选择

CSS 滤镜特效如表 6－2 所示。

表 6－2　CSS 滤镜特效

滤镜名	功　能
Alpha	呈现透明的渐进效果
BlendTrans	淡入淡出效果
Blur	风吹模糊效果
Chroma	将图像中某一颜色变成透明色
DropShadow	下落式阴影
FlipH	水平翻转
FlipV	垂直翻转
Glow	光晕模糊
Gray	彩色图变灰度图
Invert	反转片效果
Light	光影效果

（续上表）

滤镜名	功　能
Mask	矩形遮罩效果
RevealTrans	提供 24 种不同图像转换效果
Shadow	立体阴影
Wave	波浪变形
Xray	如同 X 光一样产生轮廓效果

每个滤镜均有其对应的参数设置，如 Alpha 滤镜的作用是产生 Alpha 渐变透明效果，其语法格式如下：

Alpha(Opacity = ?,FinishOpacity = ?,Style = ?,StartX = ?,StartY = ?,FinishX = ?,FinishY = ?)

参数及说明如下：

Opacity：不透明度，取值 0 ~ 100，0 表示完全透明，100 表示完全不透明。

FinishOpacity：渐变结束时的不透明度。

Style：渐变形状，0—无渐变，1—直线，2—圆形，3—矩形。

StartX、StartY、FinishX、FinishY 渐变开始和结束的 X、Y 坐标。

例如：

Alpha(Opacity = 0, FinishOpacity = 100, Style = 2, StartX = 200, StartY = 150, FinishX = 400, FinishY = 300)

效果图见图 6 - 54。

原图　　　　使用Alpha滤镜

图 6 - 54　使用 Alpha 滤镜效果

五、使用 CSS 样式

内部样式表可直接使用，如果是外部样式表，则必须先将其链接进来。链接外部 CSS 样式表文件，可使用【CSS 样式面板】，按下面板中的【附加样式表】，也可以使用文本属性面板【样式】下拉列表中的【附加样式表】，弹出如图 6 - 55 所示对话框。

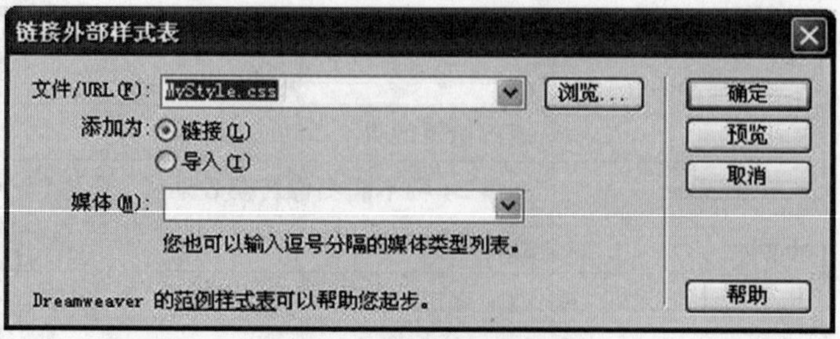

图 6－55　链接外部样式表

在该对话框中，单击【浏览】按钮，找到要链接的样式表文件，可以选择“链接”（推荐）或“导入”，按下“确定”按钮即可使用外部 CSS 文件中定义的样式了。

附加样式表后，样式表中所定义的样式就会出现在属性面板的【样式】下拉列表中，选定对象后，直接在属性面板的样式列表中选用即可。

思考与练习

一、填空题

1. Dreamweaver 文档编辑的视图方式有__________、__________、__________。

2. 如果在超级链接的目标对象选择了_blank，表示______________。

3. 层的上下顺序是通过设置__________来设定的，数值大的在上层，数值小的在下层。

4. 层的溢出属性设置有__________、__________、__________、__________四个选项。

5. 保存包含三个框架的网页时将产生__________个文件。

二、简答题

1. 什么是网页？简述制作网页的基本步骤。
2. 如何进行站点规划？如何建立站点？
3. 简述超级链接及其分类。超级链接的目标有哪几项？
4. 什么是锚记链接？如何创建锚记链接？
5. 如何制作影像图像、轮换图像和导航条？
6. 层有什么特点？如何使用层实现网页布局？
7. 简述层的行为、属性、事件及其联系。
8. 简述时间轴的作用。如何使用时间轴创建浮动广告？
9. 框架有什么作用？如何使用框架实现页面布局？
10. 什么是 CSS 样式？简述创建 CSS 样式的步骤。

实验一 Windows 7 操作基础

一、实验目的

1. 熟练掌握 Windows 7 环境中浏览计算机系统基本信息的方法。
2. 熟练掌握 Windows 7 环境中设置个性化工作环境的方法。
3. 熟练掌握 Windows 7 环境中应用程序的运行、监控方法。
4. 熟练掌握 Windows 7 环境中文件、文件夹的管理操作。
5. 熟练掌握 Windows 7 环境中磁盘的使用和维护操作。

二、实验内容

（一）查看正在使用的计算机系统的基本信息

（二）桌面设置

（1）添加/删除某种输入法。例如，添加中文（繁体，台湾）仓颉输入法。

（2）设置日期/时间格式、数字显示格式。

（3）设置桌面的主题（字体大小、窗口颜色、显示分辨率等），并将主题以“zt. Themepack”为文件名保存在 E 盘根目录下。

（三）计算机系统性能的优化

1. 优化 Windows 7 启动（如禁止或重新允许某些应用程序在开机时启动）。

（1）运行微软提供的 AutoRuns 小工具可对开机过程中自动启动的应用程序进行管理（可登录 http://technet. microsoft. com/zh-cn/bb963902. aspx 下载 AutoRuns）。运行 AutoRuns 后，单击“Logon”选项卡，可以查看到随系统登录时自动在后台运行的程序；右击某个程序，从菜单中选择“Delete”命令，可以删除某个程序在登录时自动加载；若选择“Jump To…”命令可以自动打开并跳转到应用程序在注册表中自动启动的标记键值。当不知道某个应用程序的服务体系和开发厂商时，可通过选择“Search Online”命令进行在线搜索。

（2）打开“360 安全卫士”杀毒软件窗口（如果没有安装，可以从网上免费下载后进行安装），单击“常用”按钮下“电脑体检”标签可以立即对计算机系统进行较为全面的检测，并根据系统显示的“体检结果”作出相应的操作。例如，对发现的系统漏洞进行修复，清理恶意的插件，查杀木马之类的病毒，清理系统中的垃圾文件，等等；也可以单击“功能大全”标签，选择运行“开机加速”应用程序，通过系统的提示，对一些应用程序在开机时的启动方式进行合理的设置，以提高计算机启动时的速度。

2. 关闭 Windows 7 功能。

Windows 7 默认启用了众多的功能和系统特性，但当前的用户未必会用到所有已启用的功能，因此，可以根据实际需要禁用或关闭某些功能，以加快系统的启动和运行速度。如关闭“游戏”功能。选择【开始】|【控制面板】|【程序和功能】，在打开的窗口面板左边单击“打开或关闭 Windows 功能”，用户即可根据自己的需要取消或勾选需要或

不需要的功能。

3. 优化磁盘。

磁盘的维护工作包括一些非常重要的操作，如磁盘清理、磁盘碎片整理和检查磁盘等。请大家对计算机的磁盘进行上述操作练习。

4. 优化内存。

（1）调整虚拟内存：右击“计算机”选择“属性/高级系统设置/高级”。

（2）Windows 7 应对内存不足时可使用另一项功能即 Windows ReadyBoost，它可以将 U 盘模拟成“虚拟内存”，让 Windows 7 可以将部分内存数据存放在 U 盘当中。但使用该特征时，还必须满足以下条件：加速的设备必须为 USB 2.0 或以上的 U 盘、SD 卡或 CF 卡；加速的设备必须为快速闪存；加速的设备存储空间必须为 512 MB 或更大；ReadyBoost 支持最大的加速大小为物理内存的 3 倍。

（四）文件和文件夹管理

（1）打开 Windows 资源管理器窗口，对文件（夹）的查看方式进行各种设置，比较不同之处。例如，选择查看（隐藏）文件（夹）的创建日期，按文件（夹）的名称、大小进行降序排列等。

（2）使用各种不同的方法对文件（夹）进行选定、移动、复制、查看或修改属性等操作。

（3）建立如下图所示的文件夹。

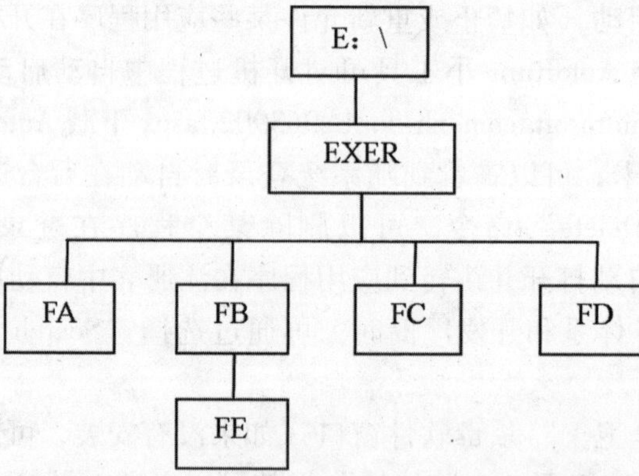

（4）使用搜索功能，查找 C 盘所有扩展名为“.ini”的文件，并将结果复制到 FA 文件夹中；查找 C 盘中文件名包含有字符为 a 的文本文件，并将修改日期为最早的前三个文件复制到 FB 文件夹中；查找 C 盘中含有文字“Windows”的文本文件，并将结果复制到 FC 文件夹中；查找 C 盘中所有文件大小为 10 ~ 100 KB 的 gif 文件，将搜索结果按“大小”从小到大顺序排列，把前三个文件复制到 FD 文件夹中，并以“LYP.fnd”为文件名将搜索条件保存到 FD 文件夹中；在 FE 文件夹中建立名为“自我介绍.txt”的文本文件，内容应包含你的学号、姓名、性别、所在学院和专业、生源地、国籍、爱好特长，以及中学学习过哪些有关计算机的课程等。

（五）程序管理

（1）在文件夹 EXER 中：

① 创建“自我介绍 . txt”的快捷方式；

② 创建“计算器”的快捷方式；

③ 创建“FC 文件夹”的快捷方式。

（2）使用不同的方式启动“计算器”、“自我介绍 . txt”、“Microsoft Word”程序，并对这些打开的窗口进行各种不同方式的排列；采用各种不同的方法分别关闭这些应用程序。

（六）磁盘管理

利用系统提供的“计算机管理”应用程序，查看目前正在使用的计算机磁盘信息（如磁盘分区、使用哪种文件系统及容量大小等），并对磁盘进行清理、整理磁盘碎片和检查磁盘操作。

实验二　文字处理软件操作

一、实验目的

1. 熟悉 Word 2007 工作界面及基本功能选项的使用。

2. 掌握图文混排文档的制作方法。

3. 掌握表格的制作方法。

4. 掌握长文档的高级编排技术。

5. 掌握邮件合并的操作。

说明：实验中所需要的素材文件均存放在“资讯科技上机实验\实验资料\实验二\素材”文件夹中，样例文件均存放在“资讯科技上机实验\实验资料\实验二\样例”文件夹中。

二、实验内容

（一）图文混排

1. 编排制作一个版面的绿色环保宣传单张（具体操作方法可以参考教材第二章第二节）。

2. 打开文档“绿色与我同行（原文）.docx”，按照“样例2－1　绿色与我同行.jpg”图片所示，将文档按下面任务的三部分进行编排，最后用“绿色与我同行.docx”为文件名保存文档。

3. 该任务包括三个子部分：

（1）文字的编排：字体和段落格式设置。

（2）页面布局的设置：页面设置和页面背景设置。

（3）各种图形对象的编排：插入和编辑各类图形。

（二）表格制作

1. 按照“样例2－2　个人消费贷款申请表.jpg”图片文件所示，制作一张创建窗体和设置窗体保护的“个人消费贷款申请表”表格，并且以“个人消费贷款申请表.docx”为文件名保存文档（具体操作方法可以参考教材第二章第三节）。

2. 该任务包括三个子部分：

（1）新建一个 Word 文档，在文档中建立好表格。

（2）尝试利用 Word 的“控件”功能，为用户填写的表格创建窗体。

（3）为创建了窗体的表格设置强制保护。

（三）编排长文档

1. 编排国家标准《国家行政机关公文格式》长文稿（具体操作方法可以参考教材第二章第四节）。

2. 打开文档“国家行政机关公文格式.docx”，按照“样例2－3　国家行政机关公文格式1.jpg”和“样例2－3　国家行政机关公文格式2.jpg”图片文件所示，编排包括封面、前言、目录及正文效果，最后用原名保存文档。

3. 该任务包括四个子部分：

（1）对长文档排版布局、分节，对各部分内容设置页眉和页脚。

（2）对封面、前言和正文内容建立、应用和修改样式，并对标题样式添加多级编号。

（3）为全文的图片加入自动编号的题注，并在文档中的引用位置插入交叉引用。

（4）在目录页面自动生成目录，使用文档结构图或大纲视图浏览、编排、调整全文。

（四）邮件合并－1

1. 按照“样例2－4　工作证.jpg”和“样例2－4　工作证合并记录.jpg”图片文件所示，批量制作某单位（含照片）的工作证，并且以“工作证合并记录.docx”为文件名保存（具体操作方法可以参考教材第二章第五节）。

2. 该任务包括四个子部分：

（1）按照图实验2－1或样例2－4所示工作证，新建主文档。

（2）准备好数据源文件，开始邮件合并。

（3）插入合并域和嵌套域。

（4）合并记录到新的文档。

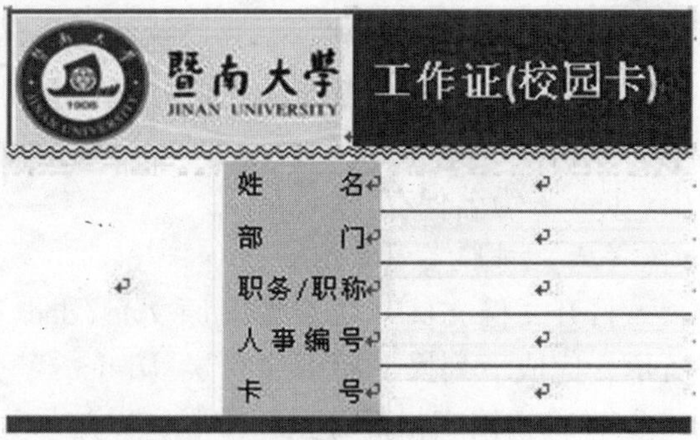

图实验2－1　工作证

（五）邮件合并－2

1. 按照“样例2－4　录取通知书.jpg”图片所示，利用邮件合并功能生成批量的大学录取通知书，并且以“批量录取通知书.docx”为名保存。

图实验2－2　录取通知书

2. 该任务主要包含以下四个子部分：

（1）建立主文档。新建一个文档，按照样例 2 - 5 所示，输入录取通知书中共有、不变的内容。设置标题文字为华文隶书、一号字，正文为宋体三号字，“暨南大学”文字为华文行楷二号字。页面纸张大小为“Envelope C5”，纸张方向为横向。插入图形文件“jnu_gate_big. jpg”且设置图形衬于文字下方，调整原图形对比度 -30%，亮度 45%。

（2）指定数据源。先选择【邮件】|【开始邮件合并】|【信函】命令，接下来要创建数据源或指定现有数据源文档：点击【选择收件人】|【使用现有列表】，在打开的对话框中指定素材文件“录取学生名单 . xlsx”中 sheet1 $ 表为已有数据源。

（3）插入合并域。将光标依次定位在主文档“同学”、“（院系）”、“专业”、“年”之前，分别点击【插入合并域】|【姓名】、【院系】、【专业】、【学制】各项，将在文档中出现《》括起的合并域，合并后这些域将用数据源中的域值代替。

（4）完成合并。点击【完成并合并】|【编辑单个文件】，选择合并全部记录，即生成了数据源中每个记录为一页的批量大学录取通知书。最后文件以“批量录取通知书 . docx”为名保存。

（六）排版荟萃 1

打开文档文件“卖炭翁（原文）. docx”，按照“样例 2 - 6　卖炭翁 . jpg”图片文件所示，完成下列操作后以“卖炭翁 . docx”为文件名保存。

1. 将文档表格部分重新排版，以句号为界进行分行。

2. 设置《卖炭翁》正文的格式：宋体小四号字、首行缩进 9 个字符、1. 2 倍行距。

3. 为文档插入页眉和页脚，页眉为文档名“卖炭翁”，页脚为学生本人的姓名和学号。

4. 在文档的最后输入数学公式，然后将其居中对齐，字号设置为二号。

（七）排版荟萃 2

打开文档文件“文字排版格式荟萃 . docx”，按照“样例 2 - 7　文字排版格式荟萃. jpg”图片文件所示，完成排版操作后按原文件名保存。

实验三　电子表格程序

一、实验目的

1. 掌握 Excel 工作表的数据输入、运算和统计的基本操作。

2. 练习图表的建立、编辑等基本操作。

3. 掌握 Excel 的常用工作表函数的使用。

4. 掌握公式中坐标引用的方法。

5. 熟练运用数据透视表进行数据统计。

6. 正确运用数据排序操作。

7. 使用分类汇总方法统计数据。

8. 掌握数据的筛选操作。

说明：实验中所需要的素材文件均存放在“资讯科技上机实验\实验资料\实验三”文件夹中。

二、实验内容

（一）启动 Excel，在工作簿 Book1 的工作表 Sheet1 中输入如图实验 3-1 所示的数据，并以“Staffs. xlsx”为文件名保存

1.“职工编号”为字符型常量，“参加工作时间”为数值型常量。

2.“参加医保”为逻辑型常量，TRUE 表示参加了医疗保险，FALSE 表示未参加医疗保险。

3.“津贴工资”为公式，其计算规则为：基本工资的$\frac{3}{7}$，四舍五入保留整数。

4.“医保扣费”为公式，其计算规则为：参加了医保者按基本工资与津贴工资之和的 2% 缴纳，四舍五入保留整数；未参加医保者不缴纳。

	A	B	C	D	E	F	G	H	I
1	BH公司工资表								
2	职工编号	姓　名	性别	参加工作时间	基本工资	津贴工资	参加医保	医保扣费	实发金额
3	2701001	申旺林	男	1986/3/21	¥5 100.00	¥2 186.00	TRUE	¥146.00	¥7 140.00
4	2701002	李伯仁	男	1992/7/3	¥3 900.00	¥1 671.00	FALSE	¥0.00	¥5 571.00
5	2701003	陈　静	女	2009/10/25	¥2 300.00	¥986.00	TRUE	¥66.00	¥3 220.00
6	2701004	魏文鼎	男	2010/5/16	¥1 600.00	¥686.00	TRUE	¥46.00	¥2 240.00
7	2701005	吴　心	女	1997/12/9	¥2 900.00	¥1 243.00	FALSE	¥0.00	¥4 143.00

图实验 3-1　BH 公司工资表

【操作提示】

（1）在 A1 单元输入“BH 公司工资表”后，选定区域 A1:I1，将其设置为“合并后居中”。

（2）职工编号为一组序列，先在单元 A3 中输入申旺林的职工编号’2701001，可以再利用填充柄自动输入其余的职工编号。

（3）“姓名”、“性别”、“参加工作时间”、“基本工资”和“参加医保”为原始数据，必须手工逐个输入；“津贴工资”、“医保扣费”和“实发金额”为公式，输入时通过复制操作完成。

（4）四舍五入函数的格式为：ROUND（number，num_digits）。

（5）条件函数格式：IF（logical_test，value_if_true，value_if_false）。

（二）打开工作簿文档“Chart-ex. xlsx”，完成下列操作并保存

1. 根据区域 Sheet1！A1:E7 中的数据，建立内嵌于 Sheet1 的图表（如图实验 3－2 所示），其中图表标题的字号为 16，在底部显示图例。

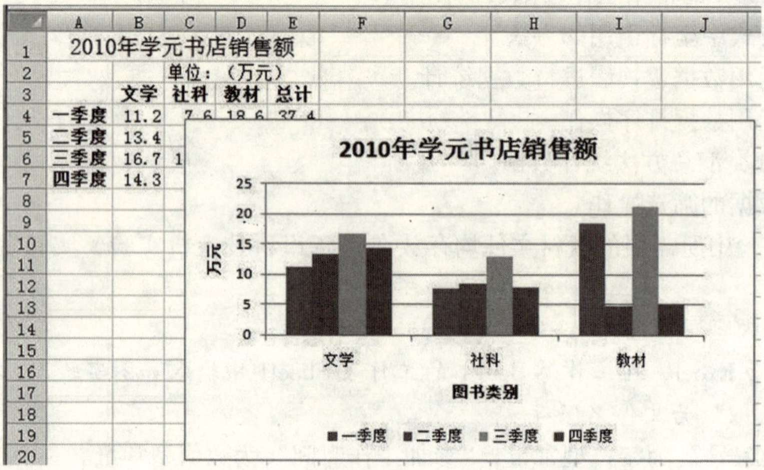

图实验 3－2　建立内嵌于 sheet 1 的图表

2. 根据区域 Sheet1！A1:E7 中的数据，创建一个反映“总计”数据的圆饼图，独立放置在工作表“Chart1”中，并对图表元素的格式作适当的设置（如图实验 3－3 所示）。

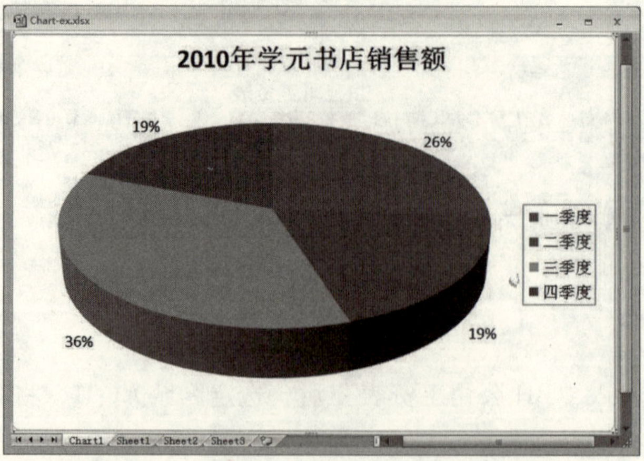

图实验 3－3　创建反映“总计”数据的圆饼图

【操作提示】

在选取作图数据时，不应包括第 1、2 行的数据。

（三）打开工作簿文档“Clt-ex. xlsx”，完成下列操作并保存

1. 在工作表 Sheet1 中操作。

函数 $F(X, Y)$ 由下面数学表达式给出，在区域 C2 : C9 中输入相应的公式，根据 X、Y 的值求出各个函数值（四舍五入保留两位小数）。

$$F(X, Y) = \frac{X + Y + \sqrt{X^2 + Y^2}}{XY}$$

结果如图实验 3 - 4 所示。

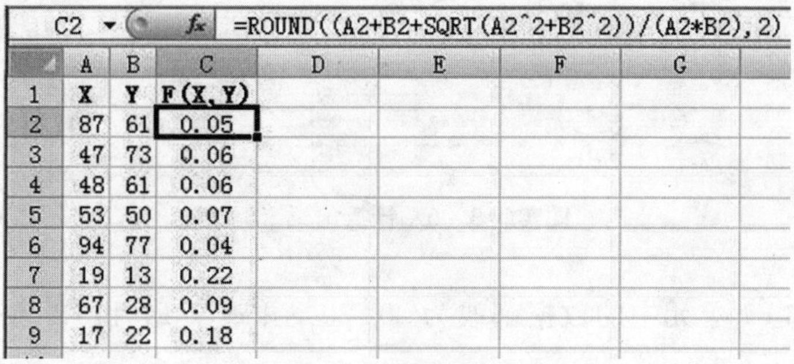

C2 =ROUND((A2+B2+SQRT(A2^2+B2^2))/(A2*B2),2)

	A	B	C	D	E	F	G
1	X	Y	F(X,Y)				
2	87	61	0.05				
3	47	73	0.06				
4	48	61	0.06				
5	53	50	0.07				
6	94	77	0.04				
7	19	13	0.22				
8	67	28	0.09				
9	17	22	0.18				

图实验 3 - 4 计算结果（1）

【操作提示】

平方根函数的格式为：SQRT（number）。

2. 在工作表 Sheet 2 中操作。

在区域 D2 : D9 中输入适当的公式，使其结果为所在行左侧数据的一个注明，其中要包含姓氏、称谓和生日信息，如 D2 单元中的值为“郑女士的生日为 10 月 19 日”，D3 单元中的值为“李先生的生日为 6 月 3 日”等。最后结果如下图所示：

D2 =LEFT(A2,1)&IF(B2="男","先生","女士")&"的生日为"&MONTH(C2)&"月"&DAY(C2)&"日。"

	A	B	C	D	E	F	G	H
1	姓　名	性别	出生日期	备注				
2	郑含因	女	1942/10/19	郑女士的生日为10月19日。				
3	李海儿	男	1963/6/3	李先生的生日为6月3日。				
4	陈　静	女	1966/8/18	陈女士的生日为8月18日。				
5	王克南	男	1961/8/26	王先生的生日为8月26日。				
6	钟尔慧	男	1962/12/11	钟先生的生日为12月11日。				
7	卢植茵	女	1965/6/20	卢女士的生日为6月20日。				
8	李伯仁	男	1946/3/30	李先生的生日为3月30日。				
9	陈　醉	男	1959/11/15	陈先生的生日为11月15日。				

图实验 3 - 5 计算结果（2）

【操作提示】

需要使用以下函数：LEFT、IF、MONTH、DAY。

3. 在工作表 Sheet 3 中操作。

（1）在区域 B1 : B10 中输入公式，使每个公式的结果为当其左边单元中的值不小于 60

时取值为“Pass”，否则取值为“Fail”。

（2）在 C1:C10 中输入公式，使每个公式的结果为根据其左边 A 列单元中的值不小于 80、小于 80 但不小于 60、小于 60 这三种情况分别取值为“Good”、“Pass”和“Fail”。

（3）在 F1 中计算 E1 中的时间是否为白天（6:00—14:00）。

（4）在 F2 中计算 E2 中的时间是否工作时间（8:00—12:00；13:00—17:00）。

最后结果如图实验 3 -6 所示。

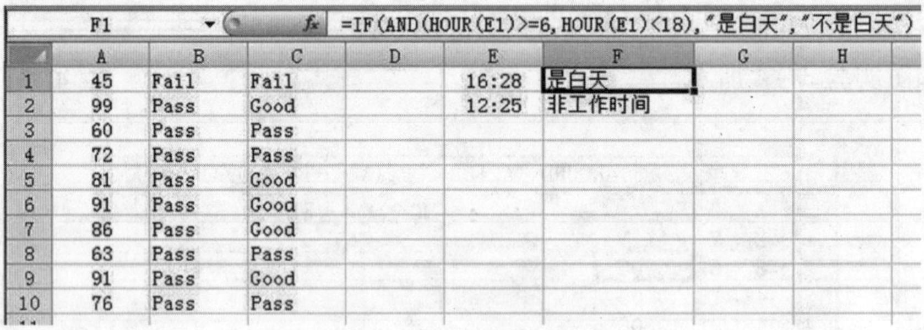

F1 =IF(AND(HOUR(E1)>=6,HOUR(E1)<18),"是白天","不是白天")

	A	B	C	D	E	F	G	H
1	45	Fail	Fail		16:28	是白天		
2	99	Pass	Good		12:25	非工作时间		
3	60	Pass	Pass					
4	72	Pass	Pass					
5	81	Pass	Good					
6	91	Pass	Good					
7	86	Pass	Good					
8	63	Pass	Pass					
9	91	Pass	Good					
10	76	Pass	Pass					

图实验 3 -6　计算结果（3）

（5）将 E1 和 E2 单元中的数据都改为 20:20，并观察 F1 和 F2 单元中数据的相应变化。

【操作提示】

需要使用到以下函数：IF、AND、OR、TIME、HOUR 等。

4. 在工作表 Sheet 4 中操作。

（1）已知学生的总评成绩为平时、期中、期末乘以各自所占的比例后相加所得，在区域 E3：E12 中输入适当的公式（不得出现常量），求每个学生的总评成绩。最后结果如图实验 3 -7 所示。

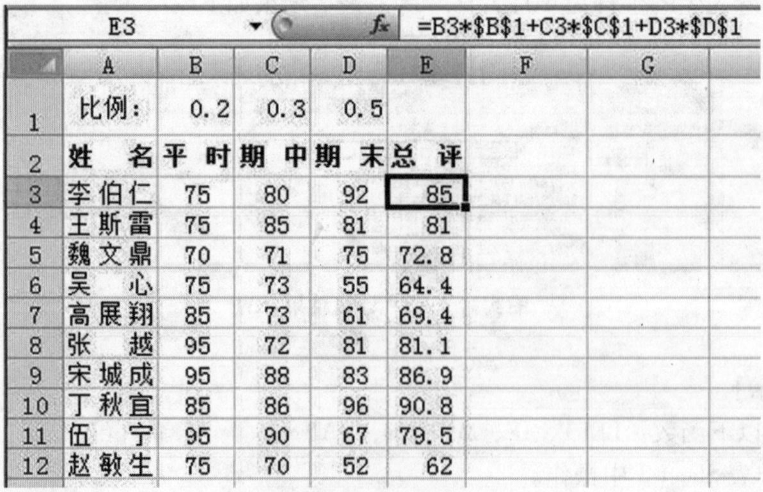

E3 =B3*B1+C3*C1+D3*D1

	A	B	C	D	E	F	G
1	比例：	0.2	0.3	0.5			
2	姓　名	平　时	期　中	期　末	总　评		
3	李伯仁	75	80	92	85		
4	王斯雷	75	85	81	81		
5	魏文鼎	70	71	75	72.8		
6	吴　心	75	73	55	64.4		
7	高展翔	85	73	61	69.4		
8	张　越	95	72	81	81.1		
9	宋城成	95	88	83	86.9		
10	丁秋宜	85	86	96	90.8		
11	伍　宁	95	90	67	79.5		
12	赵敏生	75	70	52	62		

图实验 3 -7　计算结果（4）

（2）将 B1、C1 和 D1 三个单元中的数据分别改为 0.3、0.3 和 0.4，观察区域 E3：E12 中公式结果的相应变化。

（四）打开工作簿文档“Tj-ex.xlsx”，完成下列操作并保存

1. 在工作表 Sheet 1 中操作。

根据区域 A1：B31 中的数据，在 F2、F3、F4 和 F5 单元中分别计算出人数、最高分、最低分和平均分。最后结果如图实验 3－8 所示。

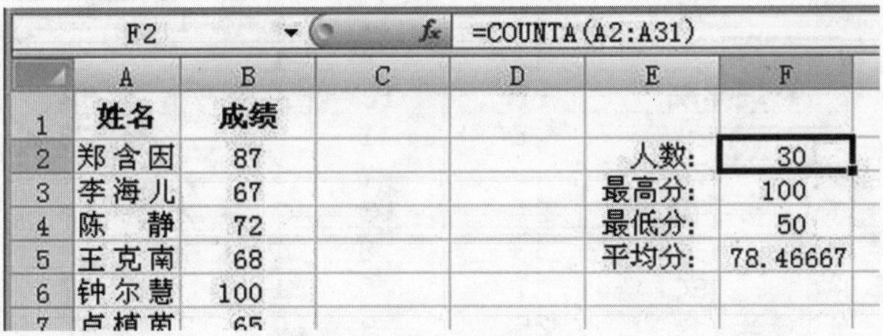
F2 =COUNTA(A2:A31)

	A	B	C	D	E	F
1	姓名	成绩				
2	郑含因	87			人数:	30
3	李海儿	67			最高分:	100
4	陈　静	72			最低分:	50
5	王克南	68			平均分:	78.46667
6	钟尔慧	100				
7	卢植茵	65				

图实验 3－8　计算结果（5）

【操作提示】

需要使用以下函数：COUNT、COUNTA、MAX、MIN、AVERAGE 等。

2. 在工作表 Sheet 2 中操作。

在区域 J3：J11 中计算出各位歌手的最后得分，计算规则为：去掉一个最高分和一个最低分后，取其余评委所打分的平均分，要求四舍五入保留两位小数。最后结果如图实验 3－9 所示。

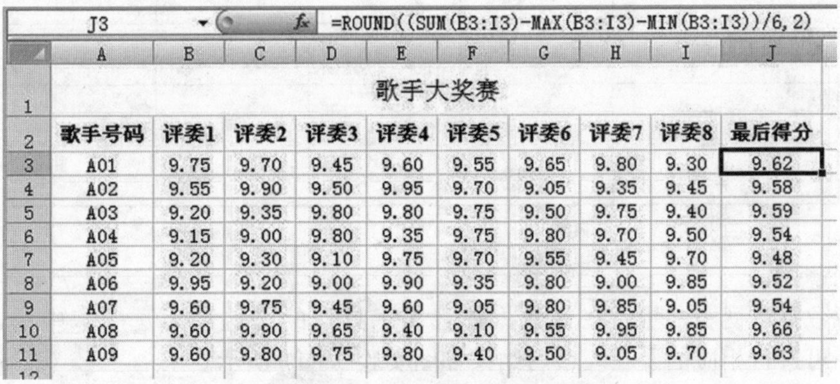
J3 =ROUND((SUM(B3:I3)-MAX(B3:I3)-MIN(B3:I3))/6,2)

	A	B	C	D	E	F	G	H	I	J
1	歌手大奖赛									
2	歌手号码	评委1	评委2	评委3	评委4	评委5	评委6	评委7	评委8	最后得分
3	A01	9.75	9.70	9.45	9.60	9.55	9.65	9.80	9.30	9.62
4	A02	9.55	9.90	9.50	9.95	9.70	9.05	9.35	9.45	9.58
5	A03	9.20	9.35	9.80	9.80	9.75	9.50	9.75	9.40	9.59
6	A04	9.15	9.00	9.80	9.35	9.75	9.80	9.70	9.50	9.54
7	A05	9.20	9.30	9.10	9.75	9.70	9.55	9.45	9.70	9.48
8	A06	9.95	9.20	9.00	9.90	9.35	9.80	9.00	9.85	9.52
9	A07	9.60	9.75	9.45	9.60	9.05	9.80	9.85	9.05	9.54
10	A08	9.60	9.90	9.65	9.40	9.10	9.55	9.95	9.85	9.66
11	A09	9.60	9.80	9.75	9.80	9.40	9.50	9.05	9.70	9.63

图实验 3－9　计算结果（6）

【操作提示】

需要使用以下函数：ROUND、SUM、MAX、MIN 等。

3. 在工作表 Sheet 3 中操作。

根据区域 A1：D184 中的数据列表，作一个数据透视表，按学院统计男、女教师中各

类不同职称的人数，并将透视表放在工作表 Sheet 6 中。最后结果如图实验 3-10 所示。

	A	B	C	D	E	F
1						
2						
3	计数项:姓名	列标签				
4	行标签	副教授	讲师	教授	助教	总计
5	⊟工学院	**31**	**17**	**7**	**1**	**56**
6	男	18	11	6	1	36
7	女	13	6	1		20
8	⊟理学院	**17**	**18**	**4**		**39**
9	男	8	11	3		22
10	女	9	7	1		17
11	⊟商学院	**24**	**13**	**2**	**2**	**41**
12	男	13	8	1	2	24
13	女	11	5	1		17
14	⊟文学院	**26**	**9**	**10**	**2**	**47**
15	男	14	3	6	1	24
16	女	12	6	4	1	23
17	**总　计**	**98**	**57**	**23**	**5**	**183**

图实验 3-10　计算结果（7）

4. 在工作表 Sheet 4 中操作。

根据区域 A2:B32 中的数据列表，使用数据透视表计算出如下表所示的各个数据。

队　别	白　虎	黑　熊	雪　豹	野　狼
人　数				
总进球数				
人均进球数				

【操作提示】

先生成数据透视表，然后在“数据透视表工具”的“选项”选项卡中单击“选项”工具按钮，可进行相应的设置。最后结果如图实验 3-11 所示。

	A	B	C	D	E
1					
2					
3		列标签			
4	值	白虎	黑熊	雪豹	野狼
5	人数	8	7	8	7
6	总进球数	38	28	32	35
7	人均进球数	4.75	4	4	5
8					

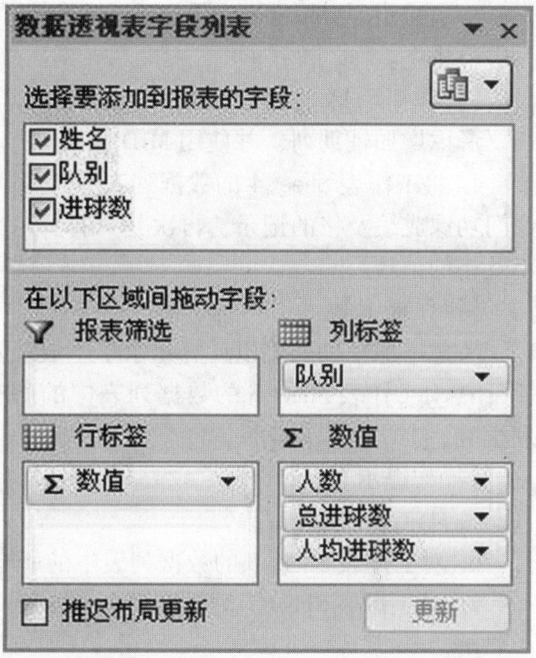

图实验 3－11　计算结果（8）

5. 在 Sheet 5 中进行操作。

根据区域 A1:C12 中的数据列表，使用数据透视表计算出男性最小年龄。

最后结果如图实验 3－12 所示。

	A	B	C	D	E	F
1	姓　名	性　别	年　龄			
2	郑含因	女	57			
3	李海儿	男	37		行标签	最小值项:年龄
4	陈　静	女	34		男	37
5	王克南	男	39		总计	37
6	钟尔慧	男	37			
7	卢植茵	女	35			
8	林　寻	男	52			
9	李　禄	男	55			
10	吴　心	女	36			
11	李伯仁	男	54			
12	陈　醉	男	40			

图实验 3－12　结果显示

（五）打开工作簿文档“Sj-ex. xlsx”，完成下列操作并保存

1. 对工作表 Sheet1 的数据列表中的所有记录按金牌数从多到少排序，金牌数相同者按银牌数从多到少排序，银牌数相同者按铜牌数从多到少排序。

2. 对工作表 Sheet 2 的数据列表中的所有记录按学院递增排序，同一学院内按系别递增排序，同一系别按年级递增排序，同一年级按性别递增排序。

3. 对工作表 Sheet 3 的数据列表中的所有记录按身份证号码的第 7 至 14 位信息从小到大进行排序。

【操作提示】

考虑增加辅助列，并使用 MID 函数。

4. 将工作表 Sheet 4 的数据列表中三门功课成绩全部及格的记录排在前面，其次是有两门功课成绩及格的记录，再次是只有一门功课成绩及格的记录，最后是所有功课成绩都不及格的记录。

【操作提示】

考虑增加辅助列用以计算每个学生成绩及格的功课门数。

5. 对工作表 Sheet 5 的数据列表中的所有记录按学院排序，从上到下依次为文学院、理学院、工学院、商学院。

【操作提示】

按自定义序列排序。

6. 对工作表 Sheet 6 的数据列表中的所有记录按学历分类，求出各类人员的平均年龄。

7. 对工作表 Sheet 7 的数据列表中的所有记录，使用分类汇总的方法计算出男性的最小年龄。

8. 从工作表 Sheet 8 的数据列表中筛选出所有姓李的男性人员，将筛选出的所有记录复制到以 Sheet 9！A1 为左上角单元的区域中。

9. 从工作表 Sheet 8 的数据列表中筛选出年龄最小的前三名人员的记录，将筛选出的所有记录复制到以 SheetA！A1 为左上角单元的区域中。

10. 从工作表 Sheet 8 的数据列表中筛选出所有不到 40 岁但不小于 30 岁的男性人员，将筛选出的所有记录复制到以 SheetB！A1 为左上角单元的区域中。

【操作提示】

考虑增加辅助列。

11. 从工作表 Sheet 8 的数据列表中筛选出所有不超过 25 岁的女性人员和不超过 30 岁的男性人员，将筛选出的所有记录复制到以 SheetC！A1 为左上角单元的区域中。

【操作提示】

考虑增加辅助列。

12. 从工作表 Sheet 8 的数据列表中筛选出所有生日为 11 月 10 日的人员，将筛选出的所有记录复制到以 SheetD！A1 为左上角单元的区域中。

【操作提示】

考虑增加辅助列。

实验四　演示文稿软件操作

一、实验目的

1. 熟悉 PowerPoint 2007 工作界面及基本功能选项的使用。

2. 掌握演示文稿建立的基本方法。

3. 掌握文字、图片、表格、艺术字和声音等多媒体对象添加和编辑的方法。

4. 掌握母版、主题、背景等外观设置的技术。

5. 掌握幻灯片放映的动态效果设置及超链接技术。

说明：实验中所需要的素材文件均存放在"资讯科技上机实验\实验资料\实验四\素材"文件夹中，样例文件均存放在"资讯科技上机实验\实验资料\实验四\样例"文件夹中。

二、实验内容

（一）演示文稿的基础操作

1. 按照"样例 4－1　诗词欣赏 1～6. jpg"（共六个）图片文件所示，制作"诗词欣赏. pptx"演示文稿（具体操作方法可以参考教材第四章第二节）。

2. 任务说明：

(1) 要制作古诗欣赏演示文稿，所有需要的文字及图片等可以直接用本实验提供的素材，也可以自行利用网络搜索引擎如谷歌、百度等收集与本制作任务相关的素材。

(2) 对于本任务的演示文稿，由 4～6 张幻灯片组成，幻灯片内容包含 2～3 个古诗词作者的诗词介绍。

（二）添加和编辑多媒体对象

1. 按照"样例 4－2　羊城八景. jpg"图片文件所示，制作介绍广州旅游景点的"羊城八景. pptx"风景相册（具体操作方法可以参考教材第四章第三节）。

2. 任务说明：

对于本任务要求创建的风景电子相册，可以直接使用实验提供的素材来制作羊城八景电子相册，也可以用同样的方法自行制作自己家乡的风景电子相册或者个人风采电子相册。

（三）设置演示文稿外观

1. 按照"样例 4－3　演示文稿课件 1～4. jpg"（共四个）图片文件所示，制作"演示文稿课件. pptx"演示文稿（具体操作方法可以参考教材第四章第四节）。

2. 任务说明：

(1) 利用 PowerPoint 的幻灯片母版功能来设计具有个性风格的演示文稿，并且在设计各张幻灯片时除了希望内容精练外，还要求插入形状、SmartArt 图形等来修饰幻灯片，使得幻灯片在形式上更为生动、活泼。

(2) 对于本任务的演示文稿，要求学生至少制作出前四张幻灯片内容。

（四）设置放映的动态效果

1. 针对任务 2、任务 3 制作的"羊城八景. pptx"风景相册和"演示文稿课件. pptx"

课件，设置它们播放时的动态效果，然后按原名保存（具体设置要求可以参考教材第四章第五节）。

2. 该任务包括四个子部分：

（1）“羊城八景 . pptx”、“演示文稿课件 . pptx” 分别设置动画方案。

（2）“演示文稿课件 . pptx” 设置幻灯片的切换方式。

（3）“演示文稿课件 . pptx” 设置幻灯片之间的超链接。

（4）“演示文稿课件 . pptx” 设置幻灯片的放映。

（五）如下图所示，按要求制作含有两张幻灯片的演示文稿，并以“计算机等级考试. pptx” 为名保存

含两张幻灯片的演示文稿图

任务说明：

1. 新建一个演示文稿，选择“Microsoft Office Online” 模板，使用“幻灯片背景” 中“学术” 类“书堆型设计模板”。

2. 在第一张幻灯片标题处键入“全国计算机等级考试”，并在副标题处输入“2011 年” 文字。所有文字字体格式为楷体、54 号字、加粗。

3. 插入第二张幻灯片，版式为“标题和竖排文字”，标题为“最新考试大纲”，文字格式为宋体、48 号字；文本输入“三级网络技术”、“三级信息管理技术”、“三级数据库技术”、“三级 PC 技术”，字体格式为宋体、28 号字；项目符号为蓝色。

4. 插入搜索文字为“计算机” 的剪贴画（如图实验 4 - 1 所示），图片高度、宽度缩放 110%，移动到左下角位置，并为图片设置超链接，将其链接到第一张幻灯片。

5. 设置幻灯片的切换效果为“新闻快报”，切换声音为“风铃” 声，切换速度为“中速”。

6. 第二张幻灯片的文本部分自定义动画设置为“进入” 时“之后、自底部、飞入”；图片部分动画设置为“之后、八角形” 的“动作路径”。

实验五　计算机网络基础

一、实验目的

1. 了解 windows 7 下 TCP/IP 网络配置的含义。

2. 掌握几个基本的网络通信工具。

3. 在 Windows 7 环境下共享文件夹。

4. 掌握浏览器的基本使用方法（WWW 浏览、信息下载等）。

5. 掌握通过互联网进行文献检索的方法。

6. 掌握电子邮件收发技术。

二、实验内容与步骤

（一）了解 Windows 7 下 TCP/IP 网络的配置

1. 点击“开始”菜单下的“控制面板”，进入控制面板窗口。

2. 确认控制面板中的“查看方式”为“类别”方式，双击“网络和 Internet”类别中的“查看网络状态和任务”进入“网络和共享中心”窗口。

注：上述步骤也可以通过点击“任务栏”中的“网络”图标，选中“打开网络和共享中心”来完成。

3. 在“网络和共享中心”中点击“本地连接”进入本地连接设置界面。

4. 点击“详细信息”按钮，进入“网络连接详细信息”窗口。可以查看本地网络连接的详细配置信息。查看并记录以下信息内容：① 物理地址；②已启用 DHCP；③IPv4 地址；④IPv4 子网掩码；⑤ IPv4 默认网关；⑥IPv4 DHCP 服务器；⑦IPv4 DNS 服务器。

5. 如果“已启用 DHCP”状态为“否”的话，请关闭“网络连接详细信息”窗口，点击“本地连接状态”窗口的“属性”按钮，进入“本地连接属性”设置界面。从此对话框中的“此连接使用下列项目”列表中双击“Internet 协议版本 4（TCP/IPv4）”进入“Internet 协议版本 4（TCP/IPv4）属性”设置界面。

6. 在“Internet 协议版本 4（TCP/IPv4）属性”设置界面中可以查看 IP 地址、DNS 服务器地址、子网掩码、默认网关等信息。

（二）几个基本网络小工具（ping、ipconfig 等）的使用

1. 在使用这些网络小工具之前，需要先打开“命令提示符”，再点击“开始”菜单，在“搜索程序与文件”输入栏中输入“cmd”命令并且按输入键，弹出“命令提示符”窗口。或者点击【开始】|【所有程序】|【附件】|【命令提示符】。

2. 查找计算机名称。在命令提示符下，输入“hostname”命令，然后按 Enter 键即可查看当前计算机的名称。

3. 查看当前计算机的 IP 地址。在命令提示符下，输入“ipconfig”，然后按 Enter 键。有关 ipconfig 命令的详细信息，请在命令提示符下，输入“ipconfig /?”，然后按 Enter 键。输入“ipconfig/all”可以看到每个网络适配器的最详细的配置信息。

4. 测试与其他计算机的通信。在命令提示符下，可以通过“ping”命令来测试。Ping是一个测试网络是否连通的程序，它向指定 IP 地址的主机发送一个信息包，然后等待回应，可以通过此方法来测试本地计算机和其他计算机是否可以通信。方法与步骤如下：

（1）在命令提示符下，输入“ping/?”可以查看 ping 命令的详细用法。

（2）输入“ping 127.0.0.1”可以用来测试本地主机 TCP/IP 协议栈是否正常运行。

（3）输入“ping <本机名称或者 IP 地址>”可以检查本机的网络设备是否正常工作。

（4）输入“ping<本地网络中的某计算机名称或者 IP 地址>”可以检测本地网络的工作情况。如果对所有计算机的测试都没有回应，那么可能是与本机相连的网络设备出现了故障。如果部分计算机能够正确回应，则问题可能出现在被测试的目标设备上（如这些设备本身有故障或者设置了防火墙等）。

（5）输入“ping <网关名称或者网关 IP 地址>”，如果能够正确回应，就说明本地网络和网关都在正常工作。

（三）在 Windows 7 环境下共享文件夹

对家庭或者小型办公室网络中的计算机，可将它的文件夹设置为共享方式。设置为共享方式的文件夹允许网络中的其他计算机用户通过网络进行访问。对共享文件夹的访问权限可以分为只读和可读写（修改或者删除）两种。设置共享文件夹的步骤如下：

1. 通过打开“计算机”，以浏览的方式打开本地硬盘驱动器中需要被共享的文件夹。

2. 用鼠标右键单击该文件夹，选择弹出菜单中的“属性”项，出现图实验 5-1 所示的属性界面。点击“共享”选项卡，进入共享设置界面。

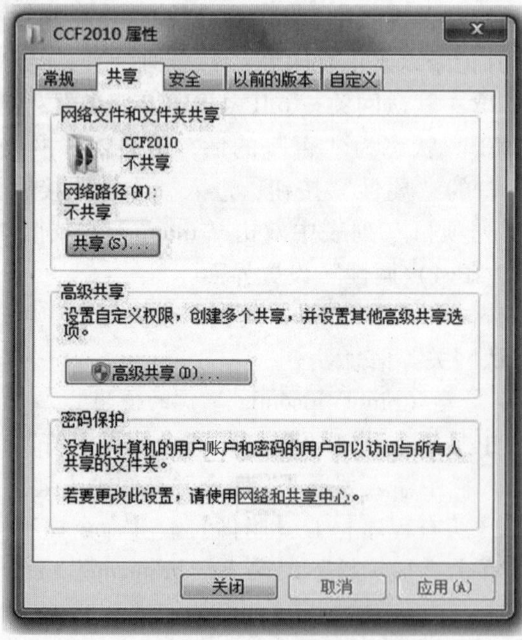

图实验 5-1 “共享”选项卡

3. 再点击“共享”选项卡中的“共享”按钮进入文件共享详细设置界面，界面如图实验5－2所示。

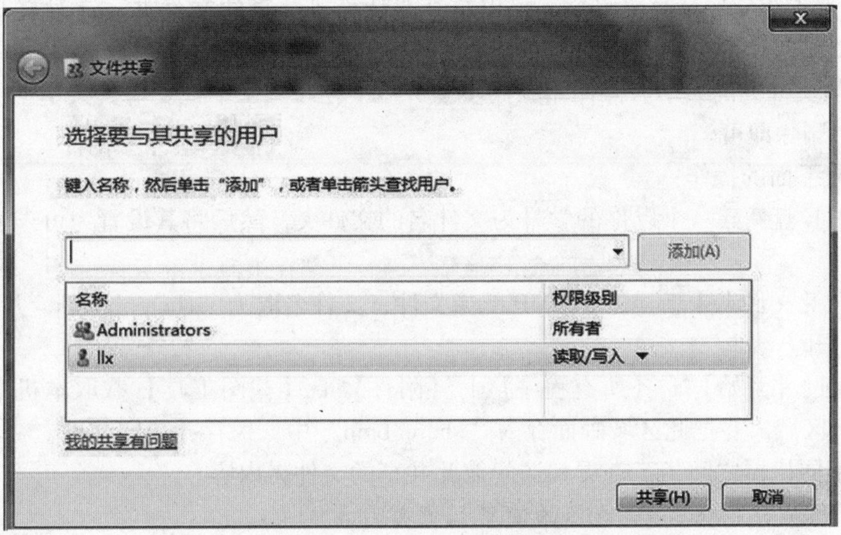

图实验5－2　文件共享设置界面

4. 选择要与其共享的用户，为了方便共享，本实验选择的用户为“Everyone”，点击“添加”按钮，把“Everyone”用户添加到此文件夹的共享用户列表中，并根据文件夹的共享特性把权限级别设置为“读取”或者“读取/写入”。“读取”选项表示收件人可以打开文件，但不能修改或删除文件。而“读取/写入”表示收件人可以打开、修改或删除文件，如图实验5－3所示。

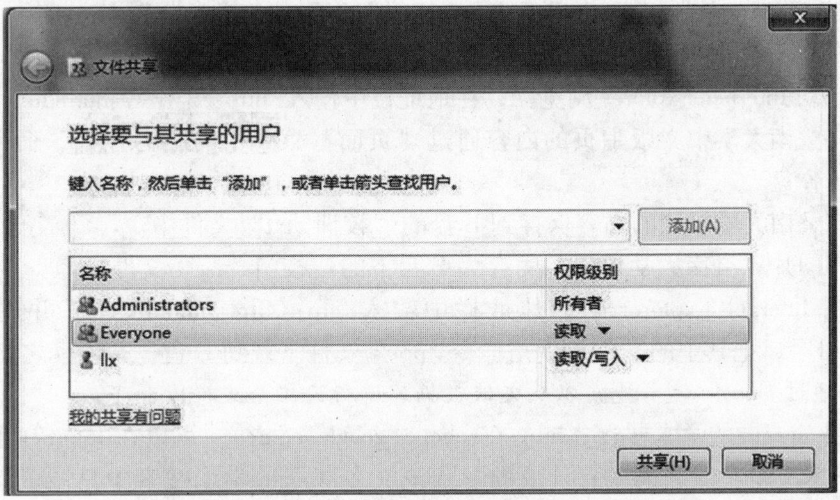

图实验5－3　选择要共享的用户的界面

5. 点击“共享”按钮，关闭对话框，完成共享设置。

6. 使用共享文件夹。通过打开“计算机”，点击“计算机”界面中左侧的“网络”选项，即可以看到网络中的计算机（前提是必须启动网络发现功能并启用文件和打印机共享功能），点击相应的计算机名称，可以打开此计算机共享的文件夹。针对打开的共享文件夹中的文件，其访问方式与操作本机文件夹中的文件一样。

7. 取消文件夹的共享。操作步骤同步骤1～4，在步骤4中把要与其共享的用户从共享用户列表中删除即可。

8. 完成下面的操作：

（1）在E盘新建一个以你的学号为文件名的文件夹，然后将其设置为可“读取/写入”共享。

（2）在此文件夹中新建一个BMP图像文件，文件名取为“share.bmp”，并用“画图”程序将其打开。

（3）通过【开始】|【所有程序】|【附件】|【截图工具】截取本机桌面上一半大小的屏幕区域，并把此区域画面存入“share.bmp”中，保存并关闭文件。

（4）不同机器之间相互查看和访问彼此共享的文件夹内容。

（四）Internet Explorer 浏览器的使用（版本为8.0）

启动Internet Explorer浏览器，执行“工具”菜单中的“Internet选项”，在“Internet选项”中对Internet Explorer进行设置。

1. 改变浏览器的主页位置。在“常规”选项卡的“主页”选项区域中，用户可以通过选择使用当前页、使用默认页或者空白页来更改起始主页。例如，设置浏览器的默认主页为暨南大学主页，则在主页的地址栏中输入暨南大学的主页地址“http://www.jnu.edu.cn/”，单击“确定”即可。

2. 删除Internet Explorer的临时文件。在“常规”选项卡中的“浏览历史记录”选项区中，点击“删除”按钮，即可以有选择地删除IE 8.0访问网络所遗留的历史记录，如“Internet临时数据文件”、“Cookie”、“历史记录”以及“表单数据”等。

3. 完成以下操作：

（1）启动Internet Explorer浏览器，在地址栏中输入“http://www.jnu.edu.cn/”。

（2）将暨南大学中文版主页的内容通过“页面”菜单中的“另存为”命令把主页的内容保存到E盘。

（3）将暨南大学校训的内容保存到E盘的“校训.txt”文件中。

（4）将图片“暨南大学校门”另存为E盘下的“校门.jpg”文件。

（5）在Internet Explorer中的地址栏中输入“ftp://ftp.jnu.edu.cn/”并进入其中的“student”目录，把其中的“常用网络命令.ppt”文件下载到E盘，并阅读之。

（五）通过Google学术搜索以及文献数据库进行论文全文检索和下载

1. 利用Google的学术搜索（http://scholar.google.com/），可以在Internet上快速地查找最新的学术文献。但是很多有价值的学术论文在Google学术搜索中只能了解其大体情况，不能进行全文下载，这些学术论文的全文需要到特定的全文数据库中去检索和下载。

完成以下操作：打开Internet Explorer，在地址栏中输入“http://scholar.google.com/”，进入Google学术搜索界面。进入“学术高级搜索”，如图实验5－4所示，在“包含全部字词”栏中输入“非计算机专业　教学”，在日期栏中“2008”和“2010”，点击“搜索学术”按钮。

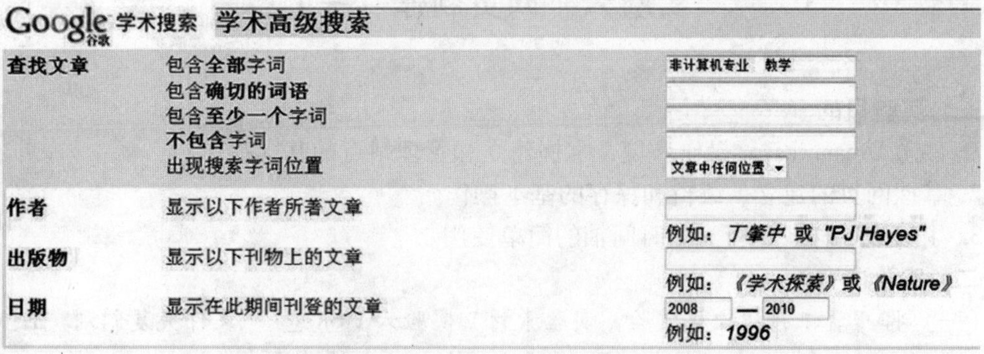

图实验 5-4　Google 学术搜索

2. 找到其中的一篇 2008 年发表的学术论文，题目为“对非计算机专业计算机课程体系改革的思考”，作者为“李晓林，张彦铎，赵彤洲”等。尝试打开和下载，将会发现不能下载。

3. 通过暨南大学图书馆的文献数据库资源下载该论文全文。具体操作如下：

(1) 在 IE 8.0 的地址输入栏中输入“http://lib.jnu.edu.cn/”，即暨南大学图书馆的主页。根据提示，输入你的账号和密码进入暨南大学图书馆资源主页。

(2) 点击“常用数据库”中的“CNKI（清华同方）-中国期刊全文数据库”，选择其中一个推荐的链接进入中国知网主页。

(3) 点击“中国期刊全文数据库”，进入此数据库。

(4) 依据中国期刊全文数据库的检索方法，检索出“对非计算机专业计算机课程体系改革的思考”的全文，并把全文下载到 E 盘根目录。

(六) 收发电子邮件

完成以下操作：

1. 以“ccf”加上你学号的后四位为用户名，登录网站“http://www.126.com”申请一个免费的电子邮箱（如果用户名已经存在，可以在用户名后面增加字母 t）。

2. 发送一封电子邮件给你一个要好的同班同学，邮件主题为“信息共享”，将文件“share.bmp”作为附件，同时将此邮件至少抄送给班上的三个其他同学。

3. 阅读你所收到的每一个同学的邮件，然后回复邮件。

实验六　网页制作（一）

一、实验目的

1. 熟悉 Dreamweaver 操作环境，掌握建立和管理站点的基本操作。

2. 掌握网页的建立、编辑和保存的基本操作。

3. 了解 CSS 样式、行为和时间轴的简单使用。

二、实验内容

（一）将“资讯科技上机实验\实验素材\实验六\Site_1”文件夹复制到“E:\”

（二）启动 Dreamweaver，在“E:\”建立一个新站点“MySite_1”

1. 选择菜单中的【站点】|【新建站点】命令。设置日期/时间格式、数字显示格式。

2. 在“未命名站点 1 的站点定义为”对话框的“基本”选项卡中进行下面的设置：

(1) 你打算为你的站点起什么名字?

输入“MySite_1”。

(2) 你是否打算使用服务器技术?

选择“否，我不想使用服务器技术”单选按钮。

(3) 在开发过程中，你打算如何使用你的文件?

选择“编辑我的计算机上的本地副本，完成后再上传到服务器（推荐)”单选按钮。

(4) 你将把文件存储在计算机上的什么位置?

选择“E:\Site_1\”文件夹。

(5) 你如何连接到远程服务器?

选择“无”选项。

3. 在“总结”界面中单击“完成”按钮。

（三）管理站点

1. 在“MySite_1”站点的根文件夹中分别建立文件夹“picture”和“poetry”。

(1) 在“文件”面板中选择站点的根文件夹。

(2) 打开快捷菜单，在其中选择“新建文件夹”命令，新建一个文件夹，输入名称“picture”。

(3) 同 (1)、(2)，新建一个文件夹，输入名称“poetry”。

2. 将站点根文件夹中的所有图像文件（.jpg、.gif）移到文件夹“picture”中。

3. 将站点根文件夹中的所有网页文件（.htm）移到文件夹“poetry”中，其中会弹出“更新以下文件的链接吗?”对话框，单击“更新”按钮即可。

（四）在“MySite_1”站点中制作如图实验 6－1 所示的网页，并以“list1.htm”为文件名保存

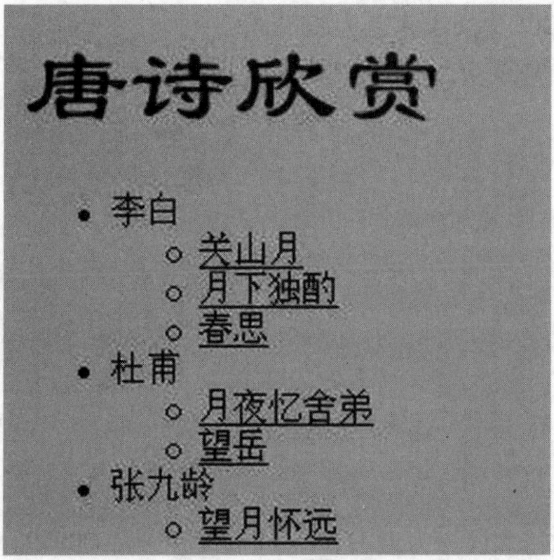

图实验 6－1　待制作的网页（1）

1. 在站点“MySite_1”的根文件夹中新建文件“list1. htm”。

(1) 选择【文件】|【新建】命令，弹出“新建文档”对话框。

(2) 在“新建文档”对话框中单击“首选参数”按钮，按如图实验 6－2 所示设置首选参数，完成后单击“确定”按钮返回。

(3) 在“新建文档”对话框中的“常规”选项卡的“类别”列表中选择“基本页”选项，然后再在“基本页”列表中选择“HTML”选项，最后单击“创建”按钮。

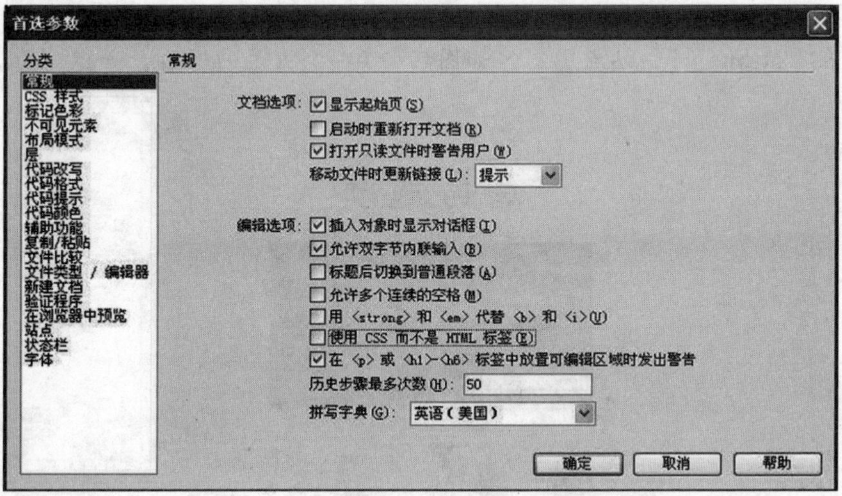

图实验 6－2　首选参数的设置

(4) 将创建的文件以“list1. htm”为文件名保存到站点“MySite_1”的根文件夹中。

2. 单击“属性”面板中的“页面属性”按钮，设置页面属性：网页的标题为“唐诗选读”，背景色为#CCCCCC，文本颜色为#990033。

3. 在网页中输入下面的 10 行文字，每行以 Enter 键结束：

唐诗欣赏

李白

关山月

月下独酌

春思

杜甫

月夜忆舍弟

望岳

张九龄

望月怀远

4. 将第 1 行文字的格式设置为隶书、7 号字，颜色为#000099。

5. 将第 2 行至第 10 行的文字设置为项目列表。

6. 按 Tab 键，将文字“关山月”、“月下独酌”和“春思”降为次级列表。

7. 仿 6，将文字“月夜忆舍弟”、“望岳”和“望月怀远”降为次级列表。

8. 按下表所示的对应关系建立超级链接。

超链接的对应关系表

热点文字	关山月	月下独酌	春　思	月夜忆舍弟	望　岳	望月怀远
目标文件	gsy. htm	yxdz. htm	cs. htm	yyysd. htm	wy. htm	wyhy. htm

9. 保存并关闭文档。

（五）在“MySite_ 1”站点中制作如图实验 6 - 3 所示的网页，并以“list2. htm”为文件名保存

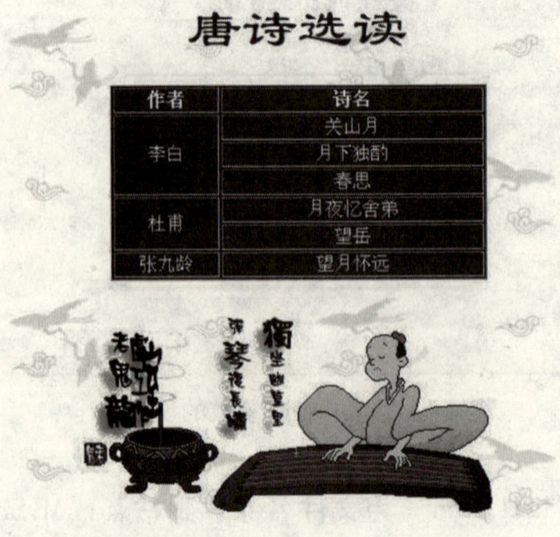

图实验 6 - 3　待制作的网页（2）

1. 在站点“MySite_1”的根文件夹中新建文件“list2. htm”，创建方法与上题相同，但要求在新建文档中的首选参数中，选择“使用 CSS 而不是 HTML 标签”选项。

2. 网页的标题为“唐诗选读”，背景图片为文件“background. gif”，文本为白色，链接颜色、已访问链接和活动链接均为白色，变换图像链接为黄色，下划线样式为仅在变换图像时显示下划线。

3. 第 1 行文字的格式为隶书，大小为 48px，颜色为#000099，居中对齐。

4. 表格的宽度为 60%，背景颜色为#990000，边框粗细为 1；每行的高度为 30px；第 1 行设为“标题单元格”；第 1 列的宽度为 90px；表格内的文本取默认格式；表格及单元格内容全部居中。

5. 表格下面的图片来自文件“tianqi. gif”，要求居中显示。

6. 按上表所示的对应关系建立超级链接，要求目标在新窗口中打开。

7. 保存并关闭文档。

（六）利用已有网页制作新的网页

1. 将网页“list1. htm”复制到站点“MySite_1”的根目录下产生一个备份文件，将其改名为“list3. htm”之后再进行编辑操作。

2. 修改页面属性，将背景图片设置为“background. gif”。

3. 建立仅对该文档起作用的自定义 CSS 样式 List1st。具体要求：字体：楷体；大小：大；粗细：粗体；行高：60px；项目符号图像：dot. gif；位置：内。

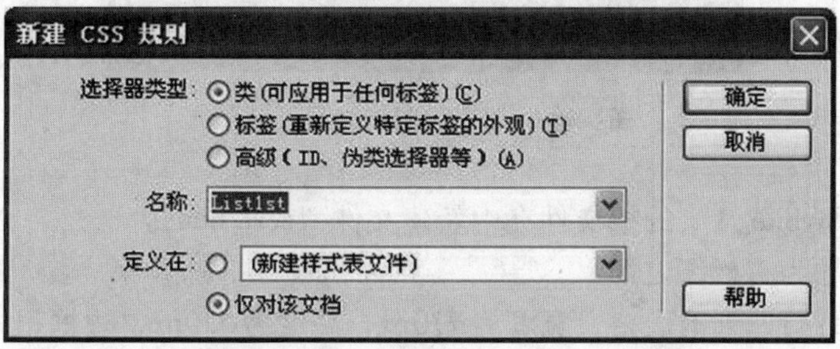

图实验 6－4 “新建 CSS 规则”对话框

可按下列步骤进行操作：

（1）选择【文本】|【CSS 样式】|【新建】命令。

（2）在“新建 CSS 规则”对话框中进行如图所示的设置。

（3）在“. List1st 的 CSS 规则定义”对话框的“类型”界面中设置：字体：楷体；大小：大；粗细：粗体；行高：60px。

（4）在“. List1st 的 CSS 规则定义”对话框的“列表”界面中设置项目符号图像：dot. gif，位置：内。

（5）单击“确定”按钮完成设置。

4. 对“李白”、“杜甫”、“张九龄”三行文字应用 CSS 样式 List1st。

5. 建立仅对该文档起作用的自定义样式 CSS 样式 List2nd。具体要求为：字体：幼圆；

大小：中；行高：40px；列表类型：方块。

6. 对六首诗名文字应用 CSS 样式 List2nd。

7. 删除页面中的所有超级链接。

8. 选择【窗口】|【行为】命令，打开“行为”面板。对六首诗名的文字添加行为：单击时打开浏览器窗口，窗口宽 400px，高 300px，需要时使用滚动条，要显示的 URL 按上表确定，窗口的名称自定。

9. 保存并关闭文档。

（七）打开“Silk/Silk. htm”，在格式为 5 号、粗体、居中的文字“中段”的前面插入命名锚记“MP”，保存并关闭文档

（八）在“MySite_1”站点中制作如图实验 6－5 所示的网页，并以“sczl. htm”为文件名保存

图实验 6－5　待制作的网页（3）

1. 在站点“MySite_1”的根文件夹中新建文件“sczl. htm”。

2. 网页的标题为“丝绸之路”。

3. 插入一个两行两列的表格，宽度为 770px，高度为 530px，边框粗细为 0，第 1 列宽度为 142px，第 1 行高度为 92px，将右边 1 列的两个单元格合并。

4. 左上角单元格中为四个图片“sc1. jpg”、“sc2. jpg”、“sc3. jpg”、“sc4. jpg”的轮替，在新窗口链接网页文件“silk. htm”。实现方法：

（1）在左上角单元格中插入图像文件“sc1. jpg”，并在“属性”面板中将其命名为“scfg”。

（2）选择【窗口】|【时间轴】命令，打开“时间轴”面板。将图像“scfg”拖曳加入时间轴 Timeline1 的第 1 帧到第 15 帧中。

（3）再将图像“scfg”拖曳加入时间轴 Timeline1 的第 16 帧到第 30 帧中。然后选择第 16 帧到第 30 帧中的图像“scfg”，并将其源文件修改为“sc2. jpg”。

（4）仿（3），将第 31 帧到第 45 帧中的源文件修改为“sc3. jpg”，将第 46 帧到第 60 帧中的源文件修改为“sc4. jpg”。

（5）在“时间轴”面板上选择“自动播放”和“循环”两个选项。

（6）对图像“scfg”设置在新窗口中链接网页文件“silk. htm”。

5. 左下角单元格中为“鼠标经过图像”，原始图像为“xf1. jpg”，鼠标经过图像为“xf2. jpg”，按下时前往的 URL 为“silk. htm”。

6. 在右列单元格中插入图像“silk. jpg”，然后再在图像上建立两处图像热点。

（1）在图中建立一个矩形区域热点，要求位置和大小恰好覆盖图中的“丝绸之路”四个字，链接指向网页文件“silk. htm”，目标为新窗口。

（2）在图中建立一个圆形区域热点，要求位置和大小恰好覆盖图中的“阳关”两个字，链接指向网页文件“silk. htm”的 MP 锚记，目标为新窗口。

7. 保存并关闭文档。

实验七　网页制作（二）

一、实验目的

1. 掌握层的插入及其属性设置方法。

2. 掌握层的有关行为及其常见应用。

3. 掌握层、时间轴与行为的综合使用。

二、实验内容

（一）将“资讯科技上机实验\实验素材\实验七\Site_2”文件夹复制到“E:\”

（二）启动 Dreamweaver，在“E:\”建立一个新站点“MySite_2”，文件存储在“E:\Site_2”

（三）使用层的绝对定位，在“MySite_2”站点中制作网页“list1. htm”

1. 在站点“MySite_2”的根文件夹中新建文件“list1. htm”，首选参数“使用 CSS”。

2. 网页的标题为“恐龙”，文本颜色、链接颜色、已访问链接、活动链接和变换图像链接均为白色，下划线样式为仅在变换图像时显示下划线。

3. 按表实验 7 - 1 给出的属性参数建立三个层 Layer1、Layer2 和 Layer3。

表实验 7 - 1　属性参数

名　称	宽　度	高　度	左	上	Z 轴
Layer1	277 px	277 px	20 px	20 px	1
Layer2	100 px	50 px	112 px	272 px	2
Layer3	100 px	50 px	110 px	270 px	3

4. 在 Layer1 中插入图像“konglong. gif”。

5. 设计阴影效果。在层 Layer2 中输入文本“恐龙”，字体为“华文琥珀”，大小为 36px，颜色为#999999；在层 Layer3 中输入文本“恐龙”，字体为“华文琥珀”，大小为 36px，颜色为#FF0000。

6. 插入嵌套于层 Layer1 中的层 Layer4，宽度：53 px；高度：18 px；左：168 px；上：56 px；Z 轴：1。

7. 在层 Layer4 中输入文字“霸王龙”，格式为 16px、粗体，链接指向网页文件“konglong. htm”的 BWL 锚记，目标为新窗口。

8. 保存并关闭文档。

（四）通过行为改变层属性，在“MySite_2”站点中制作网页“list2. htm”

1. 在站点“MySite_2”的根文件夹中新建文件“list2. htm”，首选参数“使用 HTML 标签”。

2. 网页的标题为“唐诗选读”，文本为白色。

3. 按表实验7－2给出的属性参数建立七个层。

表实验7－2 属性参数

名称	宽度	高度	左	上	Z轴	背景色	可见性
GSYA	80 px	20 px	20 px	30 px	1	#0066FF	default
YXDZA	80 px	20 px	20 px	80 px	2	#990000	default
CSA	80 px	20 px	20 px	130 px	3	#996600	default
ZL	80 px	20 px	20 px	210 px	4	#FF00FF	default
GSY	350 px	290 px	200 px	50 px	5	#000000	hidden
YXDZ	350 px	290 px	200 px	50 px	6	#000000	hidden
CS	350 px	290 px	200 px	50 px	7	#000000	hidden

4. 在层GSYA、YXDZA、CSA和ZL中分别输入“关山月”、“月下独酌”、“春思”和“这里”，居中显示。

5. 在层GSY、YXDZ、CS中分别输入“关山月”、“月下独酌”、“春思”三首诗，居中显示，字体为楷体，诗名用7号字，作者与诗文用5号字。

6. 按下表要求为层GSYA、YXDZA、CSA和ZL添加行为。

表实验7－3 添加行为

编号	名称	事件	行为
1	GSYA	OnMouseOver	层GSY显示
2	GSYA	OnMouseOut	层GSY隐藏
3	YXDZA	OnMouseOver	层YXDZ显示
4	YXDZA	OnMouseOut	层YXDZ隐藏
5	CSA	OnMouseOver	层CS显示
6	CSA	OnMouseOut	层CS隐藏
7	ZL	OnClick	层ZL文本改为“什么也没有”；黄色斜体；背景色：蓝
8	ZL	OnMouseOut	层ZL的背景色和文本恢复原状

对于行为1，可按下面的方法进行操作：

(1) 选择层GSYA，在“行为”面板上单击“添加行为”，在弹出的列表中选择“显示－隐藏层”选项。

(2) 在“显示－隐藏层”对话框中选择层GSYA，单击“显示”按钮将其属性设置为“显示”。完成后单击“确定”按钮，所设置的行为即被添加到“行为”面板中。

(3) 在“行为”面板中将所设置行为的事件修改为onMouseOver。

仿此，设置行为2、3、4、5、6。

对于行为7，要分解为两个行为：一个为改变文本及其格式；另一个为改变层的背景色。

(1) 改变文本及其格式。在“添加行为”列表中选择“改变属性”选项，将层ZL的“innerHTML”属性的值设置为“< i > < font color = #FFFF00 > 什么也没有 < /font > < /i >”，最后在“行为”面板中将设置行为的事件修改为“onClick”。

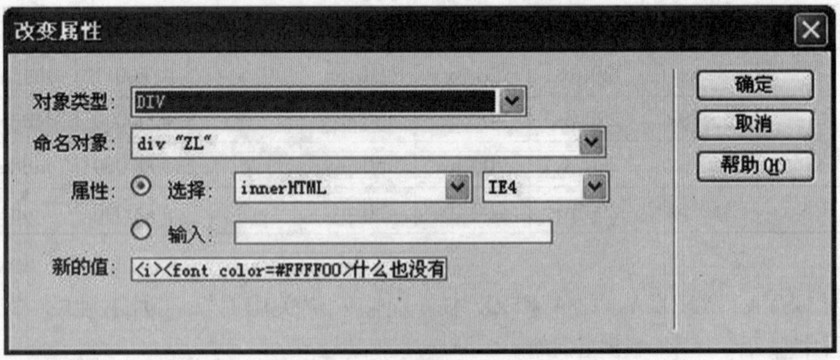

图实验 7－1　改变属性

(2) 改变层的背景色。仿 (1)，将层ZL的“style. backgroundColor”属性的值设置为“#0000FF”。

7. 保存并关闭文档。

行为8可仿行为7完成。

(五) 通过行为改变层属性，在“MySite_2”站点中制作网页“list3. htm”

1. 在站点“MySite_2”的根文件夹中新建文件“list3. htm”，首选参数“使用HTML标签”。

2. 网页的标题为“唐诗选读”，文本为白色，背景色为银色 (#CCCCCC)。

3. 按表实验7－4给出的属性参数建立两个层。

表实验 7－4　属性参数

名　称	宽　度	高　度	左	上	溢　出	背景色	可见性
LB	120 px	30 px	40 px	20 px	hidden	#00CCCC	default
DF	120 px	30 px	162 px	20 px	hidden	#00CCCC	default

4. 在层LB中插入表格 (4行3列)，宽度为100%，边框粗细为0，第1、2列宽为10 px，第1行高为30 px。

5. 将第1行的第2、3两个单元格合并后输入文字“李白”，格式为4号粗体，在第2、3、4行的右列单元格中分别输入文字“关山月”、“月下独酌”、“春思”。

6. 仿5，在层DF中插入表格 (3行3列)，属性设置与5相同。单元格中的文字分别为“杜甫”、“月夜忆舍弟”、“望岳”。

7. 按表实验 7－5 给出的对应关系建立超级链接，目标为新窗口。

表实验 7－5 超级链接的对应关系

热点文字	关山月	月下独酌	春 思	月夜忆舍弟	望 岳
目标文件	gsy. htm	yxdz. htm	cs. htm	yyysd. htm	wy. htm

8. 按表实验 7－6 要求为层 LB 和 DP 添加行为。

表实验 7－6 添加行为

编 号	名 称	事 件	行 为
1	LB	OnMouseOver	高度改为 100 px
2	LB	OnMouseOut	高度改为 30 px
3	DF	OnMouseOver	高度改为 80 px
4	DF	OnMouseOut	高度改为 30 px

对于行为 1，可按下面的方法进行操作：

（1）选择层 LB，在“行为”面板上单击“添加行为”，在弹出的列表中选择“改变属性”选项。

（2）在“改变属性”对话框中进行如图实验 7－2 所示的设置，完成后单击“确定”按钮，所设置的行为即被添加到“行为”面板中。

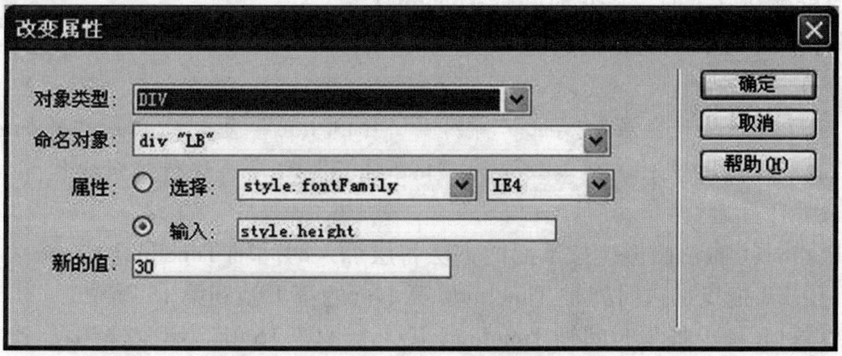

图实验 7－2 改变属性

仿此，设置行为 2、3、4。

9. 保存并关闭文档。

（六）通过时间轴改变层的位置或大小实现动画效果，在网站“MySite_2”中制作网页“list4. htm”

1. 在站点“MySite_2”的根文件夹中新建文件“list4. htm”，首选参数“使用 HTML 标签”。

2. 修改页面属性，将网页的标题设置为“唐诗选读”。

3. 插入一个层 BG，宽度：500 px；高度：40 px；左：60 px；上：30 px；背景色：红；溢出：hidden。

4. 插入一个嵌套于层 BG 中的层 ML，宽度：490 px；高度：30 px；左：5 px；上：5 px。

5. 在层 ML 中插入表格（1 行 3 列），宽度和高度均为 100%，边框粗细为 0。在 3 个单元格中分别输入文字“关山月”、“月下独酌”、“春思”，字体大小均为 4 号。

6. 按表实验 7 -7 给出的对应关系建立超级链接，目标为新窗口。

表实验 7 -7　超级链接的对应关系

热点文字	关山月	月下独酌	春　思
目标文件	gsy. htm	yxdz. htm	cs. htm

7. 按下面要求制作层 ML 的移动效果。

（1）打开“时间轴”面板，将层 ML 拖曳加入时间轴 Timeline1 的第 1 帧到第 90 帧中。

（2）选择第 90 帧，将层 ML 的“左”属性改为 -490 px。

（3）将层 ML 拖曳加入时间轴 Timeline1 的第 91 帧到第 180 帧中，将第 91 帧层 ML 的“左”属性改为 500 px，将第 180 帧层 ML 的“左”属性改为 5 px。

（4）在“时间轴”面板上选择“自动播放”和“循环”两个选项。

8. 选择层 ML，在“行为”面板上单击“添加行为”，在弹出的列表中选择“时间轴”选项，为层 ML 添加两个行为。

（1）当鼠标在其上时，停止时间轴 Timeline1。

（2）当鼠标不在其上时，播放时间轴 Timeline1。

9. 保存并关闭文档。

（七）通过时间轴改变层的属性。将网页“list3. htm”复制到站点“MySite_2”的根文件夹下生成一个备份文件，将其改名为“list5. htm”之后再进行编辑操作

1. 删除所有行为。

2. 打开“时间轴”面板，按下面的方法将层加入时间轴 Timeline1 中。

（1）将层 LB 拖曳加入时间轴 Timeline1 第 1 行的第 1 帧到第 15 帧中。

（2）将层 LB 拖曳加入时间轴 Timeline1 第 1 行的第 16 帧到第 30 帧中。

（3）将层 DF 拖曳加入时间轴 Timeline1 第 2 行的第 1 帧到第 15 帧中。

（4）将层 DF 拖曳加入时间轴 Timeline1 第 2 行的第 16 帧到第 30 帧中。

3. 设置层 LB 在第 15 帧中的属性：将高度改为 100 px；设置层 DF 在第 30 帧中的属性：将高度改为 80 px。

4. 为层 LB 添加两个行为。

（1）当鼠标在其上时，转到时间轴 Timeline1 的第 15 帧。

（2）当鼠标不在其上时，转到时间轴 Timeline1 的第 1 帧。

5. 为层 DF 添加两个行为。

（1）当鼠标在其上时，转到时间轴 Timeline1 的第 30 帧。

（2）当鼠标不在其上时，转到时间轴 Timeline1 的第 16 帧。

6. 保存并关闭文档。

（八）轮换显示层和指定显示层

1. 在站点“MySite_2”的根文件夹中新建文件“list6. htm”。

2. 网页的标题为“轮换层”。

3. 按表实验 7－8 给出的属性参数建立六个层。

表实验 7－8　属性参数

名 称	宽 度	高 度	左	上	背 景	内 容
Layer1	288 px	209 px	50 px	50 px		图片 ad1. jpg
Layer2	288 px	209 px	50 px	50 px		图片 ad2. jpg
Layer3	288 px	209 px	50 px	50 px		图片 ad3. jpg
Layer4	20 px	16 px	274 px	259 px	黄	字符“1”，粗体，居中
Layer5	20 px	16 px	296 px	259 px	黄	字符“2”，粗体，居中
Layer6	20 px	16 px	318 px	259 px	黄	字符“3”，粗体，居中

4. 打开“时间轴”面板，按下面的方法将层加入时间轴 Timeline1 中。

（1）将层 Layer1 拖入时间轴 Timeline1 第 1 行的第 1 帧到第 20 帧中。

（2）将层 Layer1 拖入时间轴 Timeline1 第 1 行的第 21 帧到第 40 帧中。

（3）将层 Layer1 拖入时间轴 Timeline1 第 1 行的第 41 帧到第 60 帧中。

（4）将层 Layer2 拖入时间轴 Timeline1 第 2 行的第 1 帧到第 20 帧中。

（5）将层 Layer2 拖入时间轴 Timeline1 第 2 行的第 21 帧到第 40 帧中。

（6）将层 Layer2 拖入时间轴 Timeline1 第 2 行的第 41 帧到第 60 帧中。

（7）将层 Layer3 拖入时间轴 Timeline1 第 3 行的第 1 帧到第 20 帧中。

（8）将层 Layer3 拖入时间轴 Timeline1 第 3 行的第 21 帧到第 40 帧中。

（9）将层 Layer3 拖入时间轴 Timeline1 第 3 行的第 41 帧到第 60 帧中。

5. 将“时间轴”面板上的播放速度改为每秒钟 10 帧，并选择“自动播放”和“循环”两个选项。

6. 按表实验 7－9 的要求设置层的可见性属性。

表实验 7－9　设置层的可见性属性

层	第 1 帧到第 20 帧	第 21 帧到第 40 帧	第 41 帧到第 60 帧
Layer1	visible	hidden	hidden
Layer2	hidden	visible	hidden
Layer3	hidden	hidden	visible

7. 按表实验 7 - 10 的要求为层的 onClick 事件添加行为。

表实验 7 - 10　添加行为

层	行为
Layer4	转到时间轴 Timeline1de1 的第 1 帧
Layer5	转到时间轴 Timeline1de1 的第 21 帧
Layer6	转到时间轴 Timeline1de1 的第 41 帧

8. 保存并关闭文档。

实验八　网页制作（三）

一、实验目的

1. 使用层或表格实现网页布局。

2. 掌握框架网页的制作。

二、实验内容

（一）将“资讯科技上机实验\实验素材\实验八\Site_3”文件夹复制到“E:\”

（二）启动 Dreamweaver，在“E:\”建立一个新站点“MySite_3”，文件存储在“E:\Site_3”

（三）使用表格布局，在网站“MySite_3”中制作如图实验 8－1 所示的网页“MyPage1.htm”

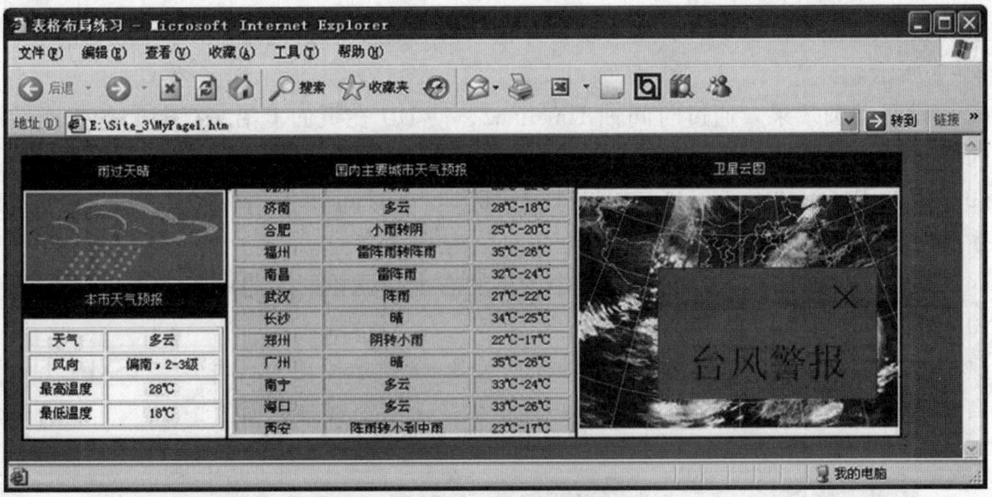

图实验 8－1　待制作的网页（1）

1. 在“MySite_3”站点的根文件夹中新建文件“MyPage1.htm”。

2. 网页的标题为“表格布局练习”，背景色为#009999。

3. 用表格完成网页布局。

（1）插入一个 4 行 3 列的表格，表格宽度为 800 px，高度为 235 px，单元格的填充和间距均为 2，边框粗细为 0，背景色为#000066，第 1 列和第 3 列的宽度分别为 180 px 和 290 px。

（2）将第 1 行与第 3 行单元格的高度设为 24 px。

（3）将第 2 行与第 4 行单元格的高度分别设为 80 px 和 105 px，背景色设为白色。

（4）将第 2 列中的第 2、3、4 行的单元格合并，再将第 3 列中的第 2、3、4 行的单元格合并。

4. 在表格第1行的3个单元格中分别输入文字“雨过天晴”、“国内主要城市天气预报”和“卫星云图”，在第3行第1列的单元格中输入“本市天气预报”，最后将这些文字的格式设置为12 px，白色、宋体、居中。

5. 在文字“雨过天晴”下面的单元格中插入“鼠标经过图像”，原始图像为“rain. gif”，鼠标经过图像为“sun. gif”，按下时前往的URL为“Scroll. htm”。

6. 在文字“本市天气预报”下面的单元格中用表格呈现天气预报信息。

7. 在文字“国内主要城市天气预报”下面的单元格中用层的动画功能滚动播报国内主要城市天气预报信息。

8. 在文字“卫星云图”下面的单元格中插入图片“WXYT. jpg”。

9. 在页面上插入一个层，背景为红色，命名为“DD”，使其实现浮动漂移的广告效果。

表实验8－1　插入层

	×
台风警报	

（1）设置内容。在层DD中插入表格并输入内容，要求表格不显示边框。完成后如表实验8－1所示。

（2）设置动画效果。通过时间轴Timeline2，使DD在页面上沿一条封闭的折线做周而复始的移动。

（3）为层DD添加行为。当鼠标在其上时，停止时间轴Timeline2。当鼠标不在其上时，播放时间轴Timeline2。

（4）为层DD添加行为。当单击其中表格的右上单元格时，隐藏层DD。

10. 保存并关闭文档。

（四）在“MySite_3”站点中制作如图实验8－2所示的网页，并以“TSXD1. htm”为文件名保存，要求用层实现布局，用内嵌式框架显示各个链接的网页

图实验8－2　待制作的网页（2）

1. 在站点“MySite_3”的根文件夹中新建文件“TSXD1. htm”，首选参数“使用CSS”。

2. 网页的标题为“唐诗选读”，文本为白色，链接颜色、已访问链接、活动链接和变换图像链接均为白色，下划线样式为仅在变换图像时显示下划线。

3. 按表实验 8－2 给出的属性参数建立 Layer1、Layer2 和 Layer3 三个层。

表实验 8－2　属性参数

名　称	宽　度	高度	左	上	背景色
Layer1	800 px	50 px	10 px	10 px	#009999
Layer2	198 px	400 px	10 px	62 px	#0000FF
Layer3	600 px	400 px	210 px	62 px	#FFFF00

4. 在层 Layer1 中输入文字“唐诗选读”；设置样式：白色、粗体、隶书；大小 36 px，行高 50 px。

5. 在层 Layer2 中输入图示文字，设置作者文本样式：白色、粗体；大小 24 px，行高 40 px，缩进 20 px。设置诗名文本样式：白色；大小 16 px，行高 16 px，缩进 60px。

6. 在层 Layer3 中插入名称为“IDD”的内嵌式框架。将光标置于层 Layer3 内，选择【插入】|【标签】命令，在“标签选择器”中选择“HTML 标签”中的“<iframe>”，单击“插入”按钮，弹出“标签编辑器”对话框，进行如图实验 8－3 所示的设置。

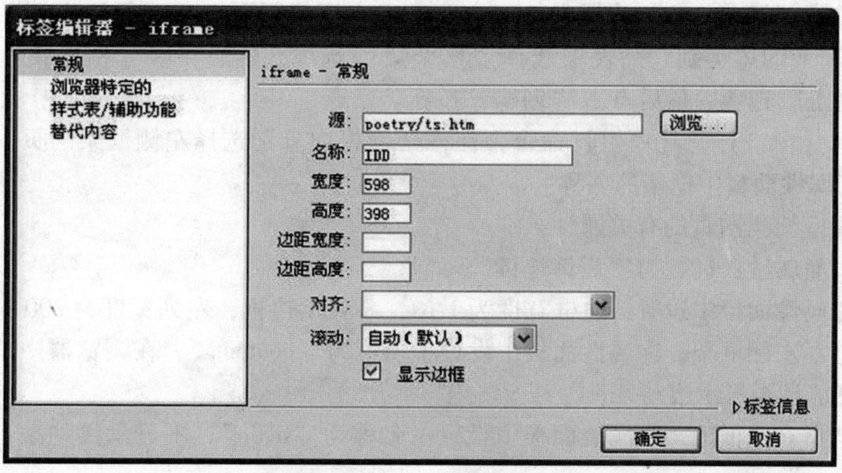

图实验 8－3　标签编辑器

7. 按表实验 8－3 的对应关系建立超级链接，目标为内嵌式框架 IDD。

表实验 8 - 3　超级链接的对应关系

热点文字	关山月	月下独酌	春　思	月夜忆舍弟	望　岳	望月怀远
目标文件	gsy. htm	yxdz. htm	cs. htm	yyysd. htm	wy. htm	wyhy. htm

8. 保存并关闭文档。

（五）在“MySite_3”站点中制作如图实验 8 - 4 所示的框架网页，并以“TSXD2. htm”为文件名保存

图实验 8 - 4　待制作的网页（3）

1. 在站点“MySite_1”的根文件夹中新建一个框架网页。在“新建文档”对话框的“常规”选项卡的“类别”列表中选择“框架集”选项，然后再在“框架集”列表中选择“左则固定”选项，最后点击“创建”按钮。

2. 选择【窗口】|【框架】命令，在框架面板中分别选择左侧框架网页、右侧框架网页，观察属性面板中框架的名称。

3. 设置框架集网页的有关属性。

（1）页面属性：标题为“唐诗选读”。

（2）在属性面板中设置：边框宽度为 1 px，不显示边框，左列宽度为 200 px。

（3）选择左侧框架，在属性面板中设置：名称为“contents”，在浏览器中不能调整大小，自动决定是否显示滚动条。

（4）选择右侧框架，在属性面板中设置：名称为“main”，不显示滚动条，源文件为“poetry/ts. htm”。

4. 在框架 contents 新建网页，然后进行以下操作：

（1）页面属性：标题为“目录”，背景色设置为#CCCCCC，上边距和左边距设置为 50 px。

（2）输入六首诗名：“关山月”、“月下独酌”、“春思”、“月夜忆舍弟”、“望岳”、

“望月怀远”，每个诗名各占一行。

（3）按表实验 8－3 对应关系建立超级链接，目标为框架 main。

5. 保存所有文件。选择【文件】|【保存全部】命令，框架集网页用“TSXD2. htm”为文件名，框架中新建的网页用“list. htm”为文件名。

6. 保存并关闭文档。

附录　常见的硬件故障

1. 主板出现故障的现象

（1）主机无故重启多次；

（2）主机无故死机；

（3）主机无故出现蓝屏现象；

（4）开机好长时间才能启动；

（5）主机不能加电；

（6）开机无显示并报警。

2. 硬盘出现故障的现象

（1）硬盘有异常声响，噪音较大；

（2）BIOS 中不能正确地识别硬盘、硬盘指示灯长亮或不亮、硬盘干扰其他驱动器工作等；

（3）不能分区或格式化、硬盘容量不正确、硬盘有坏道、数据损失等；

（4）逻辑驱动器盘符丢失或被更改，访问硬盘时报错；

（5）硬盘数据的保护故障；

（6）第三方软件造成硬盘故障；

（7）硬盘保护卡引起的故障。

3. 显示器出现故障现象

（1）开机无显示、显示器有时或经常不能加电；

（2）显示偏色、抖动或滚动，显示发虚、花屏等；

（3）在某种应用或配置下花屏、发暗（甚至黑屏）、重影、死机等；

（4）屏幕参数不能设置或修改；

（5）亮度或对比度不可调或可调范围小、屏幕大小或位置不能调节或范围较小；

（6）休眠唤醒后显示异常；

（7）显示器异味或有声音。

4. 内存出现故障的现象

（1）开机无显示；

（2）Windows 系统运行不稳定，经常产生非法错误；

（3）Windows 注册表经常无故损坏，提示要求用户恢复；

（4）Windows 经常自动进入安全模式；

（5）随机性死机，经常出现蓝屏现象；

（6）内存加大后系统资源反而降低；

（7）运行某些软件时经常出现内存不足的提示；

（8）从硬盘引导安装 Windows 进行到检测磁盘空间时，系统提示内存不足；

(9) 安装 Windows 进行到系统配置时产生一个非法错误；

(10) 启动 Windows 时系统多次自动重新启动。

5. 光驱出现故障的现象

(1) 光驱噪音较大、光驱划盘、光驱托盘不能弹出或关闭、光驱读盘能力差等；

(2) 光驱盘符丢失或被更改、系统检测不到光驱等；

(3) 访问光驱时死机或报错等；

(4) 光盘介质造成光驱不能正常工作。

6. 显卡出现故障的现象

(1) 无输出信号；

(2) 花屏；

(3) 不能运行 3D 游戏；

(4) 不能调分辨率及颜色质量。

7. 声卡出现故障的现象

(1) 声卡无声；

(2) 声卡发出的噪音过大；

(3) 无法正常录音；

(4) PCI 声卡出现爆音。

8. 电源出现故障的现象

(1) 主机无故重启多次；

(2) 主机无故死机；

(3) 主机无故出现蓝屏现象；

(4) 开机好长时间才能启动；

(5) 主机不能加电；

(6) 机箱内有很大的噪声；

(7) 电源内有“吱吱”声响；

(8) 开机后有焦味。

以上为常见的硬件故障表现，如果按照故障检查排除后依旧不能修复问题，就需要与有故障设备或者部件生产商的技术中心联系。用户也可以考虑向计算机知识更丰富的人或者计算机专业维修人员求助。用户需要提供他们所需要的信息，如质保信息、购买日期、序列号、品牌、型号信息等。

参考文献

1．Peter Norton. 计算机导论（第 6 版）［M］．北京：清华大学出版社，2009.

2．付林．Windows 7 来了——Windows 7 使用指南［M］．北京：电子工业出版社，2009.

3．David A. Patterson，John L. Hennessy. *Computer Organization and Design：The Hardware/Software Interface*（*Third Edition*）［M］．北京：机械工业出版社，2007.

4．June Jamrich Parsons，Dan Oja. 计算机文化导论（第 10 版）［M］．北京：机械工业出版社，2009.

5．范荣强，许迅文，全渝娟．计算机文化基础教程［M］．广州：暨南大学出版社，2002.

6．龚沛曾，杨强，李湘梅．大学计算机基础（第 5 版）［M］．北京：高等教育出版社，2009.

7．李秀，安颖莲．计算机文化基础（第 5 版）［M］．北京：清华大学出版社，2005.

8．Douglas E. Comer. 计算机网络与因特网（第 5 版）［M］．北京：机械工业出版社，2009.

9．谢希仁．计算机网络（第 5 版）［M］．北京：电子工业出版社，2008.

10．Andrew S. Tanenbaum. 计算机网络（第 4 版）［M］．北京：清华大学出版社，2004.

11．Behrouz A. Forouzan，Sophia Chung Fegan. 数据通信与网络（第 4 版）［M］．北京：机械工业出版社，2007.

12．William Stallings. 无线通信与网络（第 2 版）［M］．北京：清华大学出版社，2005.

13．Ralf Steinmetz，Klaus Wehrle. P2P 系统及应用［M］．北京：机械工业出版社，2008.

14．Jonathan Davidson，James Peters & Manoj Bhatia. VoIP 技术架构（第 2 版）．北京：人民邮电出版社，2008.

15．郭梯云，邬国扬，李建东．移动通信（第 4 版）［M］．西安：西安电子科技大学出版社，2006.

16．陈尹立，陈国君．大学计算机应用高级教程［M］．北京：清华大学出版社，2008.

17．王秀丽，陈琼，宁正元．网页设计与制作［M］．北京：清华大学出版社，2006.

18．陈遵德．Office 2007 高级应用案例教程［M］．北京：高等教育出版社，2010.

后　记

《资讯科技》一书是为全面落实和响应暨南大学关于优化本科课程体系、改革港澳台侨学生人才培养模式、实施“侨校+名校”的发展战略的新形势和新要求而出版的，是教学改革的成果之一。其目的是让学生能快速地、系统地、正确地建立起计算机的相关概念，具备良好的计算思维，使学生掌握在信息化社会中工作、学习和生活所必须具备的计算机基础知识与基本操作技能，具有熟练操作计算机的能力。

本书的编写具有以下特点：在内容上力求新颖，所编章节内容均为主流，或者为最新的计算机基础知识；针对非计算机专业学生的特点，本书着重强调知识点的系统性和全面性，着眼于计算机基础知识的宽度；讲解过程力求图文并茂，将大量的知识点蕴藏于实操案例和上机实验之中。

本书由暨南大学计算中心几位多年从事计算机基础教学的教师编写完成。具体分工如下（以章节为序）：杜宝荣、罗三川：第一章；胡彦：第二章、第四章；许迅文：第三章；林龙新：第五章；梁里宁：第六章。最后由林龙新统稿修订，杜宝荣审阅。本书的初稿作为讲义已被暨南大学2010级四海书院600多名学生所采用，并取得了良好的教学效果。在成书过程中，计算中心的多位教师都对本书的初稿提出过许多宝贵意见，在此谨向他们表示诚挚的感谢。本书的顺利出版，离不开暨南大学出版社的大力支持，尤其要感谢本书的责任编辑李艺女士为出版本书所作的努力和无私的奉献。

由于编写时间仓促，加之作者水平有限，书中难免有不当或错误之处，敬请各位专家和读者批评指正，我们会根据大家的意见不断地完善本书。

编　者

2011年8月